Doris Doblhofer

Zita Küng

Gender Mainstreaming

Gleichstellungsmanagement als Erfolgsfaktor – das Praxisbuch

Mit 22 Abbildungen, 37 Tabellen und 24 Cartoons

 Springer

Doris Doblhofer
Bergstrasse 10
A-5020 Salzburg
www.dorisdoblhofer.at
e-mail: beratung@dorisdoblhofer.at

Zita Küng
EQuality – Agentur für Gender Mainstreaming
Stauffacherstrasse 149
CH-8004 Zürich
www.gendermainstreaming.com
e-mail: equality@gendermainstreaming.com

ISBN-13   978-3-540-75419-0 Springer Medizin Verlag Heidelberg

Bibliografische Information der Deutschen Bibliothek
Die Deutsche Bibliothek verzeichnet diese Publikation in der Deutschen Nationalbibliografie;
detaillierte bibliografische Daten sind im Internet über http://dnb.ddb.de abrufbar.

Springer Medizin Verlag
springer.com
© Springer Medizin Verlag Heidelberg 2008

Planung: Joachim Coch
Projektmanagement: Joachim Coch
Copy Editing: Daniela Böhle, Berlin
Design: deblik, Berlin
Einbandfoto: © Agb, www.fotolia.de

SPIN 11977872
Satz: TypoStudio Tobias Schaedla, Heidelberg
Cartoons: Claudia Styrsky, München; e-mail: sty@gmx.de

Gedruckt auf säurefreiem Papier   2126 – 5 4 3 2 1 0

Vorwort

Einleitung

Das Thema Gleichstellung von Frauen und Männern ist ein Thema, zu dem es sehr unterschiedliche Wahrnehmungen der Wirklichkeit gibt: Viele Menschen nehmen subjektiv in ihrem Alltag keine Benachteiligungen wahr, andere erleben sie direkt und unmittelbar am eigenen Leib. Nicht nur die Expert/innen, sondern vor allem auch die »nackten« Zahlen zeichnen ein klares Bild davon, dass die Gleichstellung von Frauen und Männern noch lange nicht erreicht ist. Dafür gibt es viele unterschiedliche Indikatoren, von denen die vertikale Segregation nur einen darstellt. So wird die ausgewogene Repräsentanz von Frauen und Männern auf allen Ebenen und in allen Bereichen noch einige Zeit brauchen, um definitiv umgesetzt zu sein.

Lange Zeit wurde das Thema Gleichstellung als »soziale« Angelegenheit eingestuft, ein Nischenthema, für die Zeiten, wenn alles andere gut läuft und wir keine anderen Probleme haben.

Mittlerweile hat nicht nur die Europäische Union erkannt, dass dies einer groben Fehleinschätzung gleichkommt. **Die Gleichstellung von Frauen und Männern hat bedeutenden Einfluss auf das Wohlbefinden der Menschen UND die wirtschaftliche Entwicklung in unseren Ländern.** Gerade durch die Entwicklung der Bevölkerung, die in praktisch allen europäischen Ländern ähnlich verläuft und von einer seit den 70er-Jahren dramatisch niedrigen Geburtenrate geprägt ist, kommt der traditionellen »Frauen an den Herd zu Kinder, Küche und Kirche«-Politik einer fatalen Verschwendung wichtiger Ressourcen gleich. Eine gesunde Bevölkerungsentwicklung und ein damit einhergehendes Wirtschaftswachstum werden nur möglich sein, wenn Männer **und** Frauen in ihren ähnlichen bzw. unterschiedlichen Lebensbedürfnissen und -entwürfen unterstützt und diese nicht durch überkommene Rollenerwartungen behindert werden. Dies bedeutet unter anderem, dass Väter und Mütter ihr Elternsein mit ihrem Beruf sowie Frauen und Männer ihre Freizeit mit den beruflichen Verpflichtungen gut vereinbaren können und dass Männer wie Frauen in allen Bereichen und auf allen Hierarchieebenen ganz selbstverständlich und ausgewogen zu finden sind. Es bedeutet, dass Frauen nicht mehr leisten müssen als Männer, um in ihren Kompetenzen anerkannt zu werden und niemand mehr den Kopf schüttelt, wenn ein Mädchen einen technischen Beruf wählt. Es heißt auch, dass junge Männer sozial orientierte Berufe (wie Kindergärtner und Pfleger) genauso selbstverständlich ihren Neigungen nach ergreifen, wie sie später auch als Väter ihren Teil der Elternzeit nehmen. Es bedeutet, dass Frauen in allen politischen Ämtern zu finden sind und Aufsichtsräte keine Männerklubs mehr bleiben. Sie können diese Aufzählung sicherlich selber fortsetzen.

Eine wichtige Bitte für Ihre persönliche Ergänzung dieser Liste: Denken Sie nicht nur an »Beschäftigung und Soziales«. Denn letztlich hat **jede** Aktivität, und **jede** Strategie, die sich auf Menschen bezieht, eine Auswirkung auf die Geschlechter und damit auf das Geschlechterverhältnis. Es geht also auch um Bildung, Gesundheit, Raumplanung, Gesetzgebung und Rechtsprechung, Kunst und Kultur, Verteidigung, Wissenschaft, Finanzen, Umweltschutz und vieles, vieles mehr.

WER muss die Veränderung durchführen?

Dies führt uns direkt zur **Frage der Verantwortung.** Wer trägt die Verantwortung für die aktuelle Situation? Und wer muss hier aktiv werden und handeln? Gerne wird bei solchen Fragen auf die anderen gezeigt: die Regierung, die Interessensvertreter/innen, die Unternehmensleitung, die Frauen, die Schulen, die Kindergärten, die Eltern usw.

Für uns ist die Antwort sehr klar und eindeutig: Verantwortlich für die Situation sind die sog. relevanten Akteur/innen – die Personen also, die im jeweiligen Bereich die Entscheidungskompetenz innehaben. Also die Regierungschefin für die Regierung und die Nation, der Minister für sein Ministerium, die Geschäftführerin für ihr Unternehmen und der Manager für seinen Verantwortungsbereich, die Mitglieder eines Teams für ihr Team und die Familienmitglieder für die Aufgabenverteilung innerhalb der Familie. Damit Sie uns nicht missverstehen: Es geht hier nicht um Schuld, sondern ausschließlich um die Frage, wer hier verantwortlich ist für aktives Gestalten und Handeln, wer also auch **in der Lage ist** und aktiv werden, sprich Entscheidungen treffen kann. So einfach ist es also.

Die Frage kann noch weiter modifiziert heißen: In welchem Bereich sind **Sie** verantwortlich für die (Mit-)Gestaltung des Geschlechterverhältnisses? Sie müssen sich dabei nicht nur auf den beruflichen Bereich beschränken.

Jenseits des ganz persönlichen Beitrags, den jede Person zur Gleichstellung der Geschlechter beitragen kann, ist es uns ein Anliegen, in diesem Zusammenhang die Entscheidungsträger/innen nochmals besonders hervorzuheben. Sie haben den größten Einfluss und den weitesten Wirkungsgrad.

Und WIE sollen Sie das nun tun? Auch diese Frage ist wichtig. Dieses Praxisbuch versteht sich als 100%ige Unterstützung für Ihre Bemühungen zur Umsetzung. Es versorgt Sie mit den Basics und gleichzeitig mit einer Reihe von sehr wertvollen und unterschiedlichen Instrumenten, also dem ganz konkreten Wie. Sie erlangen ein Wissen über wesentliche Gleichstellungsziele und -strategien, geschlechterbezogene Zusammenhänge und relevante betriebliche Handlungsfelder, über mögliche Abwehrmuster und die ganz spezielle Rolle der Führungskräfte für das Gender Equality Management. Das Gender Mainstreaming System gibt Ihnen eine Landkarte in die Hand, die Sie Schritt für Schritt beim Aufbau und der konsequenten Institutionalisierung in Ihrem Unternehmen begleitet. Die Verankerung der Gleichstellung in Strukturen und Prozessen ist eine wesentliche Unterstützung für eine nachhaltige Zielerreichung. Nicht, um die Bürokratie zu erhöhen, sondern um die optimale Nutzung der Ressourcen in Ihrem Betrieb zu fördern. Fragen Sie die Expert/innen um Rat, wenn es um die konkrete Übertragung in Ihr Unternehmen geht.

Bleibt zum Abschluss nur mehr die Frage nach dem: **WO sollen Sie beginnen**? Hier ein Tipp vorweg: Sicherlich finden Sie viele andere Bereiche, in denen es »noch wichtiger« ist, etwas zu tun und etwas zu verändern (z. B. in der Erziehung der Kinder, in der Schule, in der Gesetzgebung usw.). Und sicherlich ist es dort auch wichtig.

Wir bitten Sie, unabhängig von den anderen wichtigen Handlungsfeldern, konzentrieren Sie sich auf **Ihren** Verantwortungsbereich, auf das, was **Sie** gestalten können. Und auch da sind wir uns sicher, dass Sie Möglichkeiten finden, die Geschlechterverhältnisse zu verbessern und die Welt damit zu verschönern.

Und wo sollen Sie in Ihrem Bereich beginnen? Folgen Sie einfach unserem allgemeinen Vorschlag für die Umsetzung: Führen Sie eine Analyse der Ausgangssituation durch (dazu finden Sie im Handbuch viele Instrumente), identifizieren Sie die Bereiche mit dem größten Handlungsbedarf und hohen Wahrscheinlichkeiten zu einer erfolgreichen Umsetzung, setzen Sie entsprechende Ziele und führen Sie die dazu geplanten Maßnahmen durch. Im Controlling der Ergebnisse finden Sie wichtige Informationen für die weiteren Schritte, Kurskorrekturen, Verbesserungen und neuen Ziele.

Uns bleibt an dieser Stelle, Ihnen dabei viel Erfolg zu wünschen!

Sprache schafft Wirklichkeit

Wir wissen um die Bedeutung, welche die Sprache für uns alle hat: Sprache beschreibt Wirklichkeit und erzeugt sie, Sprache kann uns ausschließen oder abbilden und ansprechen. Es ist für uns selbstverständlich, Männer und Frauen vorkommen zu lassen, wenn denn beide gemeint sind. So bildet eine geschlechtergerechte Sprache auch einen unserer Equality Standards (▶ Kap. 5).

Damit dies schriftlich elegant und flüssig wird, empfehlen wir jeweils alle Möglichkeiten auszuschöpfen. Es ist in jeder konkreten Situation zu entscheiden, welche Variante die beste, lesbarste, flüssigste ist. Mit dem Springer-Verlag haben wir uns auf die vom Duden empfohlene Schreibweise geeinigt: So werden Sie von Manager/innen, Mitarbeiter/innen usw. lesen, wann immer beide Geschlechter gemeint sind. Finden Sie im Text eine Personenbezeichnung, die klar auf ein Geschlecht verweist (z. B. Vater, Potenzialträgerin usw.), so ist auch nur dieses damit gemeint.

Die Arbeitsblätter aus diesem Buch finden Sie zum Download auf
www.springer.com/978-3-540-75419-0.

Wir bedanken uns

Wir beiden Autorinnen haben im Zusammenhang mit der Entstehung dieses Buches, vielen Personen zu danken. Wir machen das gerne:

Den Führungskräften, die sich bereits mit dem Gleichstellungsmanagement auseinander setzen und interessante Erfahrungen damit machen: Ihnen danken wir für ihre Wortspenden, die wir zitieren dürfen.

Dr.in Cäcilia Innreiter-Moser war uns eine wissenschaftliche Inspirationsquelle und eine kluge Kritikerin und Freundin.

Dr. Manfred Josef Pauli half uns, die Männer professionell und wohlwollend im Blick zu behalten.

Ruth Schläppi, Theres Benz Spierling und Selina Villiger haben uns beim Fertigstellen des Manuskripts tatkräftig unterstützt.

Claudia Styrsky hat verschiedene Szenen rund um das Thema in Zeichnungen umgesetzt, die unser Buch bereichern.

Daniela Böhle hat mit großer Sorgfalt unser Manuskript lektoriert.

Die Zusammenarbeit mit Joachim Coch, Springer-Verlag, war jederzeit erfreulich.

Wir bedanken uns bei allen herzlich.

Zita Küng, Doris Doblhofer   Zürich, Salzburg, im Herbst 2007

Inhaltsverzeichnis

Anhang

Teil I Gender Mainstreaming: Die Strategie und ihre betriebliche Umsetzung

Gleichstellung von Frau und Mann ist das Ziel

»Gerechtigkeit im Geschlechterverhältnis ist nicht natürlich.
Ungerechtigkeit im Geschlechterverhältnis ist auch nicht natürlich.
Wir haben deshalb das Geschlechterverhältnis zu gestalten.«
(Gertrud Åström)

Gleichstellung ist gemäß den aktuellen Zahlen der EU bei weitem nicht erreicht. Was ist mit Gleichstellung gemeint?
Es wird aufgefächert, wie Ziele der Gleichstellung konkret lauten können. Ziele zu finden ist ein Prozess, der konkretes Aushandeln nötig macht. Dieser wird hier erläutert und mit Beispielen illustriert.
Wie das Zitat von Getrud Åström, einer schwedischen Gender Expertin, zeigt, zielt die Gleichstellung auf das Geschlechterverhältnis. Worum es dabei geht – und worum es nicht geht – wird anschließend beschrieben.
Wenn wir das Geschlechterverhältnis gestalten, stellt sich die Frage, wie wir uns ein faires Geschlechterverhältnis vorstellen. Allgemein geht es um Gleichstellung, Gleichbehandlung, Chancengleichheit, Geschlechterdemokratie usw. Diese Begriffe werden geklärt.

1.1 Die aktuelle Ausgangslage in Deutschland, Österreich und der Schweiz

Situation in D, A, CH vergleichbar

Obwohl in diesen 3 Ländern deutsch gesprochen wird, kennen wenige Personen die Situation in allen 3 Ländern einigermaßen genau. Wir beraten Unternehmen, Regierungen, Verwaltungen, Organisationen in den 3 Ländern. Damit bekommen wir ein wenn auch nicht vollständiges, so doch recht aussagekräftiges Bild. In Bezug auf die Frage nach der Gleichstellung von Frauen und Männern können wir deshalb sagen, dass die Situationen durchaus vergleichbar sind. Jedes Land hat seine Spezialitäten, seine gute Praxis und seine Bereiche, in denen es noch Aufholbedarf gibt. Obwohl die Schweiz nicht zur EU gehört, sind die Unterschiede zu Österreich und Deutschland graduell. Besondere Merkmale aus einem Land werden jeweils dargestellt, falls sonst Missverständnisse aufkommen würden.

1.1.1 Ausgewählte Zahlen aus dem europäischen Bericht zur Gleichstellung 2007

Die EU publiziert jedes Jahr die aktuellen Zahlen, die von den Ländern gemeldet und von Eurostat gesammelt und bearbeitet werden. Hier dokumentieren wir die Zahlen von Deutschland und Österreich zur Beschäftigungsrate, der Rate der Erwerbslosen, das Verhältnis von Voll- und Teilzeitarbeitsverhältnissen. Wir beginnen mit der Verteilung der Parlamentssitze an Frauen und Männer (◘ Tab. 1.1).

Das Geschlechterverhältnis liegt ziemlich konstant um 1/3 Frauen zu 2/3 Männer (Gender Index = 0,5; ► Kap. 17).

◘ Tab. 1.1. Männer und Frauen in den Parlamenten (%)

	2004		2006	
	Frauen	Männer	Frauen	Männer
Deutschland	32	68	33	67
Österreich	36	64	33	67

Bericht zur Gleichstellung von Frauen und Männern 2007, EU-Kommission GD Beschäftigung, soziale Angelegenheiten und Chancengleichheit, Referat G1

◘ Tab. 1.2. Diskriminierende Gehaltsdifferenz zwischen Frauen und Männern 2005

	Differenz zwischen dem Frauen- und Männerdurchschnittsbruttostundenlohn (%)
Deutschland	22
Österreich	18

Bericht zur Gleichstellung von Frauen und Männern 2007, EU-Kommission GD Beschäftigung, soziale Angelegenheiten und Chancengleichheit, Referat G1

◘ Tab. 1.3. Beschäftigungsrate (15- bis 64Jährige in %)

	2000	2005	2000	2005
	Frauen	Frauen	Männer	Männer
Deutschland	58,1	59,6	72,9	71,2
Österreich	59,6	62,0	77,3	75,4

Bericht zur Gleichstellung von Frauen und Männern 2007, EU-Kommission GD Beschäftigung, soziale Angelegenheiten und Chancengleichheit, Referat G1

Männerdominanz in Parlamenten stabil

Ein Dauerthema im Beschäftigungsbereich ist die Frage, wie die Frauen- und Männergehälter zueinander stehen. Bei den hier aufgeführten Daten werden gleichwertige Tätigkeiten miteinander verglichen. Ebenso sind die Zahlen auf Vollzeittätigkeiten berechnet, so dass die nicht anders als durch Geschlechtszugehörigkeit begründbare Differenz zum Ausdruck kommt (◘ Tab. 1.2).

Weitere Informationen zum Erwerbsbereich bieten die Zahlen zur Beteiligung von Frauen und Männern im Erwerbssektor (◘ Tab. 1.3).

Während der Prozentsatz der beschäftigten Männer zwischen 2000 und 2005 leicht sank, ist er bei den Frauen leicht angestiegen. Der Anstieg betrifft vorwiegend Teilzeitarbeitsplätze. Die Beschäftigungsrate der Frauen ist nach wie vor klar niedriger als die der Männer (◘ Tab. 1.3). Die Beschäftigung von Frauen und Männern zeigt bei der Komponente Teilzeit einen großen Unterschied: ◘ Tab. 1.4.

Obwohl die Beschäftigungsrate der Frauen niedriger ist als die der Männer, liegt die Rate bei den erwerbslosen Frauen höher als bei den erwerbslosen Männern (◘ Tab. 1.5).

Gehaltsdifferenz erheblich

Beschäftigungsrate der Frauen steigt leicht

Vor allem Frauen arbeiten
Teilzeit

❏ Tab. 1.4. Anteil Teilzeitarbeitsverhältnisse am Total der Beschäftigungsverhältnisse (15- bis 64Jährige in %)

	2001	2006	2001	2006
	Frauen	Frauen	Männer	Männer
Deutschland	39,3	45,8	5,3	9,3
Österreich	33,6	40,7	4,3	6,5

Bericht zur Gleichstellung von Frauen und Männern 2007, EU-Kommission GD Beschäftigung, soziale Angelegenheiten und Chancengleichheit, Referat G1

❏ Tab. 1.5. Erwerbslosigkeitsrate (15- bis 64Jährige in %)

	2000	2005	2000	2005
	Frauen	Frauen	Männer	Männer
Deutschland	8,7	10,3	6,0	8,9
Österreich	4,3	5,5	3,1	4,9

Bericht zur Gleichstellung von Frauen und Männern 2007, EU-Kommission GD Beschäftigung, soziale Angelegenheiten und Chancengleichheit, Referat G1

❏ Tab. 1.6. Frauen und Männer in Führungspositionen (%)

	2000	2005	2000	2005
	Frauen	Frauen	Männer	Männer
Deutschland	27,1	26,3	72,9	73,7
Österreich	30,3	27,0	69,7	73,0

Bericht zur Gleichstellung von Frauen und Männern 2007, EU-Kommission GD Beschäftigung, soziale Angelegenheiten und Chancengleichheit, Referat G1

Frauen in Führungs-
positionen rückläufig

Ein Blick auf die Verteilung der Führungspositionen zwischen Frauen und Männern zeigt das folgende Bild: ❏ Tab. 1.6.

Entgegen allen Beteuerungen, Frauen seien auf dem Weg nach oben, müssen wir sowohl in Deutschland und Österreich (und auch in der Schweiz) einen spürbaren Rückschlag feststellen.

Diese wenigen Zahlen zeigen deutlich, dass die Gleichstellung von Frauen und Männern noch längst nicht erreicht ist.

1.1.2 Wirtschaftspolitik der EU

Seit der Einleitung der Lissabon-Strategie 2000, mit der bis 2010 eine konstante Erwerbsquote der Frauen von 60% angestrebt wird, hat sich die Situation der Frauen im Durchschnitt verbessert. Deutschland und Österreich (und auch die Schweiz) liegen im Plan. Die Herausforderungen werden im Bericht folgendermaßen formuliert:

- die Unterschiede zwischen Frauen und Männern auf dem Arbeitsmarkt beseitigen,
- eine ausgewogenere Aufteilung privater und familiärer Verpflichtungen unter Frauen und Männern herbeiführen,
- die volle Unterstützung der Kohäsionspolitik und der Politik zur Entwicklung des ländlichen Raums für Maßnahmen zur Gleichstellung von Frauen und Männern gewährleisten und
- für einen wirksamen Rechtsrahmen sorgen.

Damit Europa als Wirtschaftsstandort attraktiv bleibt, müssen sich auch die Unternehmen und Verwaltungen auf das Leistungsvermögen der Männer und Frauen stützen können. Eine wirksame Umsetzung der Gleichstellung von Frauen und Männern leistet dazu einen außerordentlich wichtigen Beitrag.

Gleichstellung ist Wirtschaftsfaktor

1.2 Ziele im Geschlechterverhältnis

> **Definition**
>
> Eine Gesellschaft ist dann gerecht, wenn sich Frauen und Männer einerseits gesellschaftlich in einem fairen Verhältnis befinden und andererseits Frauen und Männer sich auch in ihrer Persönlichkeit gewürdigt fühlen.

Im Bereich der Geschlechtergleichstellung sind verschiedene Ziele allgemein bekannt; etwa gleicher Lohn für gleichwertige Arbeit im Erwerbsleben, gleiche Bildungschancen für Jungen und Mädchen, gleiche politische Rechte für Frauen und Männer, ausgewogene Vertretung von Frauen und Männer in Führungspositionen usw. Damit wird deutlich, dass Gleichstellung kein eindimensionales Ziel ist, das mit einer ebenso eindimensionalen (und einmaligen) Maßnahme erreicht werden kann. Gleichstellung ist vielschichtig.

Bekannte Gleichstellungsziele

Die folgende Definition wurde von den Autorinnen entwickelt:

> **Definition**
>
> | **Die 6 wesentlichen Gleichstellungsziele** | |
> | --- | --- |
> | 1 | Gleichberechtigte Teilhabe an wichtigen Gütern |
> | 2 | Adäquate Teilnahme an Gestaltung und Entscheidung |
> | 3 | Auflösung der geschlechterstereotypen Rollenerwartungen |
> | 4 | Struktur und Kultur ohne Geschlechterstereotype gestalten |
> | 5 | Ausgeglichene Verteilung von Belastungen |
> | 6 | Geschlechtergerechte Verteilung der öffentlichen Mittel und staatlichen Leistungen |

1

1.2.1 Gleichberechtigte Teilhabe an wichtigen Gütern

Davon haben alle gern viel

Voraussetzung für ein Leben, welches das Individuum selbstbestimmt und selbstgewählt führen kann, ist die **Teilhabe an Information, Bildung, Kultur, Verantwortung, Zeitautonomie, Arbeit, Entlastung und Honorierung.** Das kann heißen, eine gewisse Kontinuität zu leben, aber auch Veränderungen einzuleiten und umzusetzen. Dabei hilft die notwendige Zeit, Bildung, Information usw. Diese Aufzählung ist nicht abschließend gemeint, zeigt aber auf, dass die Teilhabe an diesen Gütern das Leben sehr stark und positiv beeinflusst.

Elemente, positiv verstanden

Bei diesem Ziel sind Elemente aufgezählt, die positiv gemeint sind. Wir verfügen gerne über diese Elemente. »Information« steht für den Zugang zu Wissen aller Art, »Bildung« für formale Ausbildungen und frei erworbenes Erfahrungswissen. Mit »Kultur« ist sowohl die Möglichkeit gedacht, sich selbst kulturell (in allen Sparten) auszudrücken als auch Zugang zum kulturellen Schaffen anderer zu haben. »Verantwortung« steht für die Möglichkeit, in einem erwünschten Maß mitzugestalten, »Zeitautonomie« für frei verfügbare Zeit, »Arbeit« für eine Tätigkeit, die interessant ist und persönliche Erfüllung bringt. Als »Entlastung« werden alle Angebote und Möglichkeiten verstanden, die uns erlauben, Belastungen abzugeben. Unter »Honorierung« verstehen wir sowohl die materielle Abgeltung z. B. in Form von Gehalt als auch die immaterielle Anerkennung.

> **Beispiel**
>
> **»Information«**
> Das Scheidungsgesetz wurde revidiert. Das Justizministerium will dafür sorgen, dass die entsprechende Information Frauen und Männer gleichermaßen erreicht.
>
> **»Entlastung«**
> Einen reservierten Parkplatz auf dem Firmengelände zu haben, bedeutet eine Entlastung. Die Firma überprüft, wie viele Frauen und Männer eine solche Entlastung bekommen, vergleicht die Zahlen mit der Zahl der mitarbeitenden Frauen und Männern und der Länge ihrer Arbeitswege und setzt – falls angezeigt – konkrete Ziele.

1.2.2 Adäquate Teilnahme an Gestaltung und Entscheidung

Statische und dynamische Sicht

Die Motivation der Männer und Frauen zur adäquaten Teilnahme an Gestaltung und Entscheidung muss gesichert werden. Da die Beteiligung der Personen in führenden Positionen einerseits jeweils eine Momentaufnahme darstellt und andererseits auch in Bewegung ist, ist für beide Situationen – die statische und die dynamische – eine Zielvorstellung zu entwickeln.

Gut bekannt ist bei der Teilnahme die statische Zielvorstellung, für die jeweils zu einem bestimmten Zeitpunkt ausgezählt wird, wie viele Frauen und Männer z. B. eine Position auf der obersten Etage innehaben. Bekannt ist die Formulierung eines erwünschten Geschlechterverhältnisses (Geschlechterquoten) auf der Führungsebene. Quoten als geeignete Ziele werden von Männern, aber auch von Frauen angezweifelt. Da es sich bei diesen Positionen um wichtige, z. T. auch machtvolle Positionen handelt, ist es gut nachvollziehbar, dass die Frage nach einer geschlechtergerechten Verteilung delikat ist. Da aber auch Quoten durchaus flexibel gehandhabt werden können, sind sie sehr wirkungsvoll.

Mit der dynamischen Dimension wird beurteilt, was unternommen wird, damit Männer wie Frauen motiviert sind, an Gestaltung und Entscheidung teilzunehmen. Diese Motivation gewährleistet, dass Frauen – wie Männer – die Möglichkeiten zur gleichberechtigten Teilnahme auch wahrnehmen können und wollen. Das bedeutet, dass bei einem Ungleichgewicht das unterrepräsentierte Geschlecht befragt werden soll, wo mögliche Hindernisse gesehen werden. Diese können in der Tradition, der Kultur, den Strukturen, stereotypen Anforderungen usw. lokalisiert werden. Mit der Beseitigung dieser Hindernisse kann die Motivation zur Teilnahme gesteigert werden, was nachhaltig zu einem ausgewogeneren Geschlechterverhältnis führt.

Damit also bei der Momentaufnahme nach einer bestimmten Zeit eine Entwicklung festgestellt werden kann, braucht es Maßnahmen, die eine Dynamik in Gang setzen. Dies bedeutet auch, dass die strukturellen und kulturellen Rahmenbedingungen für Führungspositionen untersucht und gestaltet werden.

Anzahl Frauen und Männer in der Führung

Motivation sichern

Dynamik in Gang setzen

Beispiel

Steigerung der Beteiligung

Frauen und Männer verstehen die konkreten Anforderungen an eine Führungsposition gleichermaßen als attraktiv. Die Anzahl von betriebsinternen Bewerbungen für eine leitende Stelle entspricht dem Zahlenverhältnis, in dem Frauen und Männer auf der nächstunteren Hierarchiestufe beschäftigt sind. Damit nicht ausschließlich mit Quoten gearbeitet werden muss, werden die aktuellen Mitglieder auf der obersten Führungsebene eingeladen, als Mentoren bzw. Mentorinnen für Nachwuchsführungskräfte für das jeweils andere Geschlecht zur Verfügung zu stehen.

Steigerung der Motivation

Frauen und Männer auf einer mittleren Führungsebene werden befragt, was für sie einen Aufstieg attraktiv machen würde. Die Ergebnisse werden bekannt gemacht.

1

1.2.3 Auflösung der geschlechterstereotypen Rollenerwartungen

Frauen- und
Männerbilder,…

Im öffentlichen und privaten Raum wird bewusst zur Auflösung von stereotypen Rollenerwartungen an Frauen und Männer beigetragen. Dazu ist es wichtig, sich klar zu machen, welche Bilder und Rollenerwartungen den jeweils aktuellen Situationen als Folien zugrunde liegen.

Frauen wie Männer sollen ihre Lebensentwürfe nach ihren Bedürfnissen, Fähigkeiten und Interessen gestalten können, ohne durch geschlechterstereotype Rollenerwartungen in ihren Möglichkeiten und Veränderungswünschen beschränkt zu sein. Alle Lebensformen genießen gleichermaßen Schutz und Respekt.

Stereotype sind Verhaltensweisen, die wir bei einer bestimmten Gruppe von Individuen mit über 50%iger Wahrscheinlichkeit antreffen. Dies ist allerdings beschränkt auf einen bestimmten Zeitpunkt und eine eingegrenzte Weltregion. Auch Stereotypen sind in permanenter Veränderung.

…die einengen,…

Als geschlechterstereotyp betrachten wir fixe Vorstellungen über Eigenschaften und Verhaltensweisen von Frauen und Männern, Mädchen und Jungen. Stereotype sind zuerst einmal als solche zu erkennen. Sobald Abweichungen von den Stereotypen für die einzelne Person gravierende Konsequenzen mit sich bringen, gehören sie in die Kategorie von Stereotypen, die der Gleichstellung entgegenstehen. Diese sind ohne Hektik, aber sukzessive aufzulösen.

…sukzessive auflösen

Ebenso wichtig ist das Bewusstsein, mit welchen Mitteln Geschlechterstereotype aufrechterhalten werden. Dabei ist zunächst an Gesetze und

Karriereplanung

Traditionen zu denken. Aber auch Sprache und bildliche Darstellungen transportieren Inhalte und stellen Wirklichkeit her. Dies zeigt auf, dass alle immer auch daran beteiligt sind, wie verfestigend bzw. offen mit den Geschlechterstereotypen umgegangen wird.

> **Beispiel**
>
> Alle Marketing-Dokumente benützen Bildmaterial, auf dem Frauen und Männer einerseits in einem guten Mix von Aufgaben abgebildet sind und andererseits zahlenmäßig vergleichbar vorkommen sowie in der abgebildeten Größe vergleichbar viel Raum einnehmen.

1.2.4 Struktur und Kultur ohne Geschlechterstereotypen gestalten

Das Funktionieren von Organisationen, Institutionen und Betrieben baut immer weniger auf geschlechterstereotypen Bildern auf. Institutionelle Traditionen und Routinen zeigen, welches Funktionieren erwünscht oder abgelehnt wird. Die meisten dieser Charakteristika werden – unreflektiert – weiblichen und männlichen Stereotypen zugeordnet. So werden Organisationen »tendenziell maskulin« (hierarchisch, autoritär, gewinnorientiert usw.) geführt oder »tendenziell feminin« (kooperativ, kommunikationsorientiert, ressourcenbewusst usw.), was beides hinterfragt werden soll.

Organisationen funktionieren nach Geschlechterstereotypen

Damit sich Frauen und Männer in ihrer Vielfalt in die Organisation einbringen können und die Institution auch für Kund/innen, Bürger/innen, Klient/innen wahrnehmbar offen ist, braucht es die Reflexion über das eigene Funktionieren.

Reflexion über Struktur und Funktionieren

> **Beispiel**
>
> Frauen in Führungspositionen sollen einen ebenso guten Ruf genießen wie Männer. Dazu wird untersucht, welches Führungsverhalten begrüßt wird und ob Frauen wie Männer dieses Verhalten an den Tag legen. Auf der nächsten Stufe wird untersucht, wie Frauen und Männer auf männliche und weibliche Führungspersonen reagieren.

1.2.5 Ausgeglichene Verteilung von Belastungen

Arbeit, Verantwortung, Zeiterfordernis und Belastung können unsere Lebensmöglichkeiten einschränken. Einschänkungen sind immer Teil jedes Lebens. Die ausgeglichene Verteilung dieser Belastungen ist ebenso wichtig wie die gleichberechtigte Teilhabe an den positiven Gütern.

Das würden wir gerne loswerden

Bei diesem Ziel sind Elemente aufgezählt, die unerwünscht sind und nicht abgewendet werden können. Alle Elemente sind negativ gemeint. »Arbeit« steht für eine Tätigkeit, die uninteressant bzw. strapaziös ist,

1

Elemente,
negativ gemeint

»Verantwortung« für die Pflicht, für Situationen gradezustehen, die überfordern, »Zeiterfordernis« steht für Zeit, über die nicht frei verfügt werden kann, und »Belastung« für körperliche und seelische Belastung, die über ein mittleres Maß hinausgeht.

> **Beispiel**
>
> Mit der Umstrukturierung in einem Unternehmen werden auch uninteressante Postitionen und Aufgaben umverteilt. Diese Umverteilung wird bewusst beobachtet. Es soll keine Umverteilung zu Ungunsten eines Geschlechts vorgenommen werden.

1.2.6 Geschlechtergerechte Verteilung der öffentlichen Mittel und staatlichen Leistungen

Eine geschlechtergerechte Verteilung bedeutet, die öffentlichen Mittel und staatlichen Leistungen bewirken im jeweiligen Bereich, dass das Ziel der Geschlechtergleichstellung gehalten oder erreicht wird oder jedenfalls näher rückt.

Gender Budgeting

Das setzt voraus, dass immer besser bekannt wird, wie die Mittelströme und die erbrachten Leistungen sich auf das Geschlecherverhältnis auswirken. Unter dem Begriff »Gender Budgeting« gibt es derzeit in Europa eine intensive Diskussion über angemessene Instrumente, um dieses Ziel zu erreichen (Lichtenegger u. Salmhofer 2006).

Bis zur Erreichung des Gleichstellungsziels in einem bestimmten Bereich kann dies auch bedeuten, dass Mittel aufgrund der bisherigen Ungleichheiten gezielt einer bestimmten Zielgruppe zugute kommen.

> **Beispiel**
>
> Von den finanziellen Unterstützungen im Bereich der Unternehmensgründungen sollen ebenso viele Frauen wie Männer profitieren. Frauen wie Männer erhalten dabei die Beratungsleistung, die für den Aufbau ihres Unternehmens zielführend sind.

Ziele auswählen

Alle Ziele sind wichtig, können aber nicht alle gleichzeitig und mit der gleichen Intensität verfolgt werden. Die Entscheidung, wann jeweils welches Ziel prioritär behandelt wird, kann ganz unterschiedliche Gründe haben: inhaltliche Wichtigkeit, dringlicher Wunsch einer Zielgruppe oder bestimmter Verantwortlicher, schnelle Ergebnisse usw. Diese Prioritäten können sich auch immer wieder ändern.

Je nach Situation ist das eine Ziel mit einer kleinen Anstrengung zu erreichen oder muss ein wichtiger Prozess eingeleitet werden, damit eine Umleitung der Energien in Richtung Gleichstellungsziel überhaupt begonnen werden kann. Es ist deshalb wichtig, sowohl kurzfristige Ziele anzupeilen als auch längerfristige Prozesse einzuleiten.

1.3   Zielrichtungen

Nachdem die Vielfalt der Ziele, die im Sinne einer Geschlechtergleichstel-lung angestrebt werden sollen, erläutert sind, wird in diesem Abschnitt die Perspektive etwas verändert. Wir fragen: In welche Richtung weisen die Ziele? Wir sehen hier 3 wesentliche Elemente:

Am rechten Rand: 3 Zielrichtungen

- das Individuum in seinen Rollen,
- das Individuum bzw. die Gruppe der Frauen und der Männer mit den jeweiligen Ressourcen und
- die Struktur und Kultur von Organisationen, Unternehmen und Ver-waltungen.

1.3.1 Das Individuum in seinen Rollen

Eine schwangere Frau wird – nach der Erkundigung nach ihrem gesund-heitlichen Befinden – meist gefragt, ob sie wohl einen Jungen oder ein Mädchen zur Welt bringen wird oder, falls sie es nicht weiß, was sie (oder ihre Umgebung) sich wünscht. Diese Frage ist nicht in allen Weltteilen von gleicher Bedeutung. In unserer Region ist es keine Katastrophe, ein Mäd-chen zur Welt zu bringen. Aber nach wie vor ist es nicht gleichgültig.

Am rechten Rand: Freie Lebensoptionen

Die Vorstellungen, was es bedeutet, weiblich oder männlich zu sein, prägen uns von Anfang an. Die stereotypen Kleider für Babies und Klein-kinder strafen alle Lügen, die behaupten, für sie wäre es unerheblich und sie würden Mädchen und Jungen völlig gleich aufwachsen lassen.

Von den Lieblingsfächern in der Schule über die Wahl der Studienrich-tung bis zu den Vorstellungen, wodurch sich Führungskräfte auszeichnen (Ziel 2, ► Abschn. 1.2.3), wirken die Stereotypen sehr stark.

Wenn wir in der Gleichstellungsfrage diese Geschlechterstereotypen in den Blick nehmen, ist klar, dass wir die unterschiedlichsten Situationen dahingehend hinterfragen, wie sie dazu beitragen, Bilder und Erwartun-gen zu schaffen, die auf die einzelnen Personen Druck ausüben können. Wir möchten alles fördern, was den Individuen erlaubt, selbst zu bestim-men, wie sie ihre Rollen sehen. Dies bedeutet auch, dass Veränderungen im Laufe des Lebens als legitim betrachtet und begrüßt werden (Ziel 3, ► Abschn. 1.2.3).

1.3.2 Das Individuum bzw. die Gruppe der Frauen und Männer mit den jeweiligen Ressourcen

Bei dieser Blickrichtung interessiert die Frage: Über welche Ressourcen verfügen Frauen und Männer im Vergleich? Das können positive Gü-ter oder Belastungen sein, wie sie in den Zielen 1 und 5 erläutert sind (► Abschn. 1.2.1/1.2.5). Selbstverständlich sind auch einflussreiche Posi-tionen (Thema im Ziel 2) eine wesentliche Ressource. In Bezug auf die Geschlechtergleichstellung interessiert, wie diese Elemente zwischen den Geschlechtern aktuell verteilt sind.

Am rechten Rand: Gerechte Verteilung

Das Ziel ist demnach eine gerechte Verteilung. Dies bedeutet, dass wir jeweils definieren, wen bzw. welche Gruppen wir miteinander vergleichen. Zusätzlich muss klar werden, wer Einfluss auf die Verteilung des interessierenden Gutes hat (siehe auch Ziel 6).

1.3.3 Die Struktur und Kultur von Organisationen, Unternehmen und Verwaltungen

Strukturelle und kulturelle Ebene

Bei dieser Zielrichtung stehen nicht primär die Individuen im Vordergrund, sondern das Funktionieren von Organisationen, Unternehmen und Verwaltungen. Selbst wenn einzelne Personen das Unternehmen verlassen, stellen die Nachfolgenden die vorgefundene Kultur wieder her. Es ist deshalb wichtig, zu untersuchen, wie die aktuellen Strukturen entstanden sind und welche Geschlechterbilder sie transportieren.

Die Unternehmenskultur lässt sich ebenfalls an verschiedenen Elementen beobachten: Wie wird intern und extern kommuniziert? Welche Personen prägen das Unternehmen mit welchen Ideen? Wie ist der Umgang mit Kund/innen, Mitarbeitenden, Behörden usw.?

Das Ziel ist, Struktur und Kultur bewusst so zu gestalten, dass sie ohne rigide Geschlechterstereotypen auskommen und deshalb lebendig und flexibel sind.

1.4   Zielfindungsprozess

Ziele aushandeln

Nachdem wir dargestellt haben, wie vielschichtig das Ziel der Gleichstellung ist, werden wir anhand von Beispielen aufzeigen, dass »Ziele finden« keine mechanische oder automatische Angelegenheit ist, sondern ein Prozess. In einem Dialog werden Ziele ausgehandelt, ähnlich wie das für andere Ziele auch gilt. SMART ist eine Orientierungshilfe für wirkungsvolle Zielvereinbarungen:

SMART-Systematik verwenden

S	spezifisch und schriftlich
M	messbar
A	attraktiv und aktionsorientiert
R	realistisch
T	terminiert

Selbstverständlich müssen sich die ausgehandelten Ziele an den grundsätzlichen Gleichstellungszielen orientieren und sich mit ihnen in Einklang bringen lassen.

❗ Nicht alles, was mit Frauen und Männern zu tun hat, weist in Richtung Gleichstellung.

Zunächst wird definiert, für welchen Bereich ein Gleichstellungsziel entworfen und ausgehandelt werden soll. Als Bereiche verstehen wir hier die in sich geschlossene Einheit eines Unternehmens oder einer Verwaltung, die bestimmte Prozesse und Abläufe mit unterschiedlich ausgebildeten und hierarchisch positionierten Beschäftigten kennt.

Bereich definieren

> **Beispiel**
>
> **Zielfindungsprozess im Bereich Entwicklung eines Mobiltelefon-Unternehmens**
> Im Bereich Entwicklung arbeiten die innovativsten Software-Entwickler/innen, Ingenieur/innen usw. Der Hinweis, dass ihre neueste Entwicklung auch in Richtung Gleichstellung wirken sollte, erzeugt große Ratlosigkeit.

Ein ad hoc zusammengestelltes GEM Team (▶ Kap. 6) würde Gleichstellung als erreicht betrachten, wenn Frauen wie Männer die neuen Entwicklungen begrüßen würden. Eigentlich gehen aber alle davon aus, dass dies bereits heute der Fall ist. Niemand weiß dies aber konkret.

Ausgangspunkt: Unklarheit

Ein erstes Ziel ist deshalb, genauer zu erfahren, was Frauen und Männer an den aktuellen Mobiltelefonen schätzen und was für Wünsche sie für eine nächste Handy-Generation tatsächlich haben.

S	Es wird definiert, welches Zielpublikum genauer befragt wird
M	Die Anzahl der Befragungen wird festgelegt und nach welchen Kriterien die Auswertung erfolgt
A	Alle Beschäftigten steuern bei, was sie persönlich an Reklamationen und positiven Rückmeldungen bzgl. der Handys und ihrem Gebrauch erfahren
R	Für die Befragung wird entsprechendes Know-how dazugeholt
T	Nachdem die Ergebnisse der Befragung vorliegen braucht es ca. 3 Monate, um die internen Erkenntnisse einzuarbeiten

Die Erkenntnisse werden für weitere Zieldefinitionen auch im technischen Bereich genutzt.

> **Beispiel**
>
> **Zielfindungsprozess im Bereich Personal**
> Von der Ausschreibung von neuen Stellen über die Auswahl, Anstellung, Einarbeitung, Weiterbildung, Beförderung bis zur Entlassung können mit sämtlichen Prozessen auch Gleichstellungsziele angepeilt werden.

Es haben sich schon verschiedentlich Frauen beklagt, sie würden nicht zu gleichwertigen Weiterbildungen zugelassen. Aufgrund dieses Hinweises wird beim Thema Weiterbildung ein Gleichstellungsziel festgelegt.

Ausgangspunkt: Reklamation

S	Für die Beschäftigten einer Abteilung wird das Ziel gesetzt, dass Frauen wie Männer während des nächsten Jahres gleich viele Weiterbildungstage beziehen. Diese sollen auch gleich hohe Kosten verursachen
M	Die Tage werden ausgezählt und die Kosten zugeordnet
A	Von der Ausschreibung bis zur Abrechnung sind die Kursteilnehmer/innen zu begleiten
R	Die Anzahl Betroffener ist gut zu managen
T	Der Stichtag ist festgelegt. Anschließend werden die Ergebnisse diskutiert

Ebene festlegen

So wie sich die Gleichstellungsziele für die verschiedenen Bereiche unterscheiden können, gilt es auch, für die unterschiedlichen Ebenen adäquate Ziele zu definieren. Als unterschiedliche Ebenen werden die verschiedenen Hierarchiestufen verstanden.

> **Beispiel**
>
> **Beispiel für einen Zielfindungsprozess auf der Ebene der Sachbearbeitung**
>
> Aufgrund der Beobachtung, dass Männer und Frauen mit einer kaufmännischen Grundausbildung nach ein paar Jahren Praxis in Unternehmen auf völlig unterschiedlichen Stufen anzutreffen sind – nämlich Frauen als Assistentinnen, Männer in Leitungsfunktionen – soll die Situation geklärt werden.
>
> | | |
> |---|---|
> | S | Die Laufbahnentwicklung von 5 Frauen und 5 Männern wird analysiert |
> | M | Die verschiedenen Stationen auf dieser Entwicklung werden vorab entwickelt |
> | A | In Interviews wird gefragt, ob sich diese Stationen als realistisch herausstellen bzw. welche sonstigen Stationen wichtig sind |
> | R | Die Entwicklung des Gesprächsleitfadens und 10*1 ½ h Interviews sowie die Auswertung können mit entsprechender Fachunterstützung geleistet werden |
> | T | Innerhalb eines Dreivierteljahres wird ein Bericht erwartet |

> **Beispiel**
>
> **Beispiel für einen Zielfindungsprozesse auf der obersten Führungsebene**
>
> Auf der obersten Führungsebene ist unter den 7 Mitgliedern keine Frau. Dies wird kritisiert. Es stellt sich die Frage, was zu tun ist, damit sich dies bei einer nächsten Rochade ändern kann.

Zielfindung auf der obersten Ebene

Einerseits geht ein Auftrag an die Personalabteilung, bei einer nächsten Ausschreibung dafür zu sorgen, dass auch weibliche Bewerbungen eingehen. Andererseits sollen auch die aktuellen Führungskräfte vorbereitet sein, wenn eine Frau (besser mehrere Frauen) auf ihrer Ebene Einzug hält.

Sie vereinbaren, dass sie ihre Kenntnis von Frauen auf ihrer Ebene erweitern, entsprechende Kanäle recherchieren und sich über mögliche

Gewinnsteigerung

Kandidatinnen informieren. Sie gehen mit der Methode »Die Gute Nachrede®« vor (▶ Kap. 18).

S	Frauen mit definiertem Profil sollen recherchiert werden
M	Für jede Sitzung wird vereinbart, wer präsentiert
A	Alle kommen an die Reihe
R	Der Aufwand, einmal jede siebte Sitzung eine Präsentation vorzubereiten, ist auch Führungskräften auf der obersten Ebene möglich
T	Nach 7 Sitzungen werden die Erfahrungen ausgetauscht und allenfalls neue Ziele formuliert

1.5 Was verstehen wir unter dem Geschlechterverhältnis?

Ist das Geschlechterverhältnis Thema, kommt selten spontane Freude auf. Die Gesellschaft wird aus der Sicht von Frauen und Männern betrachtet und es wird untersucht, ob Ungleichheit, Diskriminierung, Ausschluss, strukturelle Ungleichbehandlung oder Hierarchisierungen vorhanden sind. Alle diese Aspekte empfinden wir meistens spontan als ungerecht und hoffen, dass in unserer Umgebung möglichst nichts zu beanstanden ist.

Geschlechterthema verunsichert

Wenn es um Geschlecht und das Geschlechterverhältnis geht, sind alle Menschen betroffen, denn unsere Gesellschaft geht für jede Person von der Zuordnung zum weiblichen oder männlichen Geschlecht aus – von Geburt an. Die Einteilung der Menschheit in 2 Geschlechter ist uns weitgehend selbstverständlich. Geschlecht als Ordnungskategorie ist eine Normalität. Normalität im wörtlichen Sinn: Weiblich und männlich sind Normen, an

Persönliche Beziehung

die wir uns halten (sollen, müssen bzw. wollen) und deren Inhalt im Alltag wenig hinterfragt wird.

Wenn wir von dieser Zweigeschlechtlichkeit ausgehen und nach dem Verhältnis zwischen den Geschlechtern fragen, ist die häufigste Reaktion: Damit ist das Verhältnis zwischen 2 Personen unterschiedlichen Geschlechts gemeint. Dies wird oft von einem Augenzwinkern begleitet, was nahe legt, dass zwischen diesen Personen eine spezielle, möglicherweise erotische Verbindung besteht.

Gesellschaftliche Ebene

Zusätzlich zur individuellen Betrachtungsweise ist das Geschlechterverhältnis auch auf einer gesellschaftlichen Ebene zu verstehen. Damit das eine und das andere deutlich wird, ordnen wir die verschiedenen Interpretationen an dieser Stelle:

1.5.1 Persönliche, individuelle Betrachtung

»Elternschaft« aus drei Perspektiven

Hier geht des darum, das Geschlechterverhältnis aus der Perspektive eines Individuums zu verstehen. Jede einzelne Person soll sich darin finden und verstehen, welche Fragen sich stellen. Die Geschlechterforschung hat dafür 3 Ansatzpunkte herausgearbeitet:

- Sex,
- Gender und
- Desire.

Damit diese deutlich werden, erläutern wird sie alle – sehr kurz – an einem Beispiel. Wir haben das Beispiel Elternschaft dafür ausgewählt.

Sex – individuelle Ebene

Empfängnis, Schwangerschaft, Geburt

Was englisch in erster Linie für die Zuschreibung des Geschlechts weiblich bzw. männlich gebraucht wird, wird deutsch auch für Sexualität oder sexuelle Aktivität verwendet.

Werden eine Frau und ein Mann miteinander sexuell aktiv, hat dies für Frauen eine Folge, die für Männer ausgeschlossen ist: Vielleicht stellt sich eine Schwangerschaft ein und sie kann ein Kind gebären.

In unserem Beispiel der Elternschaft hält das biologische Geschlecht für Frauen und Männer sehr unterschiedliche Optionen bereit. Diese sind – zumindest vorläufig – noch nicht ohne weiteres veränderbar. Als Individuum ordne ich mich hier ein.

Gender – individuelle Ebene

Gender ist ursprünglich für das grammatikalische Geschlecht verwendet worden (französisch: genre, italienisch: genere). Auf Deutsch existiert kein entsprechendes Wort dafür. Gender wird auch als »soziales Geschlecht« übersetzt und meint damit, dass weiblichen und männlichen Individuen bestimmte Rollen, Eigenschaften usw. zugeschrieben werden, die im jeweiligen historischen und regionalen Kontext als »normal« gelten.

Wir gehen davon aus, dass die Summe dieser Zuschreibungen zu sehr unterschiedlichen Bildern führt. Einerseits wissen wir, dass die Geschlechterbilder unserer Großeltern und Eltern sich von den unseren unterscheiden und andererseits ist uns bewusst, dass auch gleichzeitig in verschiedenen Weltregionen unterschiedliche Normen angewendet werden. Diese Geschlechterbilder sind also nicht etwa Natur, sondern Kultur: Wir gestalten sie ständig (mit).

Wird im Beispiel Elternschaft nicht die biologische Beteiligung angeschaut, sondern nach »gender«, dem sozialen Geschlecht, gefragt, interessieren die Rahmenbedingungen und Rollenverteilungen, unter denen die Kinder großgezogen werden. Wie ist die Arbeitsteilung zwischen Mutter und Vater? Was sind Mutter- und Vaterbilder, die auf die Frau und auf den Mann einwirken? Wie sehe ich mich als Mutter bzw. Vater?

Kinder groß ziehen

Desire – individuelle Ebene

Der Ansatzpunkt »desire« geht davon aus, dass erotisches Begehren ein menschliches Bedürfnis darstellt, mit dem jedes Individuum unterschiedlich umgeht. Gesellschaftlich ist die Norm formuliert, dass sich erwachsene Frauen und Männer begehren. Jedes Individuum fragt sich: Von wem fühle ich mich persönlich sexuell und erotisch angezogen? Diese Frage stellt sich immer wieder im Laufe des Lebens und wird zum Teil konstant und immer gleich, zum Teil weniger konstant und auch nicht immer gleich beantwortet. So erfüllen viele Individuen den gesellschaftlichen Anspruch an monogames Verhalten – wenn nicht lebenslang, so doch so lange, wie eine Verbindung dauert. Andere fühlen sich von Personen gleichen Geschlechts angezogen und bezeichnen sich als homosexuell oder lesbisch. Noch andere haben sowohl Frauen als auch Männer als erotische Partner/innen oder ändern ihre Präferenzen im Laufe des Lebens.

Wenn wir die Frage nach dem Begehren stellen, steht die Elternschaft ganz im Hintergrund. Eigentlich steht Elternschaft – wie das Normbild gezeichnet wird – sogar eher im Widerspruch zu Desire. Wenn Kinder da sind und das persönliche Begehren nicht mit dem gesellschaftlichen Anspruch an heterosexuelle Monogamie übereinstimmt, entstehen Lebenssituationen, die zu recht heftigen Auseinandersetzungen führen können.

Für Begehren wenig Raum

Wenn wir uns diese 3 Möglichkeiten der Herangehensweise auf die Frage vergegenwärtigen: Wie steht es mit dem Geschlechterverhältnis?, wird leicht verständlich, weshalb auf die einfache Frage keine einfachen Antworten folgen. Ja, es wird auch klar, dass wir schnell in Missverständnissen landen und nicht gestellte Fragen beantworten. Deshalb ist es wichtig, sich die Bandbreite der Fragestellung bewusst zu sein.

Weiter handelt es sich bei diesen persönlichen Aspekten um durchaus intime Themen. Je nach Situation möchte ich vielleicht meine Position gar nicht darstellen. Ich kann mich auch in einem Umfeld befinden, in dem in allen 3 Kategorien oder zumindest in der Kategorie »desire« eindeutige Normen vorgegeben sind. Würde mein Begehren sich nicht mit den Normen decken, könnte ich mir spürbare Nachteile einhandeln. Aber auch in

1

Bezug auf die »gender«-Bilder sind Abweichungen nicht immer harmlos. Erwerbstätige Mütter von Kleinkindern oder Väter, die ihre Erwerbsarbeit zugunsten der Familie reduzieren möchten, können davon ein Lied singen.

1.5.2 Gemeinschaftliche, gesellschaftliche, politische Betrachtung

Wird das Geschlechterverhältnis auf einer gesellschaftlichen Ebene betrachtet, stellt sich die Frage, wie Frauen und Männer zueinander stehen. Dabei wird deutlich, dass bei »Frauen« und »Männern« an Gruppen gedacht ist.

Sex – gesellschaftliche Ebene

Zuordnung zu einem Geschlecht

Die spontane Art und Weise, an die Gruppe »Frauen« und »Männer« zu denken, ist regelmäßig ein Zählen der Frauen und Männer, indem sie einem Geschlecht (»sex«) zugeordnet werden. Da die Zuordnung zu einem Geschlecht in unserer Gesellschaft eine Basisinformation bei der Geburt jedes Kindes darstellt, gehen wir damit sehr selbstverständlich um. In jüngster Zeit wird auf die Tatsache hingewiesen, dass diese Zuteilung bei mindestens 2% der Menschen nicht so eindeutig ist und durchaus zu Diskussionen Anlass gibt. Weiter wissen wir, dass sich einige Personen mit ihrer Zuteilung ein Leben lang nicht arrangieren können und eine Geschlechtsumwandlung wünschen oder auch realisieren.

Trotz dieser Relativierungen ist die Einteilung der Menschheit in die 2 Kategorien Frauen und Männer eine außerordentlich prägende und allgegenwärtige. Es ist aber wichtig zu erkennen, dass diese Einteilung in 2 sich ausschließende Kategorien nicht alles über das Geschlechterverhältnis erzählt.

Gender – gesellschaftliche Ebene

Soziale Stellung

Damit ist klar, dass – zusätzlich zu einem sog. »sex counting« – auch beschrieben werden muss, was diese Frauen und Männer tatsächlich tun und wie sie zueinander stehen. Das heißt, die Kategorie »gender« ernst zu nehmen. Damit erhalten wir Beschreibungen von Tätigkeiten, von Ressourcenverteilungen, von philosophischen Welt- und Gesellschaftsbildern, von Zugangsbestimmungen, von Aktivitätsbeschränkungen usw., kurz: eine sehr differenzierte Darstellung des Geschlechterverhältnisses.

Desire – gesellschaftliche Ebene

Obwohl Begehren eine außerordentlich persönliche Angelegenheit ist, gibt es dafür gesellschaftliche Vorstellungen. Fragen des Schutzalters, Eherechte, die Mann und Frau Vorschriften machen, Pornografieregelungen, Verbote von Zuhälterei, Strafen für Freier, Regelungen zu Prostitution, Vorschriften gegen sexistische Werbung usw. zeigen, dass die Gesellschaft ein Interesse daran hat, steuernde Rahmenbedingungen zu formulieren.

1.5.3 Fazit

Es ist klar, dass nicht jedes einzelne Individuum jeweils genau dem vorgefundenen durchschnittlichen Geschlechterverhältnis im vollen Umfang persönlich entspricht. In einer bestimmten Kategorie mag das zutreffen, in einer anderen überhaupt nicht usw. Jede Person ist eine individuelle Mischung. Um alles noch etwas komplexer zu machen: Jede Person verändert sich im Laufe der Zeit, absichtlich oder unabsichtlich. Trotzdem lässt sich ein Geschlechterverhältnis erkennen und darstellen.

Wenn wir die Strategie Gender Mainstreaming umsetzen, befinden wir uns gedanklich und analytisch auf der gemeinschaftlichen Ebene. Das Thema ist das Geschlechterverhältnis als ein Verhältnis von mehreren Personen zueinander. Auch die Zielvorstellungen werden für die gesell-

Keine Person ist Durchschnitt

Wir denken auf der gesellschaftlichen Ebene

Stellen Sie sich vor,

zu den Bestbezahlten gehören bereits 5% Männer.

Umdenken öffnet Horizonte!

Büro für die Gleichstellung von Frau und Mann
der Stadt Zürich

Kampagne der Fachstelle für Gleichstellung, Stadt Zürich

schaftliche, nicht für die persönliche Ebene formuliert. Individuelle Haltungen, Wünsche und Situation werden dann wichtig, wenn es darum geht, konkrete Ziele auszuhandeln und Maßnahmen umzusetzen. Maßnahmen könnten zwar beschlossen werden, Realität werden sie aber ausschließlich, wenn Menschen aus Fleisch und Blut aktiv werden.

Persönliche und gesellschaftliche Ebene wahrnehmen...

Das bedeutet, dass wir als Individuen eine Abstraktionsleistung erbringen müssen. Wir sollen uns unbedingt unsere persönliche Situation klar machen. Wenn wir gesellschaftliche, gemeinschaftliche Situationen untersuchen, soll unsere individuelle Situation uns aber nicht in die Irre leiten. Dieses Auseinanderhalten der Ebenen ist eine wesentliche Anstrengung, auf die wir immer wieder Wert legen.

...und nicht vermischen

Die Vermischung der gesellschaftlichen Ziele mit den persönlichen Präferenzen oder das Hin- und Herspringen zwischen den Ebenen erschweren sehr oft die Diskussion. Damit wir gemeinsam und rational erwünschte Zielzustände formulieren, müssen wir die Betrachtungs- und Handlungsebene eindeutig festlegen.

> **»** Gender Management lässt hoffen, dass auch die Gleichstellungsarbeit gerechter verteilt wird. **«**
> Micheline Calmy-Rey, Vorsteherin des Eidgenössischen Departements für auswärtige Angelegenheiten

Auch die Ausdrücke, die rund um das Thema Geschlechterverhältnis verwendet werden, sind vielfältig und meinen nicht immer dasselbe. Auch hier ist eine Differenzierung und Begriffsklärung nützlich. Für das Ziel der Gleichstellung von Frau und Mann wurden und werden unterschiedliche Begriffe verwendet, die wir im Folgenden erläutern.

1.6   Begriffsklärung im Gender Bereich

»We hold these truths to be self-evident: that all human beings, irrespective of race, color or sex, are born with the equal right to share at the table of life.«
(Emma Goldman, amerikanische Feministin (1869–1940): A new declaration of independence, 1909)

»Even if women have obtained de jure equal rights and equal status with men in the majority of European countries, they are still discriminated against in many areas.«   (Europarat, Mai 2002)

Obwohl »equal rights and equal opportunities between all human beings« als Selbstverständlichkeit angesehen werden, sieht die Wirklichkeit auch im 21. Jahrhundert erstaunlich anders aus. Die Zugehörigkeit zum weiblichen oder männlichen Geschlecht ist noch immer eine der prägendsten und bedeutsamsten Unterscheidungen in unserer Gesellschaft. Das Leben von Frauen und Männern weist in vielen Bereichen des öffentlichen und privaten Lebens große Unterschiede auf, ohne dass dies immer bewusst wäre. Diese Unterschiede, die uns oft als »natürlich« erscheinen, meist aber »gesellschaftlich gemacht« sind, haben eine zentrale Bedeutung für unsere Strategien zur Herstellung von Gleichstellung. Dies betrifft v. a. das ungleiche Verhältnis der Geschlechter zueinander und die geschlechtsbezogene Arbeitsteilung mit ihren weitreichenden Folgen für die Lebenschancen von Frauen und Männern.

Ungleiches Verhältnis und geschlechtsbezogene Arbeitsteilung

Im deutschsprachigen Raum werden die dafür verwendeten Begriffe wie »égalité« oder »equal opportunities between women and men« bzw. »gender equality« mit unterschiedlichen Begriffen übersetzt. Wir kommentieren hier kurz eine Auswahl:

Gleichberechtigung

Die Gleichberechtigung ist der Begriff, der von Bewegungen gebraucht wird, die gleiche Rechte – hier für Frauen und Männer – einfordern. Die Herbeiführung von identischen Regelungen für Frauen und Männer bzw. den Anspruch auf gleiche Rechte zu erheben, ist historisch der älteste Zugang. Die Frage nach den rechtlichen Regelungen und wie sie angewendet werden, ist und bleibt aber immer aktuell: Einerseits verändert sich die Gesellschaft und interpretiert die alten Gesetze anders und andererseits werden immer wieder Rechte geändert und haben damit ihrerseits wieder Auswirkungen auf die gesellschaftlichen Realitäten.

Gleiche Rechte

Die klassische Fragestellung ist die Frage nach den politischen Rechten für Frauen und Männer.

Chancengleichheit

Dieser Ausdruck wird sehr unterschiedlich gebraucht: von eher wörtlich verstandenen Vorstellungen, für bestimmte Kategorien von Menschen die Chancen, Zugänge usw. gleich zu gestalten, auch wenn die Voraussetzungen nicht immer identisch sind, bis hin zu umfassenden Gleichstellungsvorstellungen. Wird die Frage nach gleichen Chancen gestellt, taucht ebenfalls die Frage nach den Barrieren auf.

Gerechte Ausgangsmöglichkeiten

Die klassische Fragestellung nach Chancengleichheit ist die Frage nach gleichen Bildungschancen für Mädchen und Jungen oder die gleichen Chancen für Männer und Frauen, in eine Führungsposition aufzusteigen.

Gleichstellung

Gleichstellung wird oft als faktisch umgesetzte Gleichberechtigung verstanden: Wenn aus identischen Rechten auch tatsächlich eine ausgewogenere, gerechtere, fairere Situation entsteht, ist ein Mehr an Gleichstellung erreicht. Da konkrete Situationen im Fokus sind, ist auch entsprechend konkret zu definieren, was jeweils als Gleichstellung verstanden wird.

Tatsächliches zählt

Hier gibt es keine klassischen Fragestellungen: In allen Lebensbereichen ist die Gleichstellung zu beschreiben.

1

Geschlechtergerechtigkeit

Dieser Begriff wird gesellschaftlich umfassend und in verschiedenen Bereichen verwendet.

Die klassische Fragestellung bezieht sich auf den Sprachgebrauch: Wird eine Sprache verwendet, die beiden Geschlechtern gerecht wird?

Geschlechterdemokratie

Beteiligung aller

Geschlechterdemokratie verlangt, dass Frauen und Männer sich gleichermaßen am öffentlichen und politischen Leben beteiligen.

Hier lautet die klassische Fragestellung: Stellen sich Männer und Frauen gleichermaßen für öffentliche Ämter zur Verfügung? Beteiligen Sie sich gleichermaßen an den Wahlvorgängen? Werden Frauen und Männer gleichermaßen und auf allen Stufen gewählt? Finden die Interessen von Männern und Frauen gleichermaßen Eingang in die politische Agenda?

Gleichbehandlung

Gleich behandeln –
immer reflektieren

Vor allem in Österreich wird im Beschäftigungsbereich die faktische umgesetzte Gleichberechtigung »Gleichbehandlung« genannt. Auch Gesetze tragen diesen Namen.

Da wir immer wieder Missverständnisse beobachten, wenn mit »Gleichbehandlung« eine mechanisch gleiche Behandlung gemeint ist, die nicht immer zielführend ist, werden wir im Folgenden auf die Verwendung dieses Begriffs verzichten. Alle anderen Begriffe verwenden wir synonym und werden sie in diesem Text immer wieder abwechselnd gebrauchen.

In ▸ Kap. 2 wird Gender Mainstreaming, die Strategie zur Verwirklichung der Gleichstellung, ausführlich dargestellt.

Gender Mainstreaming ist die aktuelle Strategie

> Um das Ziel der Gleichstellung der Geschlechter zu erreichen, gibt es
> verschiedene Wege und Strategien. In diesem Kapitel wird die aktuelle
> Strategie ausführlich dargestellt: Gender Mainstreaming.
> Die Definition wird erklärt.
> Die Strategie wird anhand von 5 Hauptelementen praxisnah erläutert.
> Die historische Herleitung sowie andere Gleichstellungsstrategien fin-
> den sich in ▶ Kap. 3.

2.1   Definition Gender Mainstreaming

> **Definition**
>
> **Definition des Europarates 1998**
> **Gender Mainstreaming** besteht in der (Re-)Organisation, Verbesse-
> rung, Entwicklung und Evaluierung der Entscheidungsprozesse, mit
> dem Ziel, dass die an politischer Gestaltung beteiligten Akteurinnen und
> Akteure die Gleichstellung zwischen Frauen und Männern in allen Berei-
> chen und auf allen Ebenen integrieren.

Wie Gender Mainstreaming auf Deutsch erklären?

Kein einfaches deutsches Wort vorhanden

Für den englischen Begriff des Gender Mainstreaming gibt es keine annä-
hernd prägnante deutsche Übersetzung. Das Englische kennt im Gegensatz
zum Deutschen unterschiedliche Begriffe für das biologische (»sex«) und
das soziale (»gender«) Geschlecht.

Gender: Das soziale Geschlecht

»**Gender**« meint demnach die gesellschaftlich definierten Geschlech-
terrollen. Diese sind je nach Kultur und Zeit sehr unterschiedlich ausge-
prägt. Gender zeigt damit auf, dass diese Rollen sich verändert haben und
nach wie vor veränderbar sind. Diese sozialen Zuschreibungen sind im
Blickwinkel. Da es nicht nur darum geht, die Gesellschaft in Frauen und
Männer aufzuteilen, sondern die verschiedenen Rollen, die Frauen und
Männer übernehmen (sollen bzw. wollen) – im Bewusstsein, dass nicht alle
Frauen alles gleich realisieren und nicht alle Männer alles gleich wünschen
– bleiben wir auch bei diesem englischen Wort »gender«.

»**Mainstreaming**« ist auch auf Englisch eine Konstruktion. »Main-
stream« wird mit Hauptstrom und Selbstverständlichkeit übersetzt. Wird
dieses Substantiv in eine Tätigkeit umgeformt zu »mainstreaming«, bedeutet dies, eine bestimmte Fragestellung, ein Kriterium in »den Hauptstrom«
zu integrieren und jeweils selbstverständlich mitzubearbeiten.

Geld ist ein klassisches Mainstreaming-Thema

Ein bekanntes Beispiel für Mainstreaming ist das Geld. In unserer Geld-
gesellschaft müssen wir uns selbstverständlich bei den meisten Aktivitäten
immer auch fragen, »Wie viel kostet das? Wie bezahle ich das?« Ob es dabei
um das Wasser bei der Morgendusche, das Frühstück, die Kleidung, das
Transportmittel usw. geht, wir haben gelernt, mit der Finanzfrage umzu-
gehen, auch wenn wir nicht Finanzexpert/innen sind. Ein Basiswissen in
Geldfragen gehört zu unserer Kulturtechnik.

Im Fall des Gender Mainstreamings heißt das, die Frage nach dem Geschlechterverhältnis überall mitzudenken und überall einzuarbeiten. Die Geschlechterfrage ist in Themen, die nicht auf den ersten Blick etwas mit dem Geschlechterverhältnis zu tun zu haben scheinen, in allen Bereichen, bei allen Entscheidungen und auf allen Ebenen zu integrieren.

Geschlechterfrage überall mitbearbeiten

Gender Mainstreaming ist die historisch jüngste Strategie zur Verschönerung des Geschlechterverhältnisses. Diese Strategie ist deshalb noch am wenigsten bekannt, sie ist Thema dieses Buches und wird deshalb an dieser Stelle ausführlich erklärt.

2.2 Die 5 Hauptmerkmale von Gender Mainstreaming

2.2.1 Frauen und Männer sind im Blickfeld

Bisher kennen wir im Zusammenhang mit dem Geschlechterverhältnis vorwiegend Forderungen von Frauen, ihre Situation zu verbessern. Dazu untersuchten die Frauen jeweils ihre Situation, machten diese publik und argumentierten, weshalb eine Veränderung notwendig sei.

Dieser Aspekt wird mit Gender Mainstreaming aufgenommen. Nun werden aber die Männer zusätzlich ins Blickfeld geholt: Wenn das Geschlechterverhältnis zur Debatte stehen soll, reicht es nicht aus, die Situation der Frauen zu kennen. Die Situation der Männer muss ebenso sorgfältig und genau beschrieben werden können.

Männer zusätzlich im Blickfeld

Damit werden die Männer als Geschlechtswesen verstanden und als Teil des Geschlechterverhältnisses aufgefasst. Frauen, die sich aufgrund der vorangegangenen Geschichte als Geschlechtswesen verstanden haben, sind nicht mehr mit dem Etikett »Problemträgerinnen« behaftet. Diese Herangehensweise ist durchaus ungewohnt, konnten sich Männer doch bisher auf den Standpunkt stellen, »Frauenfragen« würden sie nicht betreffen. Mit dieser Sicht auf das Geschlechterverhältnis wird deutlich, dass sich v. a. für die Männer etwas verändert. Dass Männer nicht die gesamte Welt abbilden oder die ganze Welt für sich beanspruchen können, sondern nur eine Hälfte, kann durchaus als eine Reduktion auf das richtige Maß verstanden werden. Dass sie sich ebenfalls als Geschlechtswesen begreifen, ist noch eine junge Errungenschaft und bringt auch den Vorteil, dass Männer als ganze Wesen und nicht als Schablonen betrachtet werden.

Von Frauenfragen zu Geschlechterfragen

Beispiel

Die »Davon-Krankheit«
Schwedische Expertinnen erzählten uns die folgende Episode unter dem Titel »Davon-Krankheit«:
Auf Anfrage, wie denn das Geschlechterverhältnis in den Statistiken ausgewiesen werde, wurden die Darstellungen in ◻ Tab. 2.1 präsentiert.

▼

2

❏ **Tab. 2.1.** Zahlen zu einer Universität (fiktiv)

Zielgruppe	Total	Davon Frauen
Professuren	100	5
Wissenschaftliche Assistenz	250	50
Studierende	5000	2000
Verwaltung	250	150

Die Tabelle wird denn auch so gelesen:»Es gibt 100 Professuren, davon 5 Frauen, in der wissenschaftlichen Assistenz sind von 250 Angestellten 50 Frauen, von den 5000 Studierenden sind 2000 Frauen und von den 250 Verwaltungsangestellten sind 150 Frauen.«

Wenn dies so ausführlich ausgesprochen wird, wird ständig von »Frauen« gesprochen. Es entsteht der Eindruck, es gäbe es an der Universität fast ausschließlich Frauen.

Um tatsächlich vom Geschlechterverhältnis sprechen zu können, sollten die Männer ebenso ins Bild und in die Tabelle kommen. Dazu wurde verlangt, dass auch eine Spalte »Männer« eingeführt werde. In einer ersten Reaktion wurde dies mit dem Argument, es gäbe nicht genügend Platz für eine dritte Spalte, abgelehnt. Der Hinweis, 2 Spalten (Männer und Frauen) würden genügen, weil das Total jeweils leicht errechnet werden könne, führte dazu, dass eine dritte Spalte eingefügt wurde.

Die definitive Tabelle (❏ Tab. 2.2) ist nun für das Geschlechterverhältnis wesentlich aussagekräftiger.

❏ **Tab. 2.2.** Zahlen zu einer Universität (fiktiv)

Zielgruppe	Männer	Frauen	Total
Professuren	95	5	100
Wissenschaftliche Assistenz	200	50	250
Studierende	3000	2000	5000
Verwaltung	100	150	250

Mit dieser Art der Darstellung wurde die »Davon-Krankeit« überwunden.

Weitere Ausführungen zum Thema Darstellung des Geschlechterverhältnisses finden sich im ▶ Kap. 17.

2.2.2 In allen Bereichen aktiv werden

Wir kennen bisher die Bearbeitung des Geschlechter- oder Frauenthemas jeweils in bestimmten Sektoren:

▬ Politik: gleiche politische Rechte für Frauen und Männer und ausgewogene Beteiligung an den politischen Prozessen und Ämtern,

- Bildung: gleiche Chancen für Jungen und Mädchen, Männer und Frauen von der Grundausbildung bis zur Universität,
- Erwerbsarbeit: gleicher Lohn für gleichwertige Arbeit; Abbau der horizontalen und vertikalen Segregation: Frauen und Männer in allen Berufen und auf allen Hierarchieebenen,
- Kindererziehung und Familienarbeit: ausgeglichene Beteiligung an den Freuden und Leiden
- usw.

Das Mainstreaming-Prinzip geht davon aus, dass sämtliche Entscheidungen, die getroffen werden, immer auch Auswirkungen auf das Verhältnis zwischen Frauen und Männern haben. Auch wenn dies nicht immer sofort deutlich ist – ob es sich um soziale oder technische, wirtschaftliche oder ökologische, medizinische oder juristische Bereiche usw. handelt: Sämtliche Handlungsfelder haben eine Auswirkung auf das Geschlechterverhältnis.

Entscheidungen haben Auswirkungen auf das Geschlechterverhältnis

Rechtliche Regelung

Amsterdamer Verträge der EU 1999

Artikel 2

Aufgabe der Gemeinschaft ist es, durch die Errichtung eines Gemeinsamen Marktes und einer Wirtschafts- und Währungsunion sowie durch die Durchführung der in den Artikeln 3 und 4 genannten gemeinsamen Politiken und Maßnahmen in der ganzen Gemeinschaft eine harmonische, ausgewogene und nachhaltige Entwicklung des Wirtschaftslebens, ein hohes Beschäftigungsniveau und ein hohes Maß an sozialem Schutz, **die Gleichstellung von Männern und Frauen**, ein beständiges, nichtinflationäres Wachstum, einen hohen Grad von Wettbewerbsfähigkeit und Konvergenz der Wirtschaftsleistungen, ein hohes Maß an Umweltschutz und Verbesserung der Umweltqualität, die Hebung der Lebenshaltung und der Lebensqualität, den wirtschaftlichen und sozialen Zusammenhalt und die Solidarität zwischen den Mitgliedstaaten zu fördern.

Artikel 3

Absatz 1

Die Tätigkeit der Gemeinschaft im Sinne des Artikels 2 umfasst nach Maßgabe dieses Vertrags und der darin vorgesehenen Zeitfolge:

a) das Verbot von Zöllen und mengenmäßigen Beschränkungen bei der Ein- und Ausfuhr von Waren sowie aller sonstigen Maßnahmen gleicher Wirkung zwischen den Mitgliedstaaten;

b) eine gemeinsame Handelspolitik;

c) einen Binnenmarkt, der durch die Beseitigung der Hindernisse für den freien Waren-, Personen-, Dienstleistungs- und Kapitalverkehr zwischen den Mitgliedstaaten gekennzeichnet ist;

d) Maßnahmen hinsichtlich der Einreise und des Personenverkehrs nach Titel IV;

2

e) eine gemeinsame Politik auf dem Gebiet der Landwirtschaft und der Fischerei;

f) eine gemeinsame Politik auf dem Gebiet des Verkehrs;

g) ein System, das den Wettbewerb innerhalb des Binnenmarkts vor Verfälschungen schützt;

h) die Angleichung der innerstaatlichen Rechtsvorschriften, soweit dies für das Funktionieren des Gemeinsamen Marktes erforderlich ist;

i) die Förderung der Koordinierung der Beschäftigungspolitik der Mitgliedstaaten im Hinblick auf die Verstärkung ihrer Wirksamkeit durch die Entwicklung einer koordinierten Beschäftigungsstrategie;

j) eine Sozialpolitik mit einem Europäischen Sozialfonds;

k) die Stärkung des wirtschaftlichen und sozialen Zusammenhalts;

l) eine Politik auf dem Gebiet der Umwelt;

m) die Stärkung der Wettbewerbsfähigkeit der Industrie der Gemeinschaft;

n) die Förderung der Forschung und technologischen Entwicklung;

o) die Förderung des Auf- und Ausbaus transeuropäischer Netze;

p) einen Beitrag zur Erreichung eines hohen Gesundheitsschutzniveaus;

q) einen Beitrag zu einer qualitativ hoch stehenden allgemeinen und beruflichen Bildung sowie zur Entfaltung des Kulturlebens in den Mitgliedstaaten;

r) eine Politik auf dem Gebiet der Entwicklungszusammenarbeit;

s) die Assoziierung der überseeischen Länder und Hoheitsgebiete, um den Handelsverkehr zu steigern und die wirtschaftliche und soziale Entwicklung durch gemeinsame Bemühungen zu fördern;

t) einen Beitrag zur Verbesserung des Verbraucherschutzes;

u) Maßnahmen in den Bereichen Energie, Katastrophenschutz und Fremdenverkehr.

Absatz 2

Bei allen in diesem Artikel genannten Tätigkeiten wirkt die Gemeinschaft darauf hin, Ungleichheiten zu beseitigen und die Gleichstellung von Männern und Frauen zu fördern.

Artikel 3, Absatz 2 der Amsterdamer Verträge ist eine Möglichkeit, wie Gender Mainstreaming rechtlich definiert werden kann. In Artikel 2 wird das Gleichstellungsziel verankert und mit der Auflistung der Aufgaben in Artikel 3, Absatz 1 wird deutlich, dass von der Zollpolitik bis zum Fremdenverkehr alle gemeinsamen Aufgaben dazu beitragen sollen,

»Ungleichheiten zu beseitigen und die Gleichstellung von Männern und Frauen zu fördern.«

Diese Erweiterung des Spektrums zeigt sich am Beispiel Erwerbsbereich folgendermaßen:

Blick nach innen und außen

Wurde bisher die Frage nach der Gleichstellung der Frauen und Männer in einem Unternehmen gestellt, wurde sie jeweils mit einem Blick auf die Arbeitsbedingungen der Beschäftigten, die Beteiligung von Frauen und Männern auf den verschiedenen Hierarchiestufen usw. beantwortet. Zusätzlich zu diesem Blick nach innen lädt Gender Mainstreaming auch dazu ein, den Blick nach außen lenken: Wie sieht das Geschlechterverhältnis unter den Kundinnen und Kunden, Bürgerinnen und Bürgern usw. aus? Wie kann mit dem angebotenen Produkt oder der angeboten Leistung ebenfalls zu mehr Gleichstellung beigetragen werden?

Damit verändert sich der Impuls, sich mit dem Geschlechterverhältnis zu befassen, grundsätzlich: Nicht das Ausmerzen von Schwierigkeiten steht im Zentrum, sondern das Interesse, die Situation konkret zu durchschauen. Dies bedeutet auch, dass nicht nur Gleichstellungsdefizite identifiziert werden, sondern auch Good Practice gefunden werden kann.

Situation konkret durchschauen

Beispiel

Was hat denn Zollpolitik mit dem Geschlechterverhältnis zu tun?

Nichts, dachte die Gender Expertin auf den ersten Blick. Zusätzlich fand sie es sehr schade, dass ausgerechnet die Zollpolitik an erster Stelle dieser Aufzählung in Artikel 3 des Vertrags von Amsterdam stand. Die Herausforderung war gegeben: Wie bewährt sich die Gender Mainstreaming Strategie im Feld der Zollpolitik?

Die Konsultation der Zollgesetze der Schweiz brachte eine Geschlechterungleichheit zu Tage, die gar nicht mehr im Bewusstsein war: Identische Kleidungsstücke werden unterschiedlich verzollt, je nachdem, ob sie auf rechts oder links geknöpft werden. Diese Regelung fällt sogar unter die Kategorie »Ungleichheiten«. Es muss deshalb geprüft werden, ob sie sich rechtfertigen lässt oder ob eine Änderung nötig ist.

Nicht auf allen Gebieten werden derart klare Situationen angetroffen. Seit Einführung der Gender Mainstreaming Strategie ist es gelungen, diese erste Hürde zu überwinden, wenn es um Bauten, medizinische Leistungen, Raumplanung, pädagogisch-didaktische Konzepte, Verkehrsströme usw. geht. Diese Entwicklung ist vielversprechend.

2.2.3 Doppelstrategie: Ungleichheiten beseitigen und die Gleichstellung fördern

Ist Ungleichheit auch Ungerechtigkeit?

Gender Mainstreaming wird auch als Doppelstrategie beschrieben. Wo Ungleichheiten festgestellt werden, die als Ungerechtigkeit beseitigt werden sollen, braucht es spezifische Maßnahmen für ein Geschlecht, damit gerechtere Situationen geschaffen werden können. Dieser Aspekt kommt z. B. mit Frauenförderplänen zum Zuge. Diese Überlegung zeigt deutlich, dass ein mechanisches Identischbehandeln von Frauen und Männern nicht mit Gleichstellung verwechselt werden darf. Ob eine gleiche Behandlung dem Ziel der Gleichstellung dient, ist in jeder Situation konkret abzuwägen und zu entscheiden.

2

Maßnahmen in allen
Themen

Damit die Gleichstellung gefördert werden kann, sind Maßnahmen in sämtlichen Handlungsfeldern und Themen anzugehen. Es ist immer wieder zu entscheiden, ob **spezifische Maßnahmen** oder **Mainstreaming-Aktivitäten** nötig sind.

In jeder Situation ist zu entscheiden, ob eine der beiden Strategien angewendet wird oder beide klug miteinander kombiniert werden sollen.

> ❗ **Das Aufheben spezifischer Maßnahmen für Frauen allein ist noch keine wirksame Mainstreaming-Aktivität. Es ist in jedem Fall nachvollziehbar darzustellen, dass sich die Situation so verändert hat, dass eine spezifische Maßnahme sich tatsächlich erübrigt. Wird dies unterlassen, darf von den Verantwortlichen nicht in Anspruch genommen werden, sie würden Gender Mainstreaming umsetzen.**

Beispiel

Bad Practice: TV-Sendung von Frauen für Frauen abgeschafft

Im Schweizer Fernsehen wurde jeweils am Sonntagabend (»zufälligerweise« zeitgleich mit einem vergleichbaren Magazin im Deutschen Fernsehen) eine Sendung ausgestrahlt, die – zwar nicht ausschließlich, aber verantwortlich – von Frauen produziert wurde. Diese Sendung war das positive Ergebnis des Einspruchs von Frauen, ihre Themen würden zu wenig prominent, vertieft, konstant dargestellt.
Die Einschaltquoten gaben nicht zu Beanstandungen Anlass.
Die Entscheidung, die Sendung abzusetzen, wurde mit Gender Mainstreaming »begründet«: Die Themen, die für Frauen interessant seien, würden in allen anderen Sendungen aufgegriffen und es gäbe in (fast) allen Redaktionen auch Frauen, die mitarbeiten.

Das wäre Gender
Mainstreaming umgesetzt

Wäre – nachweislich – klar, dass Themen, die Frauen interessieren bzw. Aspekte aus der Frauenperspektive in vollem Umfang in alle Sendungen integriert sind, wäre Gender Mainstreaming erfolgreich umgesetzt. Nur die Tatsache, dass (auch) Frauen am Werk sind, reicht nicht aus:

- Frauen verfügen nicht per Biologie über Gender Kompetenz
- Es ist – immer wieder – herauszuarbeiten, was »frauenrelevant« oder »aus der Frauenperspektive« bei den jeweiligen Themen genau bedeutet. Dies lässt sich nicht auf Schminktipps reduzieren.
- Frauen allein setzen diesen Anspruch nicht um. Auch die Männer müssen nachweislich über die notwendige Sensibilität, Gender Kompetenz und Bereitschaft verfügen, die Genderfrage intelligent umzusetzen.
- Damit alle Akteurinnen und Akteure auch ans Werk gehen, brauchen sie ein Mangement, das die Gender Mainstreaming Strategie glaubwürdig vertritt und für die Umsetzung sorgt.

Erst wenn diese Punkte erfüllt und in die Realität umgesetzt sind, ist der Zeitpunkt gekommen, über die Abschaffung von Frauensendeplätzen zu diskutieren.

2.2.4 Gender Mainstreaming heißt Prozesse gestalten

Mit den bekannten Strategien wurden jeweils klare Zielvorstellungen formuliert und Forderungen gestellt, die es zu erreichen galt. Entlang der Definition des Europarates gilt nun die Aufmerksamkeit »der (Re-)Organisation, Verbesserung, Entwicklung und Evaluierung der Entscheidungsprozesse« (s. 2.1).

Mit der Beobachtung der Entscheidungsprozesse wird in jedem Thema immer wieder die Gelegenheit geboten, zu analysieren und zu steuern, wie das Geschlechterverhältnis (mit)beeinflusst wird. Die bewusste und informierte Vorbereitung der Entscheidungen führt zu einer Optimierung der Prozesse.

Dabei wird festgestellt, welche Ziele bereits umgesetzt werden und wo allenfalls noch Verschönerungsbedarf besteht. Soll sich etwas verändern oder soll dafür gesorgt werden, dass das Niveau des Status quo gehalten wird, werden entsprechende Ziele gesetzt und Maßnahmen dazu entworfen und umgesetzt.

Folgende Rahmenbedingungen sind für einen erfolgreichen Prozess zu beachten:

> Entscheidungsprozesse beobachten

> Ziele und Maßnahmen

> Formulierte Rahmenbedingungen

Rahmenbedingungen für einen erfolgreichen Gender Mainstreaming Prozess

- Engagement und Commitment auf höchster Ebene,
- Bewusstseinsbildung auf allen Ebenen,
- Anwendung der oben beschriebenen Doppelstrategie,
- klare Zuweisung von Zuständigkeiten und Ressourcen (Zeit, Geld, Personen),
- Gender Expertise (Bewertung der geschlechtsspezifischen Auswirkungen und Gleichstellungsprüfung) und
- Controlling.

Der Gender Mainstreaming Prozess ist ausführlich in ▶ Kap. 10 beschrieben.

>> Gender Mainstreaming macht uns klüger in unserem Planen, im Gestalten unserer Dienstleistungen. Die Unterschiede zwischen den Geschlechtern zu berücksichtigen bringt nicht nur mehr Effektivität, sondern natürlich auch höhere Kund/innenzufriedenheit. Konsequente Gleichstellungsorientierung in der Arbeitsmarktpolitik hilft darüber hinaus gerade in Zeiten wachsenden Bedarfs an gut qualifizierten Arbeitskräften, die wertvollen Beschäftigungs- und Begabungspotenziale von Frauen für unsere Wirtschaft zu erschließen. **<<**
Herta Kindermann-Wlasak, stellv. Landesgeschäftsführerin Arbeitsmarktservice Steiermark, Österreich

2.2.5 Top Down Strategie heißt: Die Verantwortung liegt bei der Spitze

Spitze verantwortlich

Gender Mainstreaming macht klar, dass die Gestaltung des Geschlechterverhältnisses nicht nur eine zufällige, sondern auch eine plan- und steuerbare Angelegenheit ist. Es sind deshalb diejenigen, die entscheiden können, auch dafür verantwortlich, wie sich das Geschlechterverhältnis in ihrem Einflussbereich präsentiert. Es ist also deutlich zu machen, dass nicht GEM Beauftragte oder am Thema Interessierte für die Ergebnisse die Verantwortung tragen. Es ist für Führungskräfte auch nicht möglich, die Aufgabe inklusive Verantwortung zu delegieren: Die Zuständigkeit bleibt bei der Spitze.

Möglichst viele beteiligen

Selbstverständlich kann die Führungskraft allein nicht die notwendigen Schritte selber tun. Alle Akteurinnen und Akteure tragen – nach Maßgabe ihrer Verantwortung – dazu bei, wie rasch und wie nachhaltig erwünschte Veränderungen auch tatsächlich umgesetzt werden. So können auch von der unteren zur höheren Ebene wesentliche Impulse kommen, die integriert werden. Die kluge Einbeziehung der Beteiligten gehört zu den Prozessverantwortungen der Führungskräfte und ist ein wesentlicher Erfolgsfaktor. Es braucht die optimale Verschränkung der Entscheidungen, Haltungen und Handlungen. Unser Praxisbuch gibt Ihnen dazu wesentliche Grundlagen und vielfältige Umsetzungsinstrumente in die Hand.

Modernes (Gender Equality) Management

Beispiel

Hiob hat ausgedient

Wenn in einem Unternehmen das Geschlechterthema anhand einer bestimmten Frage auftaucht, ist meist eine Kritik damit verbunden. Niemand ist gerne Trägerin oder Träger von Problemen. Diese Situation lässt sich oft nicht vermeiden.

Das Bewusstsein, dass Gender Mainstreaming eine Top-down-Strategie ist, bringt nun diese Personen in eine neue Rolle: Sie werden wichtige Seismograph/innen und Verbündete, wenn es um die Analyse der Situation, die Entwicklung von Lösungsmöglichkeiten und die Umsetzung der Maßnahmen geht.

Die Führungskräfte wissen um ihre Verantwortung und können es wertschätzen, dass sie Gender Interessierte in ihrem Unternehmen haben.

Je aktiver die Führungsebene in der Genderfrage wird, umso weniger Widerstand bekommen diejenigen zu spüren, die ihre Funktion als Seismograph/innen übernehmen.

Die Geschichte der Gleichstellungsstrategien

Antidiskriminierung und Frauenförderung sind die Gleichstellungsstrategien, die vor Gender Mainstreaming hauptsächlich eingesetzt wurden. Wir stellen die theoretischen Hintergründe dazu dar und erklären die Entwicklung bis zu Gender Mainstreaming.

Wie die verschiedenen Strategien zueinander stehen und wie sich das Konzept zu Gender Mainstreaming verhält, wird anschließend erläutert.

Die neueste Entwicklung in der EU leitet sich von den Gleichbehandlungsrichtlinien ab. Diese werden dargestellt und ins Konzept der Geschlechtergleichstellung eingeordnet.

3.1   Strategien im Geschlechterverhältnis

3 wichtige Strategien

In diesem Kapitel zeichnen wir in kurzen Strichen die Geschichte nach, wie mit der Antidiskriminierungsstrategie gestartet, mit der Frauenförderungsstrategie fortgefahren und schließlich Gender Mainstreaming herausgearbeitet wurde. Jeder Strategie liegen gesellschaftliche Verhältnisse und theoretische Überlegungen zugrunde. Wir beschreiben deshalb kurz den Theorieansatz und schließen die Ausführungen zur Strategie an. Jede Konzeption hat auch ihr Dilemma. Das bedeutet, dass sie zwar gültig, aber nicht allein gültig ist.

Wir gehen davon aus, dass sich auch die aktuelle Strategie weiterentwickeln wird.

Die 3 Strategien setzen wir in ein Verhältnis zueinander. Es ist nicht so, dass eine Strategie auf die Vordere folgt und sich die Erstere daraufhin einfach auflöst.

3.1.1 Antidiskriminierung

Die theoretische Analyse: Gleichheitstheorie

Anspruch auf Gleichheit

Mit der französischen Revolution, mit der die Gleichheit der Bürger eingefordert wurde, wurde auch die Frage mitgeliefert, ob Frauen mitgemeint seien. Damals wurde dies verneint und es machte einen langen Kampf nötig, politisch die gleichen Rechte von Frauen und Männern zu erreichen.

Ungleichheiten, Ungleichbehandlungen, ungleiche Regelungen, die von Frauen als Ungerechtigkeit aufgefasst wurden, wurden aufgezeigt. Verlangt wurden gleiche Rechte, gleiche Zugangsmöglichkeiten usw.

Dieser Anspruch auf Gleichheit wurde mit der Universalität der Rechte und der Klarstellung begründet, dass alle Menschen frei und gleich geboren würden.

Die Strategie heißt Antidiskriminierung

Gleiche Rechte einfordern

Damit diese Gleichheit erreicht werden kann, wurde verlangt, dass jegliche Diskriminierung aufgrund des Geschlechts verboten würde. Dazu ist

Gleichbehandlung führt nicht immer zu Gleichstellung

es notwendig, dass die gesetzlichen Regelungen entsprechend angepasst werden. Da diese Regelungen nicht automatisch in eine Realität übergehen, steht den einzelnen Frauen der Rechtsweg offen, ihre gleichen Rechte einzufordern bzw. auf Nichtdiskriminierung zu klagen.

Mit der Einzelfallbehandlung sollten sich auch die gesellschaftlichen Verhältnisse nach und nach in Richtung Gleichstellung entwickeln. Die Erfahrung lehrt uns, dass die Antidiskriminierungsstrategie große Wirkungen zeigt und auch aktuell nicht wegzudenken ist. Im Gegenteil: Für andere Merkmale als das Geschlecht hat die EU neue Richtlinien beschlossen, die in nationales Recht überführt worden sind.

Einzelfallbehandlung

Das Dilemma der Gleichheitstheorie

Das Dilemma, das mit der Gleichheitstheorie nicht aufgelöst werden kann, ist die Tatsache, dass mit der philosophischen Begründung, alle Menschen seien gleich und Frauen seien Menschen, mit der formalen Regelung die tatsächlichen Verhältnisse noch nicht verändert sind. Die Zuweisung oder das Verbot bestimmter Aktivitäten, der Ein- bzw. Ausschluss aus bestimmten gesellschaftlichen Sphären erwiesen sich als hartnäckig. Angesichts dieser Unterschiede war und ist das Festhalten an der Gleichheit nicht immer eine adäquate Antwort. Wie diese Unterschiede in die Waagschale geworfen werden können, damit die Gleichstellung gefördert werde, war die nächste Frage.

Wie mit bestehenden Ungleichheiten umgehen?

3.1.2 Frauenförderung

Die theoretische Analyse: Differenztheorie

Soziale Unterschiede thematisieren

Die Erkenntnis, dass nicht nur rechtliche Rahmenbedingungen das Leben prägen, sondern – obwohl gesetzliche Vorgaben existieren – sich auch andere Vorstellungen realisieren, machte nötig, dies auch theoretisch zu fassen. Mit der Theorie der Differenz wurde der Fokus auf die unterschiedlichen sozialen Lagen von Frauen und Männern gelegt. Damit auch an die jeweils konkreten Situationen angeknüpft werden kann, müssen unterschiedliche Lagen erkannt und beschrieben werden.

Thema ist nicht das Wesen von Frau und Mann

Die Feststellung, dass Frauen unterschiedlich bewertet werden, vielerlei Zwängen unterliegen und bestimmte Vorstellungen zu erfüllen haben, wird als Anlass zu Kritik genommen. Die Differenztheorie geht nicht davon aus, dass »Frauen von der Venus – Männer vom Mars« sind und sich deshalb die unterschiedliche Behandlung aus unterschiedlichen Wesensstrukturen und Genen rechtfertigt. Die bestehenden Unterschiede werden als sozial entstanden und geprägt verstanden.

Das Ziel bleibt: Nichtgerechtfertigte Unterschiede sind aufzuheben.

Die Strategie heißt Frauenförderung

Tatsächliche Gleichstellung erreichen

Die Strategie der Frauenförderung geht davon aus, dass Frauen – als Gruppe – historischen und strukturellen Benachteiligungen unterliegen. Der individuelle Nachweis dieser Benachteiligung ist schwierig, sehr aufwändig und für alle Beteiligten mit viel Unbill verbunden. Da auch offen ist, ob und inwiefern solche Einzelklagen strukturelle Verbesserungen bringen, wird deutlich, dass erkannte und lokalisierte Benachteiligungen auf der strukturellen Ebene angegangen werden müssen.

Historische und strukturelle Benachteiligung aufheben

Dazu wird für eine bestimmte Situation verlangt, dass nachvollziehbare Maßnahmen entworfen werden. Am besten bekannt sind Frauenförderpläne in Betrieben. Da durch statistische Erhebungen für jede Branche klar ist, wie es um die Lohnschere, das Geschlechterverhältnis auf der Führungsebene usw. steht, können auch genau für diese Themen in den Frauenförderplänen auf die Betriebe zugeschnittene Ziele gesetzt und Maßnahmen ergriffen werden.

Frauenförderpläne

Österreich und Deutschland kennen die gesetzliche Vorschrift für Frauenförderpläne für die öffentliche Verwaltung; in der Schweiz ist gesetzlich nur festgehalten, dass Frauenfördermaßnahmen keine Männerdiskriminierung darstellen.

Gruppenmaßnahmen, nicht Einzelfälle

Dass Maßnahmen in Richtung Gleichstellung ergriffen werden, ohne dass jede einzelne Frau eine Diskriminierung behaupten und nachweisen muss, ist eine enorme Erleichterung und zeigt an, dass gesellschaftliche Veränderungen ernst gemeint sind.

Da nicht jede Frau genau die gleichen Pläne und Wünsche verwirklichen möchte wie ihre Nachbarin, ist auch die Frauenförderungsstrategie nicht in jeder Situation zielführend.

Das Dilemma der Differenztheorie

Wird an die Unterschiedlichkeit, die nicht nur behauptet, sondern tatsächlich nachgewiesen wird, angeknüpft, ist die Diskussion vorprogrammiert, ob Männer und Frauen nicht von Natur aus so unterschiedlich seien. Daraus würde folgen, dass das Ziel der Gleichstellung aufgegeben werden müsste. Als Alternative wird jeweils das Ziel der Gleichwertigkeit angeboten, was – angesichts der realen Machtverhältnisse – keine erfolgreiche Variante darstellt. Die Referenz auf die Unterschiede birgt deshalb die Gefahr der Zementierung dieser Unterschiede.

Zusätzlich ist auch ein Risiko vorhanden, dass mit der Bewertung dieser Unterschiedlichkeit eine Abwertung des einen Teils stattfindet. Wir hören oft die Argumentation, dass Frauen nicht »frauengefördert« werden möchten, da sie sich nicht als defizitär empfinden. Sie möchten nur einfach ernst- und wahrgenommen werden.

Das Dilemma, dass an Unterschieden angeknüpft werden soll, die aufgehoben gehören, kann nicht aufgelöst werden.

Unterschiede zementieren?

Abwerten durch Bewerten?

> » Strukturelle Gleichstellungspolitik für Frauen und Männer zwingt zum genauen Hinschauen. Die Bürgerinnen und Bürger rücken mit ihren ganz unterschiedlichen Lebenslagen, Bedürfnissen, Wünschen ins Blickfeld. Wenn wir uns nicht nur wie bei der Verwaltungsreform fragen »tun wir das Richtige richtig«, sondern auch für wen und mit welcher Wirkung, dann sind wir auf dem Weg zu mehr Geschlechtergerechtigkeit, zu besserer Qualität und einer höheren Wirtschaftlichkeit von Verwaltungshandeln – vorausgesetzt die politischen Prioritäten stimmen. «
> Friedel Schreyögg, Leiterin der Gleichstellungsstelle für Frauen der Landeshauptstadt München

3.1.3 Die Gender Mainstreaming Strategie

Die theoretische Analyse: Die Dekonstruktionstheorie

Die Tatsache, dass Frauen sehr unterschiedliche Interessen, Hintergründe, Ziele haben – auch was ihre Umsetzung von »sex – gender – desire« angeht, stellt das eine und einzige Gleichstellungsziel für alle in Frage. Im Fokus ist die Freiheit jeder Person, auch ihre Geschlechterrollen frei zu wählen, zu gestalten und zu verändern. Die Unterschiedlichkeit der Personen wird als Vielfalt begrüßt, Zwänge können damit aufgehoben werden.

Die Erkenntnis, dass »Geschlecht« eine kulturelle Konstruktion ist, zeigt auf, dass Bestehendes dekonstruiert werden kann und Neues entstehen kann. Diese Flexibilität bringt sehr viel Individualität.

Das Individuum ist frei

Die Strategie heißt Gender Mainstreaming

Gender Mainstreaming (▶ Kap. 2) setzt an der ganz konkreten Situation an, analysiert sie und entwickelt dafür, wie Gleichstellung formuliert werden kann. Im Übrigen wird Gleichstellung als ein allgemeines Ziel dargestellt,

Ungleichheiten beseitigen und die Gleichstellung fördern

auf das sich alle verpflichten, vergleichbar etwa mit dem Ziel des gewaltfreien Vorgehens, der umweltschonenden Ressourcennutzung usw.

Welche konkreten Maßnahmen in der jeweiligen Situation geeignet sind, Schritte in Richtung Gleichstellung zu erlauben, ist ebenfalls situationsbezogen zu beurteilen und zu entscheiden.

Das Dilemma der Dekonstruktionstheorie

Alltag ist nicht mehr abgebildet

Mit der Personalisierung, welche die Dekonstruktion mit sich bringt, wird zwar jedes Individuum aufgewertet. Gleichzeitig wird aber die Bildung von gesellschaftlich relevanten Gruppen erschwert oder fast verunmöglicht. Um gesellschaftliche Entwicklungen zu beobachten, zu beschreiben, zu beurteilen und zu gestalten, ist es nötig, solche Gruppen zu definieren – im Bewusstsein ihrer Vorläufigkeit und Widersprüchlichkeit.

3.1.4 Die Entstehung der Gender Mainstreaming Strategie

Gender Mainstreaming ist die historisch jüngste Strategie zur Verschönerung des Geschlechterverhältnisses. Diese Strategie ist deshalb noch am wenigsten bekannt und Thema dieses Buches. Sie wird deshalb an dieser Stelle ausführlich hergeleitet.

1985 Nairobi

Was genau Gender Mainstreaming beabsichtigt und beinhaltet, lässt sich besser verstehen, wenn berücksichtigt wird, wie Gender Mainstreaming entstanden ist. »Gender Mainstreaming« taucht als Bezeichnung für eine Strategie der Gleichstellung erstmals **1985** auf. Auf der Dritten Weltfrauenkonferenz in Nairobi, die als Zusammenkunft engagierter Frauen und Männer aus allen Ländern der Erde wichtige Impulse für die Geschlechterpolitik lieferte, wird Gender Mainstreaming zu einer Leitidee. Die Kommission der Vereinten Nationen über die Rechte der Frau (CSW) fordert **1986** und **1987** alle Organe der UNO auf, Gleichstellungspolitik in ihre Programme zu übernehmen. Das gründet auf der Erfahrung, dass Frauenpolitik und Frauenförderung als isolierte Bemühungen um Gleichstellung weder greifen noch die erhofften Wirkungen zeigen, wenn nicht diejenigen, die in Wirtschaft, Politik und Gesellschaft die Weichen stellen, sich auch der Geschlechterfrage gegenüber aufgeschlossen zeigen. In den nächsten 10 Jahren geschieht allerdings nicht sehr viel. Es zeigt sich, dass allein ein Bekenntnis zu Gender Mainstreaming nicht reicht, um wirklich etwas zu bewirken.

1995 Beijing

Die Vierte Weltfrauenkonferenz in Beijing verabschiedet **1995** eine Aktionsplattform, in der Gender Mainstreaming als wesentliche Strategie identifiziert wird, um langjährige Forderungen nach Geschlechterdemokratie und geschlechtsbezogener Gerechtigkeit in den Nationalstaaten durchzusetzen. Gender Mainstreaming bedeutet in diesem Zusammenhang, nationale Politiken darauf zu überprüfen, wie sie sich auf Frauen auswirken, und Maßnahmen zu benennen, wie die Ziele der Aktionsplattform zu verwirklichen sind. Damit wird in Beijing eine Forderung aufgegriffen, die vorher in Frauenbewegungen vieler Länder diskutiert und nicht zuletzt in feministischen Studien zu Demokratie und Institutionen entwickelt worden war. Für jeden Politikbereich und jedes Handlungsfeld werden Zielsetzungen der Gleichstellungspolitik formuliert. So fallen die Vorgaben des Gender Mainstreaming schon wesentlich differenzierter und konkreter aus als zuvor. Konsens ist nun international, dass Geschlechterfragen keine Sonderfragen sind, sondern überall ansetzen müssen. **1997** ergeht auch die Resolution des Wirtschafts- und Sozialrates der UNO, in der dazu aufgefordert wird, die »gender-perspective in all policies and programs in the UN system« anzulegen. Sie wird von der Generalversammlung der UNO akzeptiert.

Inhaltlich verbindet sich mit Gender Mainstreaming die Vorstellung, Geschlechterfragen in alle Politikbereiche zu tragen. Unter anderem Namen geschieht das in Europa theoretisch schon seit **1991**, denn die Gleichstellung wird bereits im Dritten Mittelfristigen Aktionsprogramm der Gemeinschaft zur Chancengleichheit erwähnt. **1993** wird auch bei der Reform des EU-Strukturfonds die Zielvorgabe Chancengleichheit für Frauen und Männer durchgesetzt. **1994** installiert der Europarat einen Lenkungsausschuss für die Gleichberechtigung von Frauen und Männern (CDEG), der für Maßnahmen zur Förderung der Gleichstellung zuständig ist; **1995** beruft er eine Expertinnen- und Expertengruppe (»Group of Specialists in Mainstreaming«) für die systematische und methodische Implementierung von Gender Mainstreaming, die **1998** einen Abschlussbericht vorlegt. **1996** verabschiedet die Kommission eine Mitteilung zur Einbindung der Chancengleichheit in alle politischen Konzepte und Maßnahmen der Gemeinschaft.

Ansätze in der EU schon 1991

Im selben Jahr wird eine entsprechende Zielvorgabe in den Amsterdamer Vertrag aufgenommen. Seitdem verpflichten Artikel 2 und Artikel 3, Absatz 2 EGV die EU dazu, bei allen Tätigkeiten darauf hinzuwirken, geschlechtsbezogene Ungleichheiten zu beseitigen und die Gleichstellung zu fördern. **1997** fordert das Europäische Parlament die Mitgliedstaaten der EU auf, Gender Mainstreaming umzusetzen. Und die Kommission integriert **1999** Gender Mainstreaming auch in die Beschäftigungspolitischen Leitlinien der Union. Es wird ausdrücklich bestimmt, dass ein Gender Mainstreaming Ansatz der Umsetzung der Leitlinien zugrunde liegt und für eine Bewertung des Gender Mainstreaming aussagekräftige Daten zur Verfügung stehen müssen. In der Verordnung (EG) Nr. 1260/1999 des Rates vom 21.6.**1999** zur allgemeinen Bestimmung über die Strukturfonds heißt es in Artikel 36, Absatz 2:

Verbindlich 1996

> Sofern die Art der Intervention es zulässt, werden die Statistiken nach Geschlechtern und nach der Größe der begünstigten Unternehmen aufgeschlüsselt.

Auch hier deutet sich an, dass es einer Konkretisierung der Vorgabe für Gender Mainstreaming bedarf: Wer nichts über Geschlechterverhältnisse sagen kann, weil geschlechtsdifferenzierte Daten fehlen, kann auch Gender Mainstreaming nicht umsetzen. Das wird später noch deutlicher: **1999** greifen die »beschäftigungspolitischen Leitlinien der EU für 2001«, die der EGB-Exekutivausschuss im Oktober **2000** annimmt, Gender Mainstreaming explizit auf. Punkt 10 der Allgemeinen Bemerkungen lautet:

Konkrete Leitlinien 1999

> Dagegen muss das Gender Mainstreaming in allen Leitlinien weiterent-
> wickelt werden. (…) Statistische Angaben sollten geschlechtsspezifisch
> aufgeschlüsselt werden.

Rahmenstrategie 2000

2000 macht die Europäische Kommission auch den Vorschlag für eine Rahmenstrategie zur Förderung der Gleichstellung von Frauen und Männern (2001–2005). Artikel 4 (Maßnahmen der Gemeinschaft), Absatz 1b (Analysen und Bewertung) lautet:

> Es soll eine Analyse gleichstellungsrelevanter Faktoren und Politiken vor-
> genommen werden, einschließlich Sammlung statistischer Daten, Durch-
> führung von Studien, Bewertung geschlechtsspezifischer Auswirkungen,
> Entwicklung von Instrumenten und Verfahren, Festlegung von Indikato-
> ren und Benchmarks sowie einer effektiven Verbreitung der Ergebnisse.

Desgleichen engagieren sich Nationalstaaten in diesem Bereich. Schweden arbeitet seit **1994**, die Niederlande seit **1994**, Norwegen seit **1996** und Finnland seit **1998** mit dem Konzept des Gender Mainstreaming. Was die deutschsprachigen Länder bis heute tun, haben wir bereits genannt. Die Entstehungsgeschichte des Gender Mainstreaming zeigt jedenfalls, dass diese Strategie »von unten« gefordert und entwickelt, aber »von oben« durchgesetzt wird. »Top-down« ist ein wesentliches Merkmal dieser Form der Gleichstellungspolitik. Gleichzeitig offenbart der Rückblick, dass Gender Mainstreaming auf der politischen Ebene ansetzt, aber nicht auf diese begrenzt ist. Was sich in der UNO, in Europa oder in einzelnen Staaten entwickelt, nehmen dann auch Konzerne, Unternehmen und Betriebe sowie soziale, politische und kulturelle Einrichtungen und Organisationen in ihr strategisches Repertoire auf.

Fahrplan, Berichte und
ein EU Gender Institut

Die Europäische Kommission legte einen Fahrplan für die Gleichstellung von Frauen und Männern 2006–2010 auf. **2008** wird in Vilnius das Europäische Gender Institut eröffnet, wo das Know-how, die statistischen Zahlen und die Planung der europäischen Genderpolitik zusammenlaufen. Jährlich wird ein Bericht zur Gleichstellung von Frauen und Männern herausgegeben.

3.2   Wie stehen die 3 Strategien zueinander?

3 Strategien bleiben
wirksam

Obwohl Antidiskriminierung, Frauenförderung und Gender Mainstreaming eine historische Linie beschreiben, bedeutet dies nicht, dass jeweils die neuere Strategie die ältere aufhebt. Gender Mainstreaming als Strategie, die Gleichstellung zu erreichen, wäre ohne die nötigen gesetzlichen Regelungen unwirksam. Gender Mainstreaming hat in Bezug auf die Gesetze durch den Mainstreaming-Ansatz eine Neuerung gebracht: Die Gesetzesfolgeabschätzung wurde aktualisiert. Denn es ist auch zu prüfen, wie durch Gesetze und ihre Anwendungen zu mehr Gleichstellung beigetragen werden kann. Selbst Gesetze – egal in welchem Bereich – sind eben nicht geschlechtneutral.

Antidiskriminierung ist also selbstredend auch in der Gender Mainstreaming Strategie ein wichtiges Element.

Gender Mainstreaming wird explizit als Doppelstrategie dargestellt: Ungleichheiten beseitigen und die Gleichstellung fördern. Damit Ungleichheiten, die über eine individuelle Einschätzung hinausgehen, festgestellt werden können, müssen wir Gruppen bilden, die miteinander verglichen werden. Die Geschlechtergruppen anhand der Einteilung nach dem biologischen Geschlecht sind dabei eine Möglichkeit. Anknüpfend an Ungleichheiten, die in konkreten Situationen festgestellt werden, sind Fördermaßnahmen für das unterrepräsentierte oder das diskriminierte Geschlecht eine sehr geeignete Maßnahme.

Erklärte Doppelstrategie

Bei der Förderung der Gleichstellung sind die Maßnahmen sehr viel breiter und kommen dem Bedürfnis entgegen, möglichst nahe an den individuellen Wünschen zu agieren. Dabei zeigen die Erfahrungen, dass durch Austausch von Good Practice Beispielen auch Benchmarks gesetzt werden können. Dies inspiriert weitere Akteurinnen und Akteure, in ihrem eigenen Feld Ziele zu setzen und Maßnahmen einzuleiten.

Die 3 Strategien stehen also nicht im Widerspruch zueinander, sondern bauen aufeinander auf. Es ist immer wieder wichtig zu überlegen, welche Rolle jeweils der Inhalt der 3 Geschlechtertheorien spielt, um Argumente zu entwickeln, welche Strategien die beste Wirkung entfalten werden.

Strategien klug kombinieren

3.3   Managing Diversity

Managing Diversity ist ein Konzept, das in den 1980er-Jahren in den USA entwickelt wurde. Es ist die konstruktive Antwort auf die Situation, dass v. a. große Unternehmen zu großen Schadenersatzzahlungen verpflichtet wurden, wenn ihnen die Diskriminierung einer Minderheit nachgewiesen wurde. Zusätzlich wurden die veränderten Bedingungen in der Produktion und am Markt ernst genommen: Die wesentlichen Zuwächse wurden von Frauen, Minoritäten und aus der Immigration erwartet. Es wurde deutlich, dass die bisher dominante Gruppe der weißen Männer – quantitativ gesehen – zur Minderheit wurde. Entsprechend der kulturellen Vielfalt wuchs auch das Selbstbewusstsein der Vertreter/innen der weniger dominanten Gruppen. Damit auch in diesen Bevölkerungsteilen die Motivation, sich als Beschäftigte und Konsument/innen zu beteiligen, hoch gehalten werden kann, wurde die Frage nach der Zusammensetzung von Belegschaften, der Kundschaft und Geschäftspartner/innen gestellt. Dafür wurde ein Konzept entwickelt.

Ursprung in den USA

Managing Diversity zielt darauf ab, dass alle Beschäftigten – unabhängig von der ethnischen Zugehörigkeit, vom Geschlecht, vom Alter, von der sexuellen Orientierung, von der körperlichen Verfassung usw. – voll motiviert sind, ihr Bestes zu geben. Deshalb wird als neues Leitbild eine multikulturelle Organisation gesehen, die sich nicht mehr an einem homogenen Ideal orientiert. Die heterogene Zusammensetzung der Beschäftigten wird denn auch mit dem Begriff »Diversity« veranschaulicht.

Integration von Menschen mit vielfältigem Hintergrund

Wichtig ist aber, nicht nur Vertretungen aus unterschiedlichen Kulturen vorzufinden, sondern eine strukturell vollständige Integration in allen Positionen und auf allen Hierarchieebenen zu erreichen.

3

> **»** Unsere Mitarbeitenden sollen sich bezüglich Herkunft, Geschlecht, Alter, Lebensform und Fähigkeiten unterscheiden. Wir pflegen eine Unternehmenskultur, in der diese Heterogenität geschätzt und in Entscheidungsprozesse integriert wird. Das fördert Innovation und Kundennähe, was nachhaltig zum Geschäftserfolg beiträgt. **«**
> Katharina Amacker, Diversity Beauftragte Schweiz, Novartis Pharma AG

Als Teil von GEM zu verstehen

Managing Diversity ist als Teil des Gender Equality Management durchaus zu begrüßen. Durch diesen Ansatz wird zusätzlich verdeutlicht, dass Männer aber auch Frauen in ihrer Diffenziertheit wahrgenommen werden sollen. Die»Diversity Merkmale« dienen dazu als Orientierung.

Nicht gegen Frauen ausspielen

Ein Ausspielen von Angehörigen verschiedener Minderheiten gegeneinander und gegen die Frauen (eine Mehrheit) ist auf jeden Fall zu vermeiden.

Beispiel

»Es sollte bei allen großen Firmen Anlaufstellen gegen Diskriminierung geben. Ungeachtet dessen, ob jemand wegen seiner Hautfarbe, Religion, Kultur, Nationalität oder sexuellen Orientierung diskriminiert wird.« (20min, Zürich, 27.4.07).
In diesem Beispiel wird sprachlich von »seiner Hautfarbe«, also von einem männlichen Wesen gesprochen, was kaum Zufall ist. Es ist aber wichtig, dass bei dem – durchaus berechtigten – Anliegen die Frauen nicht vergessen oder verdrängt werden. Denn in all diesen Kategorien gibt es Männer und Frauen.

3.4   Die EU-Gleichbehandlungsrichtlinien

EU-Richtlinien

Die EU hat ihre Möglichkeit, im Bereich der Gleichbehandlung aktiv zu werden, genutzt und 4 Richtlinien erlassen, die in allen EU-Mitgliedländern in nationales Recht überführt werden mussten.

- Richtlinie 2000/43/EG vom 29. Juni 2000: Gleichbehandlung ohne Unterschied der Rasse und der ethnischen Herkunft,
- Richtlinie 2000/78/EG vom 27. November 2000: Verwirklichung der Gleichbehandlung in Beschäftigung und Beruf,
- Richtlinie 2002/73/EG vom 23. September 2002: Gleichbehandlung von Männern und Frauen im Beruf und
- Richtlinie 2004/113/EG vom 13. Dezember 2004: Gleichbehandlung von Männern und Frauen beim Zugang zu und bei der Versorgung mit Gütern und Dienstleistungen.

Diese Richtlinien sollen dazu dienen, Diskriminierung zu verhindern und zu beseitigen. Die Richtlinien zielen nicht durchgängig auf Frauen und Männer. Es werden weitere Kategorien für die Gleichbehandlung definiert:

◘ Tab. 3.1. Übersicht über Diskriminierungskategorien und Anwendungsbereiche in den 4 EU-Richtlinien (Spangenberg 2007)			
Anwendungs-bereich	Beschäftigung und Beruf	Öffentlich zugängliche Güter und Dienstleistungen inkl. Wohnraum	Bildung, Gesundheitsdienste, Sozialschutz, soziale Vergünsti-gungen
Geschützte Kategorien	Geschlecht	Geschlecht	»Rasse«
	»Rasse«	»Rasse«	Ethnische Herkunft
	Ethnische Herkunft	Ethnische Herkunft	
	Religion und Weltanschauung		
	Behinderung		
	Alter		
	Sexuelle Orientierung		

»Rasse«, ethnische Herkunft, Religion, Weltanschauung, Behinderung, Alter und sexuelle Orientierung.

Nicht alle Kategorien werden in allen Anwendungsbereichen vor Diskriminierung geschützt. ◘ Tab. 3.1 bietet einen Überblick über Kategorien und die Anwendung.

Deutschland und Österreich haben diese Richtlinien umgesetzt.

3.4.1 Das Allgemeine Gleichbehandlungsgesetz AGG in Deutschland

Am 18. August 2006 trat das AGG in Kraft.

> Unter Gleichbehandlung versteht das Gesetz die Kombination von positiven Fördermaßnahmen, Präventionsmaßnahmen, v. a. der Arbeitgeber, und von umfassenden Diskriminierungsverboten aus Gründen der ethnischen Herkunft, des Geschlechts, der Religion, der Weltanschauung, einer Behinderung, des Alters oder der sexuellen Identität. »Allgemein« ist das Gesetz u. a. auch deshalb, weil sie nicht nur für Arbeitsverhältnisse und Dienstverhältnisse gilt, sondern auch für die Mitgliedschaft in Berufsgruppen, den Sozialschutz, die sozialen Vergünstigungen, die Bildung und den Zugang zu und die Versorgung mit Gütern und Dienstleistungen, die der Öffentlichkeit zur Verfügung stehen, einschließlich von Wohnraum. (Barbara Degen, Das Allgemeine Gleichbehandlungsgesetz (AGG) – Tanzschritte auf dem Weg zur Gerechtigkeit, Die Streit 1/07)

Präventions- und Fördermaßnahmen

Im Weiteren wird geregelt, dass Folgendes verboten ist:

Verbote

- unmittelbare Diskriminierung,
- mittelbare Diskriminierung,
- Belästigung,
- sexuelle Belästigung sowie
- Anweisung zur Diskriminierung.

**Erweiterter Anwendungs-
bereich**

Die Anwendungsbereiche für alle diese Kategorien sind nicht nur Beschäftigung und Beruf, sondern auch öffentlich zugängliche Güter und Dienstleistungen, einschließlich Wohnraum. Das heißt, dass auch die Kategorie »Geschlecht« sowohl in den öffentlich zugänglichen Gütern und Dienstleistungen inkl. Wohnraum als auch in Bildung, Gesundheitsdiensten, Sozialschutz und sozialen Vergünstigungen gegen Diskriminierung geschützt ist.

Was genau darunter zu verstehen ist, welche Gruppen miteinander verglichen werden, um eine Diskriminierung festzustellen und welche Rechtfertigungen von Benachteiligungen zugelassen werden, sind weitere Paragrafen. Wer auf welche Weise zur Beseitigung einer Diskriminierung klagen kann und welche Schadenersatzansprüche geltend gemacht werden können, wird außerdem geregelt.

**Unabhängige Stelle im
Bundesministerium**

Die verlangte unabhängige Stelle, die über Ansprüche und rechtliche Möglichkeiten informiert, Beratung durch andere Stellen vermittelt, zu gütlicher Beilegung zwischen den Beteiligten beiträgt und dem Bundestag berichtet, wurde beim Bundesministerium für Frauen, Senioren und Jugend eingerichtet.

3.4.2 Gleichbehandlungsgesetz – GlBG in Österreich

Zum 1. Juli 2004 wurde zusätzlich zur Erweiterung des GlBG um die von der EU verlangten Inhalte das bisherige GlBG in das Bundesgesetz über die Gleichbehandlungskommission und die Gleichbehandlungsanwaltschaft – GBK/GAW-Gesetz umbenannt, worin jetzt die Institutionen und Verfahren geregelt werden. Das Diskriminierungsverbot für Behinderte im Arbeitsleben wurde in das BEinstG eingefügt.

Im neuen GlBG wird das Diskriminierungsverbot (direkte und indirekte Diskriminierungen sowie Belästigung) im Erwerbsleben aufgrund des Geschlechts, der ethnischen Zugehörigkeit, der Religion oder Weltanschauung, des Alters und der sexuellen Orientierung festgelegt. Zusätzlich ist die Diskriminierung aufgrund ethnischer Zugehörigkeit in sonstigen Bereichen verboten.

**Gleichbehandlungs-
kommission und
Anwaltschaft**

Als die verlangte unabhängige Stelle wurden eine Gleichbehandlungskommission und eine Anwaltschaft für Gleichbehandlungsfragen eingerichtet. Die Gleichbehandlungskommission ist beim Bundeskanzleramt angesiedelt und besteht aus 3 Senaten, die wie folgt zuständig sind:

- Senat I für die Gleichbehandlung von Frauen und Männern in der Arbeitswelt (Teil I des GlBG),
- Senat II für die Gleichbehandlung ohne Unterschied der ethnischen Zugehörigkeit, der Religion oder Weltanschauung, des Alters oder der sexuellen Orientierung in der Arbeitswelt (Teil II des GlBG) und
- Senat III für die Gleichbehandlung ohne Unterschied der ethnischen Zugehörigkeit in sonstigen Bereichen (Teil III 1. Abschnitt des GlBG).

Betrifft eine Angelegenheit sowohl Teil I des GlBG als auch Teil II, so ist Senat I zuständig.

3.4.3 Die schweizerische Situation

Die Schweiz als Nicht-EU-Mitglied muss die EU-Richtlinien nicht umsetzen. Im betreffenden Bereich der Diskriminierungsverbote verfügt die Schweiz über eine Regelung in der Bundesverfassung:

Bundesverfassung und -gesetze

> Artikel 8, Rechtsgleichheit
> 1. Alle Menschen sind vor dem Gesetz gleich.
> 2. Niemand darf diskriminiert werden, namentlich nicht wegen der Herkunft, der Rasse, des Geschlechts, des Alters, der Sprache, der sozialen Stellung, der Lebensform, der religiösen, weltanschaulichen oder politischen Überzeugung oder wegen einer körperlichen, geistigen oder psychischen Behinderung.
> 3. Mann und Frau sind gleichberechtigt. Das Gesetz sorgt für ihre rechtliche und tatsächliche Gleichstellung, v. a. in Familie, Ausbildung und Arbeit. Mann und Frau haben Anspruch auf gleichen Lohn für gleichwertige Arbeit.
> 4. Das Gesetz sieht Maßnahmen zur Beseitigung von Benachteiligungen der Behinderten vor.

Für den Bereich des Erwerbslebens existiert ein Gesetz für die Gleichstellung von Frau und Mann, das sowohl für die Verwaltung als auch für die Privatwirtschaft gilt. Diskriminierungsverbote im Bereich der öffentlich zugänglichen Güter und Dienstleistungen, privatrechtlichen Versicherungen inkl. Wohnraum wurden nicht erlassen.

Für den Bereich des Erwerbslebens existiert seit dem 1. Juli 1997 ein Gesetz für die Gleichstellung von Frau und Mann, das sowohl für die Verwaltung als auch für die Privatwirtschaft gilt. Am 13. Dezember 2002 wurde das Behindertengleichstellungsgesetz in Kraft gesetzt, das für öffentlich zugängliche Bauten und Transportmittel, bestimmte Wohn- und Arbeitsgebäude, von jedermann beanspruchte Dienstleistungen, die Aus- und Weiterbildung sowie die Bundespersonalregelungen die Beseitigung von Benachteiligungen von Menschen mit Behinderungen festschreibt.

Gesetze für die Gleichstellung im Erwerbsleben und für Behinderte

3.5 Fazit

Die Sensibilisierung für Diskriminierungen, ungleiche und unwürdige Behandlungen kennt Europa in erster Linie anhand der Geschlechterfrage. Die erfolgreiche Umsetzung der Antidiskriminierungsstrategie, die ansatzweise Verwirklichung der Frauenförderungsstrategie und die Einführung der Gender Mainstreaming Strategie haben den Weg für weitere Kategorien von Bevölkerungs- und Beschäftigtengruppen geebnet. Es wird künftig auch darauf zu achten sein, dass die Ansprüche der Männer und Frauen dieser neuen Kategorien sinnvoll und wirkungsvoll miteinander verschränkt werden.

Gender Equality Management
– die 8 Handlungsfelder

> Das Konzept des Gender Equality Managements (GEM) bietet einen inhaltlichen Rahmen, wo im Wesentlichen in Ihrem Betrieb Gender Mainstreaming zur konkreten Anwendung kommen kann, wo also Ihr Managementhandeln in Richtung Gleichstellung besonders wirksam ist. Es werden 8 Handlungsfelder im Detail beschrieben und es zeigt sich bereits viel Inspiration und Know-how für die Umsetzung.

Sie haben bisher die Grundlagen und Ziele (▶ Kap. 1) von Gleichstellung sowie Gender Mainstreaming als die aktuelle Strategie (▶ Kap. 2) sowie die historische Entwicklung kennen gelernt. In diesem Kapitel stellen wir Ihnen Gender Equality Management und seine 8 Handlungsfelder vor.

Gender Equality Management (GEM) versteht sich als die Unternehmens- und Personalführungspraxis, die das Ziel der Gleichstellung im Sinne des Gender Mainstreaming integriert und umsetzt.

innovativ und zukunftsorientiert

Gender Equality Management heißt

- Begabungen, Fähigkeiten und Qualitäten von Männern und Frauen erkennen, fördern und einsetzen,
- gleichberechtigte Teilhabe an Verantwortung, Information, Honorierung und Bildung umsetzen,
- die Positionierung von Gleichstellung als Grundwert in der Unternehmenskultur,
- und damit die Positionierung als innovatives, zukunftsorientiertes und menschenfreundliches Unternehmen.

Der Nutzen für das Unternehmen lässt sich wie folgt zusammenfassen:

Qualität und Wertschöpfung erhöhen

- Erhöhung der individuellen Motivation und Arbeitszufriedenheit sowie Lebensqualität der Mitarbeiter/innen,
- Erhöhung der Identifikation, der Leistungsfähigkeit und -bereitschaft aller Mitarbeiter/innen und damit der Produktivität und gesamten Wertschöpfung,
- Verbesserung des Unternehmensbildes (nach innen und außen) als Arbeitgeber/in und damit
- Gewinnung und Sicherung von qualifizierten Mitarbeiter/innen (»war of talents«),
- Verringerung der Fluktuation des Personals und damit geringerer Aufwand bei der Wiederbesetzung,
- Reduzierung von Fehlzeiten und Krankenstand,
- Erhöhung der Rückkehrquote und Beschleunigung der Rückkehr nach Mutterschutz bzw. Elternzeit und
- optimierte Potenzialentwicklung der vorhandenen Human-Ressourcen.

Konkret beschreiben wir Gender Equality Management anhand der 8 wesentlichen Handlungsfelder.

Folgen wir der Definition von Gender Mainstreaming, ist jede Entscheidung, die Menschen direkt oder indirekt betrifft, eine Gelegenheit und Notwendigkeit, das Geschlechterverhältnis gleichstellungsorientiert zu gestalten. Die 8 Handlungsfelder bilden dafür einen nützlichen Orientierungsrahmen.

> **Die 8 Handlungsfelder des Gender Equality Managements**
>
> 1. Datenanalyse
> 2. Produkte und Leistungen
> 3. Recruiting
> 4. Personalentwicklung
> 5. Lifebalance
> 6. Partnerschaftliche Zusammenarbeit
> 7. Institutionalisierung
> 8. Unternehmenskultur

Wo wird Gleichstellung konkret umgesetzt?

Die folgenden Beschreibungen verstehen sich nicht als vollständig, sondern sollen einen Eindruck vermitteln und Anregungen geben, welche Fragen und Themen im jeweiligen Handlungsfeld relevant sind. Ergänzungen und Erweiterungen sind erwünscht.

4.1 Datenanalyse

Jeder qualifizierte Gestaltungs- und Veränderungsprozess basiert auf der Kenntnis der Ist-Situation. Um diese Kenntnis zu erlangen, müssen die relevanten Daten regelmäßig erfasst und **geschlechterbezogen** ausgewertet und analysiert werden. Trotz fortschreitender Technologisierung und grundsätzlich einfacher Umsetzbarkeit ist in Organisationen die geschlechterbezogene Erfassung und Auswertung sämtlicher personenspezifischen Daten (noch) keine Selbstverständlichkeit. Für ein professionelles Gender Equality Management bilden diese Daten allerdings die notwendige Basis, um die Gleichstellungsperformance beobachten und gezielt gestalten zu können.

Qualifizierte Daten und deren geschlechterbezogene Analyse ermöglichen

- die Wahrnehmung der Unterschiede und Gemeinsamkeiten in der betrieblichen Wirklichkeit von Frauen und Männern,
- die Einschätzung der aktuellen Situation bzgl. der Gleichstellung von Männern und Frauen im Betrieb,
- den Vergleich von unterschiedlichen Organisationseinheiten,
- die Etablierung eines internen Benchmarking,
- den Vergleich der Daten aus verschiedenen Jahren, was
- die regelmäßige Beobachtung der Entwicklung in Richtung Gleichstellung ermöglicht und
- das Controlling der Wirkung von umgesetzten Maßnahmen bzw. klaren Zielvorgaben.

Kenntnis der Ist-Situation

Schritt 1: Welche Daten sind relevant?

Welche Daten?

Damit die entsprechenden Daten zur Verfügung stehen, braucht es die unternehmensinterne Entscheidung, welche Daten in diesem Zusammenhang als relevant zu betrachten sind. Auf dieser Basis werden die ausgewählten **Daten systematisch geschlechterbezogen** (also nach Frauen und Männern getrennt) **erhoben und ausgewertet.**

Relevante Daten

Relevante Daten betreffen v. a. die Beschäftigungssituation, das Controlling, die Qualitätssicherung usw.

Beispiel

Beispiele für relevante Daten

- Führungsfunktionen (Hierarchieebenen 1–3),
- Sonderaufgaben (z. B. Projektleitung),
- Entgeltstufen (Bruttojahreseinkommen, Bruttostundenlohn, Zusatzentgeltbestandteile usw.),
- Teilzeit- bzw. Vollzeitbeschäftigung,
- Qualifikationen (höchste abgeschlossene Ausbildung, Zusatzqualifikationen, Familienkompetenzen usw.),
- Karriereverlauf,
- Weiterbildung differenziert nach
    - Inhalten (Fachkompetenz, soziale Kompetenz, Führungskompetenz),
    - Anzahl der Weiterbildungstage und
    - Kosten (pro Tag und pro Frau bzw. pro Mann);
- Alter und Dauer der Betriebszugehörigkeit,
- Familienstand (Anzahl der Kinder),
- Aufnahme, Abbau und Fluktuation von Mitarbeiter/innen,
- personenbezogene Daten aus den Controllinginstrumenten wie z. B.
    - Erfolgskennzahlen bzw.
    - Gläserne Decke Index (▶ Kap. 17);
- Messkriterien für das Qualitätsmanagement (z. B. Kund/innenzufriedenheit)
- usw.

Schritt 2: Regelmäßige Aufbereitung der Daten für das Management

Die Verknüpfung der relevanten Daten und übersichtliche Aufbereitung für das Management bilden die zweite wichtige Grundlage für die Beobachtung und Gestaltung des Geschlechterverhältnisses auf allen Ebenen.

Aufbereitung der Daten

Die klassische Aufbereitung der Daten erfolgt in der Darstellung (meist) der Frauenanteile in den jeweiligen Bereichen. So wird z. B. von 55% Frauenanteil bei den Beschäftigten, 5% Frauenanteil in den Führungspositionen oder 3% Männeranteil bei den Personen in Karenz- bzw. Elternzeit gesprochen. Um den Blickwinkel stärker auf das Geschlechterverhältnis zu richten, ist unsere Empfehlung, dieses auch darzustellen. Das Verhältnis von Frauen zu Männern lässt sich einfach berechnen, bildet beide Geschlechter

Nur was erfasst wird, kann ausgewertet werden

in einer Verhältniszahl ab und lenkt die Aufmerksamkeit auf das Ziel der
Ausgewogenheit (▶ Kap. 17, Gleichstellungscontrolling).

Die Führungskräfte erhalten diese Daten zum **regelmäßigen Monitoring**, sprich für die regelmäßige Bestandsaufnahme und Beobachtung der
Entwicklung in ihrem jeweiligen Verantwortungsbereich. Sie beobachten
und interpretieren die Vergleichsdaten zu den Vorjahren und aus anderen
Organisationseinheiten (z. B.: Wie entwickelt sich das Geschlechterverhältnis
in den verschiedenen Hierarchieebenen? Zeigen die dafür entwickelten Maßnahmen und Strategien Wirkung? Verlaufen die Entwicklungen in allen Organisationseinheiten parallel oder gibt es aufschlussreiche Unterschiede? Wie
viele Männer bzw. Frauen haben welche Weiterbildungen besucht, wie viele
Tage wurden investiert und welche Kosten sind pro Person ausgegeben worden? Gibt es zwischen Kundinnen und Kunden Unterschiede im Kaufverhal-
ten bzw. in der Zufriedenheit mit unseren Produkten und Leistungen?).

Das Monitoring und die differenzierte Gender Analyse der Daten dient
als Grundlage für die Entwicklung von gezielten Maßnahmen und Strategien in der **Umsetzung** von Gender Equality Management im jeweiligen
Bereich und in der gesamten Organisation.

geschlechterbezogene
Bestandsaufnahme
und Beobachtung der
Entwicklung

4

Schritt 3: Verbindliches Reporting und Controlling

Prüfen der Gleichstellungsperformance

Die Führungskräfte erstatten ihren Vorgesetzten und Kolleg/innen regelmäßig Bericht über die Gleichstellungsperformance in ihrem Bereich. Sie
stellen die Entwicklungen dar, die umgesetzten Maßnahmen und deren
Zielerreichungsgrad sowie ihre Analyse der Fortschritte und noch bestehender Erfolgspotenziale. Auf dieser Basis können neue Ziele abgestimmt
und entsprechende Umsetzungsmaßnahmen geplant werden.

Im Idealfall ist die Beobachtung der Gleichstellungsentwicklung in die
bestehenden Controllinginstrumente integriert. Das bedeutet: eigens dafür
vorgesehene Indikatoren (▶ Kap. 17), klar vereinbarte Ziele und erfolgsab-
hängige Konsequenzen für das Management.

Beispiel

Datenanalysestandards in einem Dienstleistungsunternehmen

Ein großes Dienstleistungsunternehmen (im Bereich der Personalvermitt-
lung) bereitet nicht nur alle mitarbeiter/innenbezogenen Daten getrennt
nach Geschlecht auf, sondern tut dies ebenfalls bezogen auf die Daten
der Kund/innen.

Alle Jahresziele werden für Frauen und Männer extra definiert und natürlich auch im Controlling entsprechend ausgewertet. Diese Jahresziele sind
unterschiedlich nach Geschlecht, angepasst an die Ausgangssituation und
bisherigen Erfahrungen. So ist z. B. eines der Jahresziele der Aufbau von
Pflegekompetenz und Vermittlung im Bereich der Pflegeberufe. Dies ist

geschlechterbezogene
Gleichstellungsziele

ein typischer frauendominierter Bereich, deshalb liegen die Vermittlungs-
ziele bei Frauen höher als bei Männern. Trotzdem sind die Ziele für Männer
definitiv ehrgeizig und entgegen den rollenstereotypen Erwartungen.

Die Führungskräfte erhalten regelmäßig die geschlechterbezogen auf-
bereiteten Daten und sind gefordert, entsprechende Maßnahmen zu ergreifen, um die Jahresziele für Frauen wie Männer zu erreichen. Dazu sind
auch gezielte Maßnahmen notwendig, um Männer zu motivieren, sich in
diesem Bereich auszubilden.

In den Qualifizierungen für den Bereich der Informationstechnologien –
einem stark männerdominierten Bereich – stellen sich wiederum eigens
für Frauen entwickelte Programme als besonders erfolgreich heraus. Hier
bewährt sich ein mindestens z. T. getrennter Unterricht von Frauen und
Männern, um die Kompetenzen aller bestmöglich zu entwickeln.

4.2 Produkte und Leistungen

Die Zukunftsfähigkeit der europäischen Wirtschaft ist von ihrer Innovati-
onsfähigkeit abhängig: Tempo und Innovationskraft müssen erhöht werden, um als Erste neue Ideen in marktreife Produkte umzusetzen.

Bedürfnisse von Frauen
und Männern

»Die Präferenzen von Nutzerinnen und Nutzern frühzeitig zu berücksichtigen, ist dabei zu einem entscheidenden Erfolgsfaktor geworden. Um

innovative Lösungen zu entwickeln, ist es heute notwendig, die Bedürfnisse und Erwartungen von Frauen und Männern in ihrer ganzen Vielfalt zu erfassen. Es gilt auch zu berücksichtigen, dass sich die Rollenvorstellungen von Frauen und Männern und ihre Aufgaben in Beruf und Familie maßgeblich gewandelt haben. Daraus sind neue und veränderte Bedarfe entstanden.« (Prof. Dr. Hans-Jörg Bullinger, Präsident der Fraunhofer-Gesellschaft)

Bei diesem Handlungsfeld geht es um die Integration einer Gleichstellungsperspektive in den gesamten Produkt- bzw. Leistungsentwicklungszyklus. Dies beginnt bei der Definition der Ziele (Was heißt Gleichstellung in diesem Bereich?) und der als Standard eingerichteten geschlechterbezogenen Zielgruppenanalyse, betrifft die entsprechende Forschung und Entwicklung bis zur endgültigen Gestaltung und zeigt sich letztlich in allen Formen der Erfolgsmessung (z. B. durch geschlechterbezogene Definition und Auswertung von Indikatoren).

Geschlechterbezogene Zielgruppenanalyse

Jede Organisation, jeder Betrieb produziert Produkte oder Leistungen, die sich an Kundinnen und Kunden richten. Die Produkte bzw. Leistungen und ihre entsprechende Vermarktung ignorieren meist bestehende Unterschiede zwischen ihren weiblichen und männlichen Zielgruppen. Sie tragen damit zur Reproduktion von tradierten Rollenvorstellungen bei bzw. gefährden z. B. sogar die Sicherheit und Gesundheit von Frauen (s. Beispiele unten). Die geschlechterbezogene Zielgruppenanalyse als Basis für Forschung und Entwicklung sollte daher Standard in Unternehmen sein. Verbindliche und maßgeschneiderte Leitfäden und Routinen (▶ Kap. 19, 20) erleichtern die Prozesse erheblich.

Zielgruppen nach Frauen und Männern

Qualitätssteigerung

Verbindliche Vorgaben führen zur selbstverständlichen Integration von Gleichstellung in die Gestaltung der Produkte und Leistungen. Ergebnisse dieser gleichstellungsorientierten Vorgehensweise sind z. B. eine stärkere Beteiligung von Frauen in Forschung und Entwicklung, minimierte Entwicklungskosten, eine Erhöhung der Qualität und Bedarfsgerechtigkeit der Produkte, damit attraktivere Produkte, Entwicklung neuer Produkte und verbesserte, weil geschlechterbezogen differenzierte Kund/innenorientierung und -zufriedenheit.

Was führt zur Qualitätssteigerung?

Beispiel

Frauen sprechen anders

Die ersten Spracherkennungssysteme reagierten nicht auf Frauenstimmen: Die Entwickler hatten übersehen, dass Frauen meist eine höhere Stimmlage haben als Männer. Die Technik musste mit großem Aufwand nachträglich angepasst werden, was die Entwicklungskosten deutlich erhöhte.

4

> **Videospiele nur für Männer gemacht?**
>
> Videospiele sind in den letzten Jahren zu einem wesentlichen Teil der Unterhaltungsindustrie angewachsen: die weltweiten Umsatzzahlen werden für 2005 mit 35 Milliarden Dollar beziffert (Dominik Petko, Pädagogische Hochschule Zentralschweiz, 2006), der Marktanteil der Videospielindustrie liegt dabei im Feld von Kino- und Musikindustrie. Allerdings sind es überwiegend Männer, die Computer- und Konsolenspiele kaufen. Spielehersteller/innen beginnen nun langsam, die Zielgruppe der Frauen mit neuen Spielkonzepten und -inhalten anzusprechen. Ein enormer zusätzlicher Markt, der hier gewonnen werden will.

Erschließung neuer Marktpotenziale

Marktpotenziale erschließen

Durch eine gezielte Gender Analyse der Zielgruppen können nichtgenutzte Potenziale sichtbar gemacht und neue Märkte erschlossen werden. Die für die Produktentwicklung relevanten Unterschiede zwischen den Geschlechtern können sowohl körperlich sein (z. B. Airbag, Medizin) als auch in den vielfältigen Präferenzen und Erwartungen von Frauen und Männern sowie in deren z. T. unterschiedlichen Rahmenbedingungen für die Nutzung liegen. Diese Faktoren werden derzeit von Unternehmen noch deutlich unterschätzt und bleiben sowohl in der Produkt- und Leistungsentwicklung als auch in deren Vermarktung meist unberücksichtigt. Dies ist eine Chance für zukunftsorientierte Unternehmen, hier eine Pionierrolle zu übernehmen und die mit der neuen Marktpositionierung kaum ausgeschöpften Wettbewerbspotenziale zu gewinnen.

Beispiel

Airbag – lebensgefährlich für Frauen

Mehr als ein Jahrzehnt lang arbeiteten Ingenieure an der Entwicklung des Airbags für Autos. An alles hatten die Techniker gedacht, nur eines war ihnen nicht in den Sinn gekommen: dass Frauen im Schnitt kleiner und zierlicher sind als Männer. Die ersten Airbags waren deshalb für Autofahrerinnen lebensgefährlich!

Beispiel

Medizin

Warum sterben mehr Frauen an Herzinfarkt?

Zahlenmäßig sterben jährlich mehr Männer als Frauen an Herzinfarkt. Betrachten wir aber die Mortalitätsrate geschlechterbezogen, d. h. wie viele Frauen bzw. Männer sterben gemessen an der Anzahl der Erkrankungen, dann ist diese bei Frauen deutlich höher. Die Untersuchung dieses ungewünschten Unterschieds ergibt, dass die Symptome von Herzinfarkt bei

▼

Frauen sich deutlich von denen bei Männern unterscheiden. Ärzt/innen, deren Ausbildung über Krankheiten und Symptome bisher am männlichen Körper als Norm ausgerichtet war, erkennen die Erkrankung bei Frauen nicht oder zu spät. Daher werden entsprechende Gegenmaßnahmen nicht oder zu spät ergriffen; als Folge sterben in der Relation mehr Frauen an dieser Krankheit.

Zukünftige medizinische Ausbildung und Beratung wird Krankheiten aus geschlechterbezogener Perspektive differenzieren müssen, um Frauen wie Männern die gleiche Qualität an medizinischer Versorgung zukommen zu lassen.

Beispiel

Schule und Unterricht

Das Lernverhalten von Mädchen und Jungen unterscheidet sich z. B. in Mathematik. Um das Lernen für beide Geschlechter optimal zu gestalten, muss Unterricht (also die wesentliche Leistung der Schule) auf diese Unterschiede eingehen. Dies kann z. B. durch einen phasenweise getrennten Unterricht von Mädchen und Jungen in bestimmten Fächern erfolgen. Das Studiums- bzw. Berufswahlverhalten von Mädchen aus reinen Mädchenschulen ist deutlich vielfältiger als das von Mädchen aus gemischten Schulen und entspricht weniger den Geschlechterstereotypen. Die Hypothese dazu lautet, dass gemischter Unterricht eher traditionelle Vorstellungen von Talenten reproduziert und Gender Kompetenz bei Lehrer/innen eine wichtige Rolle spielt, um Mädchen und Jungen gleichermaßen in allen Bereichen zu fördern.

geschlechtergerechte Bildung?

4.3   Recruiting

Sollen bei Stellenausschreibungen, Auswahlverfahren und Einstellung von Mitarbeiter/innen Frauen wie Männer die gleichen Chancen in allen Bereichen und auf allen Ebenen haben, so ist eine breite Palette von Aspekten zu beachten.

Palette von Aspekten

Funktionsbeschreibung

Es beginnt bei einer chancengerechten und flexiblen Kreation der Funktionen (bzw. Funktionenbündel) einer Stelle bezogen auf Inhalte, Verantwortung und Umfang. Dazu braucht es eine umfassende chancengerechte Funktionsbeschreibung (d. h. Frauen wie Männer können grundsätzlich diese Funktion erfüllen) und die Erstellung eines transparenten Anforderungsprofils, das Kompetenzen aus unterschiedlichsten Erfahrungen berücksichtigt (Ausbildungen, Weiterbildungen, Familienkompetenzen usw.).

Arbeitsplatzbewertung

Einkommensunterschiede verringern

Methoden für eine chancengerechte Arbeitsplatzbewertung führen dazu, dass die nach wie vor bestehenden großen Diskrepanzen zwischen Frauen und Männern im Bereich der Bezahlung verringert werden.

Ausbildungsplätze

Die Öffnung aller Ausbildungsplätze für Frauen und Männer ist ein wichtiger Beitrag, um die Segmentierung in »typisch männliche« (z. B. Technik) und »typisch weibliche« (z. B. Sekretariat, Pflege) Berufsfelder, die mit unterschiedlichen Chancen zur beruflichen Entwicklung ausgestattet sind, aufzulösen.

Stellenausschreibung

Durchdachte Kriterien

Die chancengerechte Ausschreibung richtet sich dezidiert an Frauen und Männer. Das bedeutet einerseits, dass männliche und weibliche Personen- und Berufsbezeichnungen verwendet werden und andererseits, dass darauf geachtet wird, dass auch mit den Anforderungen, Eigenschaften und Qualifikationen nicht Geschlechterstereotypen aufgerufen werden. Ausschreibun-

Auflösung der Geschlechterrollen

gen können sich auch gezielt an Frauen bzw. an Männer richten, wenn sie in diesem Bereich das unterrepräsentierte Geschlecht darstellen. Gezielte Informationen für Schüler/innen bzw. Student/innen (spezielle Ansprache, Aktivitäten, Praktika usw.) unterstützen die Bemühungen, Frauen und Männer in einen für sie »untypischen« Bereich zu rekrutieren. Beispiele sind Maßnahmen wie der »girls day« (Mädchen-Zukunfts-Tag), der mittlerweile in vielen Ländern stattfindet oder die vielen Projekte mit dem Fokus »Mädchen bzw. Frauen in die Technik«. Breiter angelegte Maßnahmen zur Rekrutierung von Männern in frauendominierten Bereichen wie z. B. für den Bereich der Kindererziehung (Kindergärtner, Volksschullehrer usw.) oder der Pflege sind weitere wichtige Schritte Richtung Auflösung der Segmentierung.

Erfolgt die Stellenausschreibung auch bzw. nur intern, dann sind hier besonders auch die Transparenz der Ausschreibung und der Besetzungskriterien ein wichtiger Beitrag zur Gleichstellung von Frauen und Männern.

Auswahlverfahren

Für die Gestaltung des Auswahlprozederes bedarf es aus Sicht der Gleichstellung einer besonderen Aufmerksamkeit. Folgende Fragen sind dabei von zentraler Bedeutung:

Gestaltung des Auswahlprozederes

- Welche Qualifikationen werden wahrgenommen und geprüft (inkl. Familienkompetenzen, ehrenamtliche Arbeit u. Ä.)?
- Welche Auswahlkriterien werden festgelegt?
- Gibt es eine chancengerechte Bewertung der unterschiedlichen Kompetenzen?
- Ist das Auswahlverfahren selbst transparent und entspricht es den Kriterien der Gleichstellung? (Wer wählt aus? Wie wird ausgewählt? Ist Gender Kompetenz vorhanden?)?
- Gibt es gezielte Maßnahmen zur Erhöhung des Anteils des unterrepräsentierten Geschlechts (z. B. bei gleicher Qualifikation wird eine Frau bzw. ein Mann bevorzugt)?

Beispiel

Ein großer Automobilhersteller bildet jährlich ca. 45 Lehrlinge aus. Weit über 300 Bewerbungen werden dafür eingereicht, nur eine Handvoll davon von jungen Frauen. Es gibt ein standardisiertes und sehr ausführliches Auswahlverfahren, um die besten Lehrlinge herauszufiltern. Wird ein weiblicher Lehrling aufgenommen, so fällt sie meist durch herausragende Leistungen auf. Diese Tatsache hat das Unternehmen dazu bewogen, aktiv etwas zu unternehmen, um junge Frauen für die technischen Lehren im Betrieb zu motivieren. Sie sehen Frauen als wichtiges Potenzial für ausgezeichnete Lehrlinge bzw. Mitarbeiterinnen, das ihnen sonst vorenthalten bleibt.

Die Maßnahmen des Unternehmens konzentrieren sich auf 2 Ebenen: Als Vorbereitung werden die Berufsinformationslehrer/innen der Schulen

Frauen als nicht genutztes Potenzial

4

»just4girls«

zu einem Workshop eingeladen, in dem ihnen die technischen Lehren und darauf aufbauenden beruflichen Entwicklungsmöglichkeiten v. a. für junge Frauen präsentiert werden.

Danach wird ein Tag der offenen Tür ausschließlich für Mädchen veranstaltet, in dem diese von weiblichen Lehrlingen und Technikerinnen in die Technik als Berufsmöglichkeit für Frauen eingeführt werden. Die Veranstaltung ist so erfolgreich, dass sie gleich 6 Mal durchgeführt werden muss aufgrund des großen Andrangs.

Die gezielte Maßnahme wirkt sich auch deutlich auf die Bewerbungen aus: In den kommenden Bewerbungsrunden bewerben sich ein Vielfaches an jungen Frauen und entsprechend mehr Frauen können auch in die Lehre aufgenommen werden. Neben einer Erhöhung des Leistungsniveaus entsteht noch ein weiterer wichtiger »Nebeneffekt« durch den höheren Anteil an Frauen in der Lehre: Die Atmosphäre in der Lehrwerkstätte ändert sich deutlich positiv.

4.4 Personalentwicklung

Vorhandene Instrumente anpassen

Die Personalentwicklung (Aus- und Weiterbildung, Karriereförderung, berufliche Weiterentwicklung) kann einen wesentlichen Beitrag für die Gleichstellung von Frauen und Männern im Unternehmen leisten. Grundsätzlich ist dazu wichtig, dass die Instrumente der Personalentwicklung, die in einem Unternehmen eingesetzt werden, bezogen auf ihre Inhalte und den Zugang für Männer wie Frauen überprüft und den Kriterien der Gleichstellung entsprechend gestaltet werden. Einige Aspekte der Personalentwicklung seien hier beispielhaft angeführt.

Planung

geschlechterbezogene Analyse der Weiterbildungsdaten

Die Personalentwicklungsplanung erfolgt aufgrund der geschlechterbezogenen Datenanalyse zur Weiterbildung. Dort, wo z. B. ein erschwerter Zugang beobachtet werden kann, werden gezielte Maßnahmen ergriffen.

> **Beispiel**
>
> Der Zugang zur Weiterbildung ist grundsätzlich für Männer wie Frauen gleich geregelt: Die vorgesetzte Person entscheidet, wer aus ihrer bzw. seiner Abteilung zu welchen Weiterbildungsseminaren entsendet wird. Aufgrund der Daten wird ersichtlich, dass ein bestimmter Vorgesetzter ausschließlich männliche Kollegen als Potenzialträger erkennt und in die entsprechenden laufbahnfördernden Weiterbildungen schickt. Dies ist der Fall, obwohl in seinem Team auch kompetente Frauen mitarbeiten. Hier gilt es aus Unternehmenssicht gegenzusteuern. z. B. durch konkrete Auswertungsgespräche mit dem Vorgesetzten und klare Vorgaben an die Abteilung.

Instrumente

Instrumente der zielgerichteten Personalentwicklung (Mitarbeiter/innenge-
spräch, Potenzial-Assessment, Jobenrichement, Selbst- und Fremdevaluati-
onsinstrumente, geschlechterbezogen ausgewertete Feedback-Instrumente
für Führungskräfte usw.) bieten eine gute Möglichkeit, die Potenziale von
Männern und Frauen zu erkennen, zu fördern und in Folge entsprechend
einzusetzen.

So werden z. B. standardisierte Mitarbeiter/innengespräche (MAG)
zur Potenzialerhebung und Festlegung der Entwicklungsmöglichkeiten
gleichstellungsorientiert gestaltet: Leitfäden und Fragestellungen zielen
dezidiert auf die Förderung beider Geschlechter und die Berücksichtigung
etwaiger unterschiedlicher Rahmenbedingungen. So bildet z. B. auch die
Unterstützung bei Fragen der Vereinbarkeit von Privatleben und beruflicher Laufbahn einen eigenständigen Fokus für das MAG mit Frauen und
Männern. Im Training der Führungskräfte für die Durchführung der Mit-
arbeiter/innengespräche ist der Auf- und Ausbau von Gender Kompetenz
ein wesentlicher Bestandteil.

Bei der Planung und Durchführung von Assessment-Centern (AC)
wird große Aufmerksamkeit auf die Auswahl und Auswertung der Übun-
gen gelenkt. Das optimale Sichtbarmachen von Potenzialen beider Geschlechter steht dabei im Mittelpunkt. Für die Auswahl der Leiter/innen
und Assessor/innen eines AC ist Gender Kompetenz ein wichtiges Kriterium.

Personalentwicklung steuern

Gender Kompetenz

Korrekte Analyse?

4

Weiterbildung

Gezielte Förderung durch
Weiterbildung

Der **Zugang** zu allen Weiterbildungen (Fachkompetenz, soziale Kompetenz, Führungskompetenz) ist für Frauen und Männer gleichermaßen möglich (z. B. durch Unterstützungsmaßnahmen für Menschen mit Erziehungsverantwortung). Dies gilt auch für Teilzeitkräfte oder z. B. für Mitarbeiter/innen in Karenz- bzw. Elternzeit. (Die Schweiz kennt erst eine gesetzliche 14-wöchige bezahlte Abwesenheit vom Arbeitsplatz für die Mutter nach der Geburt. Eine Eltern- oder Karenzzeit anzubieten, liegt im Verantwortungsbereich der Betriebe.)

Teil der Weiterbildung ist auch eine **gezielte Förderung** von Mitarbeiterinnen durch geschlechterbezogene Angebote (auch von Teilzeitkräften), z. B. Führung bzw. Kommunikation für Frauen, Karrieremanagement für Frauen usw.

Gestaltung der Weiterbildung

Die Gleichstellungsorientierung ist in allen Bereichen sichtbar: In der Auswahl der Weiterbildungsinhalte, in der Verwendung einer geschlechtergerechten Sprache in Wort und Bild (auch in den Dokumenten bzw. Seminarunterlagen) und entsprechender didaktischer Methoden sowie in der Gestaltung der Rahmenbedingungen (z. B. Weiterbildungszeiten, Angebot der Kinderbetreuung während der Weiterbildung).

Trainer/innen, Referent/innen, Berater/innen

In der Weiterbildung werden in allen Bereichen Frauen und Männer beauftragt. Gender Kompetenz wird als Basiskompetenz vorausgesetzt und geprüft.

Verantwortung

ausgewogenes
Geschlechterverhältnis
auf allen Hierarchie-
ebenen

Die Förderung von Nachwuchsführungskräften ist transparent und bietet Frauen wie Männern die gleichen Möglichkeiten (Zugang zu »Potenzialträger/innen-Pool«, transparente Karrierewege usw.).

Mit Sonderfunktionen wie z. B. Projektleitung, Leitungsstellvertretung, Teilnahme an Gremien, Teamleitung, Fachexpertisen usw. werden Männer und Frauen gleichermaßen beauftragt. Die bzw. der Vorgesetzte achtet besonders darauf, dass auch Frauen (als in diesen Funktionen meist unterrepräsentiertes Geschlecht) diese Sonderfunktionen übernehmen.

Es gibt gezielte Maßnahmen zur Herstellung eines ausgewogenen Geschlechterverhältnisses auf allen Hierarchieebenen (z. B. Die Gute Nachrede®, Mentoring ► Kap. 18) transparente Regelungen zur positiven Diskriminierung.

Management

Die Qualifizierung der Führungskräfte für ein professionelles Gender Equality Management ist zentraler Bestandteil der Managementweiterbildung.

> **Beispiel**
>
> In einem Dienstleistungsunternehmen mit 100 Mitarbeiter/innen gibt es wenige Frauen in Führungspositionen, allerdings auch eine sehr geringe Fluktuationsrate. Veränderungen auf der Hierarchieebene sind daher nur mittelfristig möglich. Um Frauen gezielt zu fördern und ihnen trotzdem die Möglichkeit zu Führungsverantwortung zu geben, wird folgende Maßnahme eingeführt:
> Für die immer größer werdende Anzahl an Projekten wird eine maßgeschneiderte Projektleitungsqualifizierung entwickelt, die ausschließlich für Frauen offen steht. Damit werden zukünftige Projekte professioneller und überwiegend von Frauen geleitet. Diese bauen damit auch Führungskompetenzen auf, die für spätere Bewerbungen wertvoll sind.

4.5 Lifebalance

Alle Mitarbeiter/innen, Männer wie Frauen, junge und alte, mit und ohne Kinder usw. wollen und brauchen eine Ausgewogenheit und Vereinbarkeit zwischen ihrem beruflichen Engagement und ihren privaten Verantwortungen und Bedürfnissen. Der Wunsch nach einer Lifebalance betrifft nicht nur Mütter! Auch Führungskräfte wollen »ein Leben vor dem Tod« (Zitat aus einem Workshop mit Führungskräften einer Bank), auch Väter wollen ihre Verantwortung gegenüber ihren Kindern wahrnehmen und deren Entwicklung direkt erleben (und nicht nur aus Erzählungen), auch Männer und Frauen ohne Kinder wünschen sich ausreichend Zeit, um ihren privaten Bedürfnissen genügend Raum geben zu können. Eine gute Balance zwischen Engagement für den Beruf und für das private Leben ermöglicht eine hohe Lebensqualität **und** langfristig motivierte Leistungserbringung. Dabei gewinnen beide Seiten.

> Alle wollen »ein Leben vor dem Tod«

Unternehmen tragen mit entsprechenden Maßnahmen und Strategien nicht nur zu dieser Balance bei, sondern kommen damit auch ihrer gesellschaftlichen Verantwortung nach: Die demografische Entwicklung in Europa ist alarmierend, viel zu niedrigen Geburtenraten steht eine rasante (Über-)Alterung der Bevölkerung gegenüber. Die Bevölkerungsentwicklung hat gravierende ökonomische und soziale Wirkungen. Das Erwerbspersonenpotenzial reduziert sich dramatisch in den kommenden Jahren. Gegensteuerung ist dringend angesagt. Wenn Betriebe die Vereinbarkeit von beruflicher Karriere und familiärer Verantwortung für Frauen **und** Männer fördern und tatkräftig unterstützen, müssen diese sich in Zukunft nicht mehr für das eine oder andere entscheiden.

Im Folgenden finden Sie eine Auswahl möglicher Maßnahmen:

Arbeitszeit

Eine flexible Arbeitszeitgestaltung für **alle** Mitarbeiter/innen auf allen Hierarchieebenen (Gleitzeit, Zeitkonten, Jahresarbeitszeit, viele Formen der Teilzeit, Vertrauensarbeitszeit, Sabbatical, individuelle Vereinbarungen, Flexibilität

> Auswahl von Maßnahmen zur »Lifebalance«

4

Gratulation für Ihre hervorragenden Leistungen im Ballsport

Lifebalance ist ein Bedürfnis von Frauen UND Männern

bei Krisenfällen usw.) entspricht sowohl den oft sich wandelnden Bedürfnissen der Mitarbeiter/innen als auch den betrieblichen Anforderungen.

Betriebliche Abläufe werden darauf abgestimmt, indem z. B. wichtige Sitzungen und Gespräche in der Kernarbeitszeit stattfinden. So können auch Mitarbeiter/innen mit Teilzeitanstellung oder familiären Verpflichtungen problemlos daran teilnehmen. Die Sicherung des Informationsflusses für alle Mitarbeiter/innen, unabhängig von ihrem Beschäftigungsausmaß, ist in diesem Zusammenhang eine zentrale Aufgabe der Führungskräfte.

Analysen zeigen, dass Vereinbarkeitsmaßnahmen v. a. von Frauen genutzt werden. Teilzeitstellen bieten in vielen Fällen für Frauen oft die scheinbar einzige Möglichkeit, Familie und Beruf zu verbinden. Neben dem geringeren Einkommen hat dies meist auch einen deutlichen negativen Einfluss auf die Karrieremöglichkeiten der betroffenen Frauen. Darüber hinaus arbeiten sie kürzer, um Beruf und Familie vereinbaren zu können und geben damit den Männern die Flexibilität, dies **nicht** tun zu müssen. Arbeitgeber gehen damit im Regelfall davon aus, dass das Vereinbarkeitsproblem von den Frauen gelöst wird und die Männer in ihrem Arbeitseinsatz praktisch unberührt sind.

Gleichstellungsorientierte Unternehmen ermöglichen vielfältige Arbeitszeitmuster, die für beide Geschlechter offen stehen und keine Nachteile für die berufliche Weiterentwicklung bzw. hierarchische Karriere bedeuten.

Jobsharing für Hierarchiefunktionen

Teilzeitangebote für Führungskräfte im Sinn des Job-sharing machen es in vielen Fällen erst möglich, dass v. a. Frauen mit Betreuungsaufgaben

Führungsverantwortung und private Pflichten als vereinbar erleben. Aber auch für Väter entspricht das Angebot einem zu beobachtbaren ständig wachsenden Verantwortungsgefühl für ihre Kinderbetreuungspflichten.

Arbeitsort

Die flexible Gestaltung des Arbeitsortes (Teleworking in unterschiedlichen Ausprägungen auch für verantwortungsvolle Aufgaben und für alle Hierarchieebenen) erhöht oft die Produktivität und nützt – richtig gestaltet – sowohl den Mitarbeiter/innen als auch dem Unternehmen. In vielen Fällen bewähren sich Modelle, die eine Mischung aus Teleworking und Präsenzzeiten im Betrieb bieten.

Flexibilität für alle Ebenen

Kinderbetreuung

Die Unterstützung bei der Kinderbetreuung wird durch ein internes Betreuungsangebot, durch die Kooperation mit externen Anbieter/innen wie den örtlichen Kindergärten und Horten oder durch andere Maßnahmen wichtig genommen. Selbstverständlich richten sich diese Angebote an Mütter **und** Väter. Angebote für Kinder aller Altersstufen zur Freizeitgestaltung z. B. in den Schulferien beweisen, dass ernst genommen wird, dass Kinder gerade auch nach dem Kindergartenalter Betreuungsbedarf haben. Die gezielte Ansprache und Unterstützung von Vätern zur Inanspruchnahme der Vereinbarkeitsangebote ist Teil der Unternehmenskultur.

gezielte Ansprache der Väter

Eltern- bzw. Karenzzeit

Angebote während der Elternzeiten oder anderen Formen der Karenz (wie in Österreich z. B. Sterbekarenz) nutzen das Potenzial der Karenzierten, entwickeln es weiter und bieten Möglichkeiten, auch während dieser Zeiten für den Betrieb zu arbeiten und das betriebliche Know-how aufrecht zu erhalten. Solche Angebote bzw. Maßnahmen können z. B. sein:

- ein Mitarbeiter/innengespräch zwischen Vorgesetzter bzw. Vorgesetztem und Mitarbeiter/in zur Vorbereitung der Elternzeit und für den Wiedereinstieg danach,
- Information und Weiterbildung (Anpassung und Aktualisierung der beruflichen Qualifikation, gezielte Weiterbildung zur Verbesserung des Wiedereinstiegs) während der Elternzeit,
- geringfügige Beschäftigung, Urlaubs- und Krankenvertretung während der Elternzeit sowie
- Austauschtreffen, Einladung zu Betriebsversammlung bzw. -ausflug usw.

Weitere Angebote zur besseren Vereinbarkeit von Privatleben und Beruf können sein: Kinder können in der Kantine mitessen, Essen aus der Kantine kann mit nach Hause genommen werden, freiwillige Tätigkeit in den Bereichen Soziales, Politik und Kultur wird wertgeschätzt und evtl. auch materiell unterstützt, Betriebsausflug mit der Familie usw.

Angebote zur Erhaltung der Gesundheit

Angebote wie z. B. speziell für burnout-gefährdete Personen als Vorbeugung und auch in Akutsituationen runden die Unterstützung des Unternehmens für die Erhaltung einer guten Balance zwischen Privatleben und Beruf ab.

gezielte Vorbereitung des
Wiedereinstiegs

> **Beispiel**
>
> Ein Dienstleistungsunternehmen mit 1000 Mitarbeiter/innen und sehr hohem Frauenanteil steht vor der Frage, wie es die Rückkehrquote von Frauen nach der Geburt ihres Kindes erhöhen und gleichzeitig deren Abwesenheitszeit verkürzen kann. Es wird folgende Maßnahme eingeführt: Es wird ein eigenes Mitarbeiterinnengespräch entwickelt, das während der Schwangerschaft geführt wird und dazu dient, den Wiedereinstieg nach der Geburt bereits vorzubereiten. Dazu gehört auch ein neues Angebot: Nach der Geburt haben die betroffenen Mitarbeiterinnen die Möglichkeit, an Weiterbildungen teilzunehmen und Urlaubs- bzw. Krankenvertretungen zu übernehmen. Sie sichern sich damit, das Wissen aufrecht zu erhalten und bei ihrer Rückkehr in eine regelmäßige Mitarbeit up to date zu sein. Dies dient dem Unternehmen wie der Mitarbeiterin.

4.6   Partnerschaftliche Zusammenarbeit

Umgang von Frauen und
Männern am Arbeitsplatz

Das Handlungsfeld »Partnerschaftliche Zusammenarbeit« umfasst ein breites Spektrum: von gleichstellungsorientierter Kooperation zwischen Frauen und Männern bis zur Verhinderung von sexueller Diskriminierung, Gewalt und Mobbing. Respekt und Wertschätzung im Umgang miteinander ist ein unverzichtbarer Teil der partnerschaftlichen Zusammenarbeit und eines guten Arbeitsklimas; die Persönlichkeit und Würde jeder bzw. jedes Einzelnen zu achten ist die Basis dafür. Die Förderung der partnerschaftlichen Zusammenarbeit von Frauen und Männern am Arbeitsplatz ist wesentliche Aufgabe der Führungskräfte. Diese achten dabei v. a. auf folgende Ansatzpunkte:

Teams

Die gemischtgeschlechtliche Zusammensetzung von Teams und Projektgruppen sorgt für ausgewogenere und bessere Ergebnisse. Wichtig dabei ist, dass Aufgaben und Verantwortung auf beide Geschlechter gleichberechtigt und gleich verpflichtend verteilt werden. Dies betrifft Fragen der Leitung und inhaltlichen Expertise genauso wie z. B. die der Protokollführung und Bereitstellung der Getränke bei Meetings.

Die aktive Gestaltung der Zusammenarbeit zwischen Teilzeit- und Vollzeitmitarbeiter/innen spielt eine ganz eigenständige Rolle und berücksichtigt den chancengleichen Stellenwert von Teilzeitmitarbeiter/innen ebenso wie die Bedürfnisse nach Vereinbarkeit von Privatleben und Beruf auch bei kinderlosen Vollzeitmitarbeiter/innen.

Gezielte Maßnahmen

Es empfiehlt sich, Workshops zum Thema durchzuführen, in denen die Möglichkeiten zur Nutzung aller Ressourcen genauso erarbeitet werden wie die Sensibilisierung für sexuelle Diskriminierung, Gewalt und Mobbing. Auch die regelmäßige Thematisierung in Besprechungen ist hilfreich sowie die Integration von entsprechenden Modulen in bestehende Weiterbildungen. Eigens durchgeführte »Geschlechterdialoge« (▶ Kap. 22) fördern ganz besonders das gegenseitige Verständnis, die Wertschätzung von Gemeinsamkeiten und Unterschieden und damit ein gutes partnerschaftliches Arbeitsklima.

Die spezifische **Qualifizierung** und Sensibilisierung der **Führungskräfte** rund um das Thema »partnerschaftliche Kooperation« ermöglicht eine angemessene Umsetzung und Gestaltung im jeweiligen Verantwortungsbereich.

Geschlechterdialog

Commitment der Unternehmensleitung

Unternehmensweit wird klar Stellung bezogen gegen jegliche Form von sexueller Diskriminierung, Gewalt und Mobbing. Konkrete Strategien und Maßnahmen bilden einen wesentlichen Bestandteil der ernsthaften Bemühungen um ein partnerschaftliches Klima. Solche Maßnahmen können z. B. sein: das Einsetzen von neutralen Ansprechpartner/innen für Probleme bzw. Konflikte, das Festlegen einer allgemeinen Vorgangsweise bei Problemen und Konflikten (Verfahren, »Schiedsgericht« usw.), interne Bestimmungen, die jene Frauen, die z. B. sexuelle Belästigung aufzeigen, vor beruflichen Nachteilen schützen, die Verankerung dieser Strategien in einer für alle verbindlichen Betriebsvereinbarung. Das klare Commitment der Unternehmensleitung kann wesentlich zu einem gewaltfreien Arbeitsklima beitragen und die partnerschaftliche Kooperation auf allen Ebenen fördern. Dies nützt einerseits den Mitarbeiter/innen und senkt andererseits Kosten (Zeit und Geld) aufgrund gestörter Arbeitsprozesse oder durch den Verlust von Personal.

Gegen Diskriminierung, Gewalt und Mobbing

Beispiel

In einer Bank wird ein eigenes Programm gegen Diskriminierung, sexuelle Belästigung und Mobbing eingeführt. Es wird dazu eine eigenständige unabhängige Struktur aufgebaut, Ansprechpersonen für Betroffene und klare Regelungen für den Umgang mit auftretenden Fällen werden eingesetzt. Ein Handbuch für Führungskräfte zu diesem Thema soll sie auf ihre Verantwortung in diesem Bereich aufmerksam machen und ihnen konkrete Handlungsmöglichkeiten aufzeigen.

Auch wenn dieses Unternehmen keineswegs von unpartnerschaftlichem Verhalten geprägt war, so ermöglichte die Umsetzung dieser Maßnahmen, dass Betroffene nun eine neutrale Anlaufstelle haben und mit einem lösungsorientierten internen Verfahren rechnen können. Das Thema schwelt nicht mehr unter der Oberfläche, sondern kann in geeigneter Form angesprochen und bearbeitet werden.

4.7   Institutionalisierung

Nicht dem Zufall überlassen

Die Institutionalisierung der Gleichstellung von Frauen und Männern bedeutet ihre verbindliche Verankerung in den Strukturen und Regelungen eines Unternehmens. Damit werden entsprechende Aktivitäten unabhängiger vom Goodwill handelnder Entscheidungsträger/innen und bekommen eine nachhaltige Bedeutung. Im Sinn des Gender Mainstreaming hat die Institutionalisierung von Gleichstellung in allen Bereichen und auf allen Ebenen ihren Wirkungsbereich. Welche konkreten Schritte in einem Unternehmen angebracht und förderlich sind, bedarf einer eingehenden Analyse der betrieblichen Strukturen, Prozesse und Rahmenbedingungen. Dabei wird auch hier eine Doppelstrategie sichtbar:

Integration in bestehende Strukturen und Prozesse

- Gleichstellung wird in bestehende Strukturen, Instrumente und Prozesse integriert (z. B. durch verbindliche Equality Standards, Weiterentwicklung der Personalentwicklung, geschlechterbezogen differenzierte Zielgruppenanalyse, Erweiterung der Kriterien für die Produktgestaltung, Neukonzeption von Ausschreibungs-, Bewerbungs- und Besetzungsverfahren, Integration der Gleichstellungsperformance in die bestehenden Systeme für Leistungsbewertung, Ergänzung bzw. Erweiterung von bestehenden Controllinginstrumenten usw.).
- Es werden neue Strukturen, Instrumente und Prozesse geschaffen, um die Gleichstellung gezielt voranzutreiben (z. B. eine interne Stelle für einen Experten bzw. eine Expertin für die Beratung der Unternehmensleitung und Führungskräfte, neue Indikatoren für das interne Controlling, Entwicklung neuer Produkte und Leistungen, evtl. auch nur für Frauen oder nur für Männer usw.).

Nachhaltigkeit

Beispiele für eine nachhaltige Institutionalisierung von Gleichstellung sind:
- Die Einrichtung einer Stelle für die Begleitung und Beratung der Umsetzung und für das Controlling von Gleichstellung (Stabsstelle, Arbeitskreis bzw. Kommission, Ausschuss usw.),
- konkrete Projekte zur Umsetzung von Gleichstellung (z. B. Durchführung einer Mitarbeiter/innenbefragung, Etablierung eines Projektleiter/-innenpools, Väterförderungsmaßnahmen usw.),
- Konzepte und Maßnahmen zur gezielten Erhöhung des Frauenanteils
  - in Führungspositionen (z. B. durch Mentoring, Die Gute Nachrede® (▶ Kap. 18), Karriereförderung, Netzwerk der weiblichen Führungskräfte und Potenzialträgerinnen usw.),
  - in anderen männlich dominierten Bereichen wie Technik, Logistik, Forschung usw. (z. B. durch gezielte Ansprache von Frauen, gezielte Akquisition, Zusammenarbeit mit Schulen und Hochschulen usw.),
- Konzepte und Maßnahmen zur bewussten Erhöhung des Männeranteils in frauendominierten Bereichen (z. B. durch gezielte Ansprache von Männern, Steigerung der Attraktivität für Männer, Auflösung von einengenden Rollenstereotypen usw.),
- Integration von Gleichstellung in bestehende Betriebsvereinbarungen oder eigene Betriebsvereinbarungen zum Thema bzw. andere Formen

der verbindlichen Festlegung der unternehmensweiten Gleichstellungsziele,

— Einführung von klaren Richtlinien und Instrumenten für die Umsetzung von Gender Equality Management für Führungskräfte,

— verbindliche Integration von Gleichstellung in die Controllinginstrumente der Führungskräfte z. B. regelmäßiges Monitoring und Reporting zur Beschäftigungssituation inkl. Fluktuation, geschlechterbezogene Auswertung von Mitarbeiter/innenzufriedenheitsbefragungen, Feedback-Instrumente für die Führungskräfte, Qualitätsmanagement usw.,

verbindliches Gleichstellungscontrolling

— Gender Budgeting: geschlechterbezogene Budgetanalyse und Ableitung von entsprechenden Maßnahmen,

— chancengerechte Instrumente des Recruiting und der Personalentwicklung (Maßnahmen rund um Elternzeiten, Mitarbeiter/innengespräch, Führungskräfte-Pool, Karrierewege usw.) und

— Festlegen einer geschlechtergerechten Sprache und nicht Stereotypen verstärkender Bilder in allen Dokumenten und Formularen usw.

Beispiel

Die Verwaltung einer österreichischen Stadt hat eigene Leitlinien für Führungskräfte zur Herstellung der Chancengleichheit von Frauen und Männern entwickelt und eingeführt. Hier ein Auszug davon:

Leitlinien für die Herstellung von Chancengleichheit im Unternehmen Magistrat

Beschäftigungssituation von Frauen und Männern. Die Beobachtung der Personaldaten in den einzelnen Abteilungen ist eine wichtige Basis für Chancengleichheit. Die abteilungsspezifischen Darstellungen bieten dafür eine gute Grundlage zur Steuerung für Führungskräfte. Neben der Veranschaulichung, welche Mitarbeiterinnen und Mitarbeiter sich in welchen Verwendungs- bzw. Entlohnungsgruppen befinden, geht es aber um mehr. Beobachtet wird, wer welche Funktionen inne hält, wer mit welchen Sonderaufgaben betraut wird und wer welche Positionen bekleidet. Bei ungleicher Verteilung zwischen Frauen und Männern ist es die Aufgabe der Führungskräfte, steuernd einzugreifen.

Daten als Grundlage zur Steuerung für Führungskräfte

Personalentwicklung, Aus- und Fortbildung. Ziel ist es, die Qualitäten und Fähigkeiten von Frauen und Männern zu erkennen, zu entwickeln und adäquat einzusetzen. Das betrifft den Zugang zu Weiterbildung ebenso wie die Förderung der Mitarbeiterinnen und Mitarbeiter in der Dienststelle selbst. Dazu soll das strukturierte Mitarbeiter/innengespräch einmal pro Jahr als Führungsinstrument eingesetzt werden.

Neben dem fachspezifischen Fortkommen wird es den Mitarbeiterinnen und Mitarbeitern ermöglicht, sich als Referentinnen und Referenten im Bereich der Fortbildung zu betätigen. Der vor wenigen Jahren etablierte magistratsinterne Pool aus Trainerinnen und Trainern soll auch in Zu-

▼

4

kunft interne Aufgaben übertragen bekommen. Hierbei ist ein ausgewogener Anteil an Frauen und Männern Voraussetzung.

Vereinbarkeit von Beruf und Familie. Die Vereinbarkeit von Beruf und Familie betrifft alle Mitarbeiterinnen und Mitarbeiter. Auf die individuellen Bedürfnisse zur Vereinbarung von Beruf und Familie wird so weit als möglich eingegangen. Flexible Arbeitszeitregelungen für die Mitarbeiterinnen und Mitarbeiter sind wichtige Grundsteine. Dem Unternehmen bleiben dadurch erfahrene und qualifizierte Mitarbeiterinnen und Mitarbeiter erhalten. Arbeitszeitreduktionen von Mitarbeiterinnen und Mitarbeitern dürfen keinesfalls zur Einschränkung der beruflichen Chancen führen.

Vor dem Antritt der Karenzzeit soll mit den betreffenden Mitarbeiterinnen und Mitarbeitern ein spezifisches Mitarbeiter/innengespräch geführt werden.

aktive Förderung der Väter

Karenzierte Mitarbeiterinnen und Mitarbeiter werden über wichtige unternehmensinterne Vorgänge und Weiterbildungsangebote informiert. Das Unternehmen Magistrat bekennt sich zur aktiven Förderung der Väterkarenz. Jene Mitarbeiter, die Familienkarenz in Anspruch nehmen wollen, werden in diesem Vorhaben unterstützt.

Partnerschaftliche Zusammenarbeit am Arbeitsplatz. Die Verantwortung für partnerschaftliche Zusammenarbeit am Arbeitsplatz liegt zu

Job-sharing schafft neue Freiheiten

einem großen Teil an den Führungskräften. Die Kultur des Miteinanders wird ganz entscheidend von den Führungskräften geprägt. Ihnen kommt dabei eine verantwortungsvolle Rolle zu. Information und Bewusstseinsbildung zur Erfüllung einer partnerschaftlichen Zusammenarbeit ist daher ein wichtiges Ziel. Angestrebt wird ein Klima der Zusammenarbeit, das die Leistungen von Frauen und Männern gleichwertig schätzt. Dazu ist es nötig zu beobachten, wie Mitarbeiterinnen und Mitarbeiter miteinander arbeiten, wer welche Aufgaben übernimmt und übertragen bekommt. Aufgabenzuschreibungen dürfen nicht aufgrund des Geschlechts und rollensterotyper Erwartungen erfolgen. Jede Führungskraft ist verantwortlich für eine Aufgabenzuteilung, die auf der Qualifikation und den Fähigkeiten der Mitarbeiterinnen und Mitarbeiter basiert.

Sexuelle Belästigung am Arbeitsplatz ist unerwünscht. Jede Form der sexuellen Belästigung und des Mobbing wird mit Entschiedenheit abgelehnt. Dabei setzen jene Mitarbeiterinnen und Mitarbeiter den Standard, die sich belästigt fühlen.

> Die Kultur des Miteinanders wird von den Führungskräften geprägt

❗ **Die Institutionalisierung von Gleichstellung hat eine besonders wichtige und förderliche Funktion für das Gender Equality Management. Dies ist v. a. dann der Fall, wenn sie als Unterstützung eingeführt und dann auch entsprechend genutzt und sinngemäß umgesetzt wird. Sie dient als Skelett, das Fleisch und Leben braucht, um wirklich etwas zu bewegen.**

> Institutionalisierung ist eine Unterstützung

So dient z. B. die intern eingerichtete Stelle für Gleichstellung v. a. zum Know-how-Aufbau und zur internen Beratung der Unternehmensleitung und Führungskräfte und **nicht** zur Delegation der Verantwortung für die Umsetzung. Die Aufmerksamkeit dafür liegt auf beiden Seiten: Führungskräfte auf allen Ebenen übernehmen die Verantwortung für Gender Equality Management in ihrem jeweiligen Verantwortungsbereich und nutzen dafür das Know-how der internen Beratungsstelle. Die dafür beauftragte Person sorgt für ein professionelles Beratungsselbstverständnis und organisiert die entsprechenden internen Instrumente und den Aufbau von Kompetenzen im Management.

Idealerweise sind für die Nichterfüllung von verbindlichen Equality Standards klare Konsequenzen vorgesehen.

Beispiel

Ein Unternehmen mit 100 Mitarbeiter/innen setzt einige Maßnahmen zur Förderung der Gleichstellung von Frauen und Männern um. Um diesen Prozess nachhaltig zu verankern, wird nicht nur eine Gleichstellungsbeauftragte eingesetzt, sondern auch eine eigene Betriebsvereinbarung zu diesem Thema zwischen Geschäftsführung und Betriebsrat beschlossen. In dieser sind sowohl die Ziele als auch die konkreten Umsetzungsmaßnahmen festgeschrieben.

4.8   Unternehmenskultur

> Wir brauchen eine Kultur, die Neuem mehr Raum gibt, Verkrustungen aufbricht, Fesseln sprengt. Gemischt und vielfältig zusammengesetzte Teams mit hoher Fachkompetenz sind dafür eine wichtige Quelle. In diesem Sinn können Wissen und Fähigkeiten gut ausgebildeter Frauen noch sehr viel besser genutzt werden. (Dr. Dirk Meints Polter, Vorstand der Fraunhofer-Gesellschaft)

Raum für Neues

Erfolgreiche Projekte zur Gleichstellung – sei es nun z. B. die Durchführung eines Gleichstellungsbefunds oder die Etablierung eines Gleichstellungscontrollings, der Aufbau von GEM Know-how bei Führungskräften oder die Einführung von Jobsharing in den Führungsfunktionen – wirken immer auch auf die Kultur eines Unternehmens: Im besten Fall werden überkommene Vorstellungen und Widerstände abgebaut sowie Nutzen und nachhaltige Verbesserungen erkannt; aus Pilotprojekten entstehen nachhaltige Strukturen und Prozesse.

Alle sind betroffen

Gleichstellungskultur betrifft alle

Die gelebte Gleichstellungskultur eines Unternehmens zeigt sich v. a. im betrieblichen Alltag, dem täglichen Miteinander und in den dort wahrnehmbaren Werten, Normen, Ritualen und Verhaltensweisen. Dabei stellt das Thema ihre Akteur/innen vor ganz besondere Herausforderungen: Jede Person – weil als Mann oder Frau identifiziert – ist betroffen. Alle fühlen sich auch genau deshalb als »Expert/innen«. Das Thema wird verknüpft mit dem Privatleben; sowohl persönliche Erfahrungen als auch (tradierte) Vorstellungen mischen sich in die Analyse und Wahrnehmung des innerbetrieblichen Dialogs. Den Führungskräften kommt auch hier eine besondere Vorbildfunktion zu und ihr glaubwürdiges Commitment und Verhalten ist ein wesentliches Kriterium für die innerbetriebliche Akzeptanz und damit den Erfolg von Maßnahmen und Strategien.

Kommunikation

Kommunikation bewusst gestalten

Um eine gleichstellungsorientierte Unternehmenskultur zu schaffen, bedarf es gezielter Kommunikation und Sensibilisierungsmaßnahmen. Einerseits wird dabei ein Bewusstsein geschaffen für die Problematik traditioneller Rollenerwartungen und Arbeitsteilungsprozesse und die Notwendigkeit gegensteuernder Maßnahmen und Strategien. Andererseits wird Transparenz erzeugt für die Strategien der Leitung und die geplanten Veränderungsprozesse im Unternehmen. Wichtig ist die Botschaft, dass Gleichstellung eine Selbstverständlichkeit im Unternehmen ist und dabei Frauen **und** Männer im Fokus sind. Mögliche Fragen und Bedenken werden offen angesprochen, Ziele und Absichten, Hintergründe und Zusammenhänge, sowie der Nutzen der entsprechenden Maßnahmen und Strategien werden für alle sichtbar gemacht.

Zielgruppen dafür sind sowohl die Führungskräfte aller Ebenen als Verantwortliche für die Gleichstellungsperformance in ihrem jeweiligen Bereich als auch die Mitarbeiter und Mitarbeiterinnen aus allen Bereichen.

Equality Standard

Als Grundlage sämtlicher Kommunikation gilt der Equality Standard für eine chancengerechte Darstellung von Frauen und Männern (▶ Kap. 5). Das betrifft sowohl die Sprache als auch die ausgewählten Bilder und die damit verbundene Darstellung der Geschlechter und -verhältnisse: Frauen und Männer erfahren darin gleichermaßen Respekt und Wertschätzung ohne Festschreibung auf tradierte geschlechterbezogene Rollenerwartungen. Auch für Werbung und Marketing gelten diese Standards, um geschlechterbezogene Klischees und sexistische Aussagen zu vermeiden. Darüber hinaus wird der Tatsache Rechnung getragen, dass Frauen eine wichtige Kundinnenzielgruppe darstellen, die auch gezielt angesprochen werden will.

> **Beispiel**
>
> Die Vorstellungen von Schönheit werden stark über die Darstellung von Frauen (v. a. ihrer Körper) in der Öffentlichkeit, und ganz besonders in der Werbung, geprägt. Die Schönheitsideale sind dabei sichtbar starkem Wandel unterworfen (Marilyn Monroe würde heute von jeder Modelagentur abgelehnt). Die Idealmaße von Models liegen heute weit unter einem gesunden Idealgewicht. Die Weltgesundheitsorganisation würde sie sogar als unterernährt einstufen. Wie sehr die Idealisierung superdünner Körperformen die Selbstwahrnehmung und das Selbstbewusstsein von Frauen beeinflusst, kann am starken Wachstum von Magersucht und anderen Essstörungen v. a. bei jungen Frauen abgelesen werden.
> Die Firma Dove setzt mit Ihrer Initiative »Für wahre Schönheit« ein bewusstes Zeichen gegen den existierenden Schlankheitswahn. Keine Models, sondern Frauen unterschiedlicher Herkunft, unterschiedlichen Alters und Konfektionsgröße sind die neuen Werbeträgerinnen für »wahre Schönheit«.

ideale Schönheit

Kommunikation nach innen

In der internen Kommunikation wird auf transparenten Informationsfluss geachtet. Leistungen und Kompetenzen von Frauen werden wie die ihrer männlichen Kollegen öffentlich anerkannt, das Thema Elternschaft wird bewusst für Mütter **und** Väter kommuniziert und gleichermaßen positiv dargestellt. Väter werden ermutigt, ihre Verantwortung wahrzunehmen, Themen wie Vereinbarkeits- und Flexibilisierungsmaßnahmen werden für Frauen und Männer, auch Führungskräfte, empfohlen. Frauen und Männer werden ermutigt, sich für Tätigkeitsbereiche zu bewerben, die traditionell für ihr Geschlecht als untypisch gelten. Erfolgreiche Rolemodels (sobald vorhanden) werden entsprechend intern veröffentlicht. Gleichstellungsmaßnahmen werden als wichtiger Beitrag zur Wertschöpfung kommu-

Leistungen und Kompetenzen von Männern und Frauen anerkennen

niziert. Die Information dient dabei der Erhöhung eines entsprechenden Problembewusstseins: Aktuelle Daten und Fakten genauso wie erfolgreiche Beispiele werden kommuniziert. Darüber hinaus werden die Entwicklung und der Stand der Veränderungsprozesse regelmäßig dargestellt, so dass Mitarbeiter/innen sich gut informiert und in die Prozesse eingebunden fühlen. Auch die Präsenz der Top-Hierarchie auf Veranstaltungen zum Thema kommuniziert die Bedeutung und das glaubwürdige Interesse an einer konsequenten Umsetzung.

Transparenz und Glaubwürdigkeit

Die Gleichstellungsorientierung wird auch in den Unternehmensgrundsätzen und Zielen, dem Leitbild und der Selbstdarstellung des Unternehmens (z. B. auf der Website) ausgedrückt: Wir achten auf eine gleich-

Kampagne der Fachstelle für Gleichstellung, Stadt Zürich

berechtigte Teilhabe und Teilnahme von Frauen und Männern in allen Bereichen und auf allen Ebenen. Wir schätzen die Gemeinsamkeiten und Unterschiede und legen großen Wert darauf, dass die Talente und Fähigkeiten beider Geschlechter erkannt, gefördert und entsprechend eingesetzt werden.

Kultur wirkt

Die Unternehmenskultur steht in starker Wechselwirkung mit den anderen Handlungsfeldern: Regelmäßige geschlechterbezogene Datenanalysen lassen die Wahrnehmung der Geschlechterverhältnisse zu einer Selbstver-

Handlungsfelder und Kultur in Wechselwirkung

Kampagne der Fachstelle für Gleichstellung, Stadt Zürich

4

Gelebte Gleichstellung wirkt.
Nach innen.
Nach außen.

ständlichkeit werden, Veränderungen in den Ausschreibungs- und Auswahlverfahren, neue Wege in der Weiterbildung, gezielte Adaptierung der Organisationsstrukturen und der Praxis der Arbeitsplatzbewertung, die Unterstützung der Vereinbarkeit von Beruf und Privatleben, partnerschaftliche Arbeitsteilung und konkrete Maßnahmen zur Auflösung der gläsernen Decken wirken auf die Unternehmenskultur – und umgekehrt.

> ### Beispiel
>
> Das Leitbild eines Unternehmens drückt auch seine Unternehmenskultur aus. Eine österreichische Diözese der katholischen Kirche führte ein Gleichstellungsprojekt durch. Auch wenn klar war, dass an bestimmten Rahmenbedingungen von dieser Ebene aus keine Veränderung vorgenommen werden kann (z. B. Öffnung des Priesteramts für Frauen), wurde ein eigenes verbindliches Equality Leitbild entwickelt. Zitat aus der Präambel:
>
> »Der Grundsatz der Gleichstellung von Frauen und Männern in allen betrieblichen Handlungsfeldern leitet die Ämter und Einrichtungen der Diözese, weil wir davon ausgehen,
>
> - dass Frauen und Männer gleich an Würde und Wert sind,
> - dass gemeinsame Arbeit von Frauen und Männern mehr Perspektiven bietet,
> - dass partnerschaftliche Zusammenarbeit motiviert und zufriedener macht und
> - dass Menschen zu führen und Leben zu fördern auch eine spirituelle Aufgabe ist.
>
> Im Besonderen gilt das im Bereich der Personalauswahl und Personalentwicklung, im Zusammenhang mit der Vereinbarkeit von Beruf, Familie und Privatleben sowie im Handlungsfeld partnerschaftlicher Zusammenarbeit.
> In dieser Haltung sind wir verbunden mit dem Gender Mainstreaming.
> 14 konkrete Punkte bilden ein Leitbild, das für unser Arbeiten, Planen und Entscheiden als Wegweiser in Richtung Gleichstellung von Frauen und Männern dient.«

Equality Standards

> Obwohl Gender Mainstreaming einlädt, immer wieder konkrete Ziele zu definieren, gibt es grundsätzliche Fragen, die immer beachtet werden sollen.
>
> Hier werden 4 Standards formuliert, die von allen möglichst gut erfüllt werden sollen. Sie eignen sich auch dafür, zu beobachten und zu beschreiben, wo ein Unternehmen in der Genderfrage aktuell steht.

Gender Mainstreaming wird rund um den Globus eingesetzt. Es handelt sich also um eine weltweite Strategie, was umso erstaunlicher ist, als es sonst in fast keiner entscheidenden weltweiten Frage, eine derartige Klarheit und Einigkeit unter Betroffenen, Interessierten und Fachleuten gibt. Was macht Gender Mainstreaming so attraktiv?

Flexible Strategie…

Die Offenheit und Flexibilität der Strategie ist ein Schlüssel zu diesem Erfolg: Gender Mainstreaming schreibt keinen einheitlichen Maßnahmenkatalog vor, vielmehr stehen für die Entwicklung der jeweiligen Maßnahmen die konkrete Situation und damit konkrete Frauen und Männer im Fokus. Die Akteurinnen und Akteure sehen damit die Chance, die eigene Situation zu bearbeiten und zu verändern. Das erklärt die hohe Motivation, zur Erreichung von guten Ergebnissen beizutragen.

Als Kehrseite dieser Offenheit und Flexibilität taucht die Frage auf, ob in der Gender Mainstreaming Strategie alle Ziele, welche die Geschlechterverhältnisse zum Ausgangspunkt machen, Platz haben. Ist Gender Mainstreaming ein »ergebnisoffenes Konzept«? Die Antwort lautet ganz klar: Nein. Unsere Ausführungen zum Thema »Ziel ist die Gleichstellung« (▶ Kap. 1) zeigen auf, dass es eine klare Zielrichtung gibt, und gleichzeitig, wie vielfältig die Ziele sind, die angestrebt werden sollen.

… mit klarem Ziel

Die Erarbeitung von jeweils konkreten Zielen, die in einer bestimmten Zeit erreicht werden sollen, ist ein wichtiger Schritt im Gender-Mainstreaming-Prozess. Die gute Balance von ambitionierter und realistischer Formulierung zu finden, ist bestimmt das wesentliche Erfolgselement (▶ Kap. 1.4).

5.1   Bedeutung von Equality Standards

5.1.1 Wirkung auf der Gesamtebene

Während adäquate Ziele für einen bestimmten Zeitraum und entweder für das gesamte Unternehmen oder für eine Abteilung ausgehandelt und umgesetzt werden, formulieren die Equality Standards allgemeine Ziele, die auf jeden Fall immer im Blick behalten werden sollen. Sie gelten permanent und für alle, unabhängig davon, ob spezifische Ziele beschlossen sind oder nicht.

Standards sind konkurrenzlos

Diese Equality Standards sind keine Alternative zu den konkreten, zeitlich gebundenen Zielen und Maßnahmen. Die Standards beschreiben allgemeine Themen, die immer von Bedeutung sind. Sie sind also zu beobachten, egal ob Genderprojekte im Gang sind oder nicht. Mit speziellen Projektthemen lassen sie sich sehr gut verbinden.

❗ Keiner dieser Standards kann mittelfristig ignoriert werden, wenn Gleichstellung angestrebt wird. Sie definieren grundsätzliche Anforderungen für die Umsetzung von Gleichstellung.

5.1.2 Aktivitäten zur Umsetzung der Standards

Die Standards sind von der Führung zu beschließen und für das Unternehmen als gültig einzuführen. Sie werden in geeigneter Form kommuniziert. Alle werden zur Diskussion eingeladen, damit ein gemeinsames Verständnis über die Inhalte und den Sinn der Equality Standards entstehen kann.

Aktiv werden für die Standards

In der Folge sind alle Mitarbeiterinnen und Mitarbeiter auf allen Stufen angehalten, dazu beizutragen, dass die Standards auf einem immer ansprechenderen Niveau umgesetzt werden.

In regelmäßigen Abständen wird beobachtet, wie es um die Einhaltung der Standards steht.

5.1.3 Einhaltung der Standards als Gradmesser

Da die Standards für alle gelten, ist der Austausch über Beobachtungen über die (Nicht-)Einhaltung der Standards sehr geeignet, eine gemeinsame Basis im Genderthema zu bilden. Diese gemeinsame Basis ist wesentlich, wenn es darum geht, die Anzahl der im Thema Aktiven zu verbreitern. Die Standards machen auch deutlich, dass das Genderthema eine gemeinsame Verantwortung ist, vor der sich niemand drücken kann.

Wird untersucht, wie es um die Einhaltung und Umsetzung der Equality Standards steht, können Entwicklungen und Veränderungen beobachtet werden. Diese Beobachtungen geben einen ersten Eindruck, in welche Richtung die Entwicklungen gehen: Wird die Entwicklung begrüßt oder entstehen kritische Situationen?

Wie weit sind Standards umgesetzt?

Diese erste Einschätzung ist als Gradmesser zu betrachten. Es sind genauere Analysen vorzunehmen, um die Trends zu widerlegen oder zu erhärten.

5.1.4 Standards als Einstiegshilfe ins Genderthema

Ist noch kein GEM System eingerichtet oder sind noch keine Gender-Analysen und Zielverhandlungen durchgeführt, kann die Einschätzung, inwiefern die Equality Standards bereits eingehalten werden, einen Einstieg ins Thema sein (s. Instrument ▶ Kap. 13).

Standards als Einstieg

Diese erste Beurteilung gibt Hinweise darauf,
- wo bereits eine gute Praxis besteht und sich wohl auch sensibilisierte Mitarbeitende befinden,
- wo noch ein berühmter weißer Fleck zum Genderthema besteht und sorgfältig erste Schritte eingeleitet werden sollen und
- wo Ansätze vorgefunden werden, die systematisch ausgebaut werden können.

5.2   Die Equality Standards im Einzelnen

Die Equality Standards definieren grundsätzliche Anforderungen für die Umsetzung von Gleichstellung. Sie sind zu beschließen und für das gesamte Unternehmen für verbindlich zu erklären. Wir haben sie wie folgt festgelegt:

5.2.1 Geschlechterbezogen differenzierte Daten

Daten geschlechter-
bezogen aufschlüsseln

Grundlage für Entscheidungen auf allen Ebenen und in allen Bereichen bildet immer eine differenzierte (Gender-)Analyse der Ausgangssituation.
- Alle Daten werden geschlechterbezogen differenziert erhoben, interpretiert und ausgewertet.
- Bei den Messinstrumenten und Indikatoren sind die Daten – überall, wo ein Ziel personenbezogen definiert ist – geschlechterdifferenziert zu erheben.

5.2.2 Geschlechtergerechte Sprache und Bilder

»Sprache ist das wichtigste Kommunikationsmedium des Menschen. Mit Hilfe der Sprache erfassen und konstruieren wir unsere Weltansicht, definieren wir uns selbst (…). Sprechen ist immer auch soziales Handeln. Mit Hilfe von Sprache wird eine Wirklichkeit konstruiert, die Frauen häufig benachteiligt, ausschließt und degradiert.« (Senta Trömel-Plötz)

Sprache und Bilder schaffen
Realität

Sprache und Bilder drücken Realität aus und damit auch immer das konkrete Verhältnis der Geschlechter. Eine geschlechtergerechte Sprache (Frauen und Männer werden genannt, geschlechterstereotype Formulierungen und Bilder werden vermieden) und Bilder sind ein wesentlicher Beitrag zu einer chancengleichen Realität.

Sprache und Bilder sind in allen Dokumenten (Leitbild, Marketingmaterialien, Formulare etc.) geschlechtergerecht. Geschlechterstereotype Formulierungen und Darstellungen werden vermieden.

Frauen und Männer
sichtbar machen

Eine geschlechtergerechte Sprache führt zum Sichtbarmachen beider Geschlechter und vermeidet Stereotype. Das bedeutet auch, dass Methoden mit vermeintlich »geschlechtsneutralen« Formulierungen (z. B. Leitung statt Leiter/innen) auf die Funktion fokussieren und die Personen »weglassen«.

Das erfüllt zwar besser den Anspruch, dass die Sprache nicht rein männlich ausgerichtet sein soll (»Mitarbeitende« schließt Frauen mit ein, im Gegensatz zu »Mitarbeiter«), allerdings wird das tatsächliche Verhältnis der Geschlechter damit nicht deutlich. Dadurch kann es passieren, dass nicht von der Realität ausgegangen wird, sondern von Wirklichkeiten, die aufgrund einer »geschlechtsneutralen« Sprache etabliert werden.

Neutrale Formen nur
einstreuen

Diese entsprechen meist wiederum den traditionellen Vorstellungen: Wenn von »Leitung« gesprochen wird, erwarten die meisten, Männer an-

Projektleiter(in) *gesucht*   Projektleiterin *oder* Projektleiter
gesucht

Sprache wirkt

zutreffen, wenn von »Eltern« die Rede ist und z. B. ihrer Pflegeverantwortung, dann denken viele automatisch an die Mütter.

Die Empfehlung für eine geschlechtergerechte Sprache im Sinn unserer Standards heißt: **Methoden anwenden, die beide Geschlechter sichtbar machen.**

Dieser Standard einer geschlechtergerechten Sprache wird hier allgemein formuliert, muss aber natürlich erst in Bezug gesetzt werden zu Ihrer jeweiligen Sprache. Die Frage lautet immer:

- Werden Frauen wie Männer in der von uns verwendeten Sprache ausdrücklich erwähnt?
- Wie wird die Pluralform einer Gruppe von Frauen und Männern gebildet? Wie sorgen wir dafür, dass beide Geschlechter explizit sprachlich abgebildet werden und nicht ein Geschlecht unerwähnt bleibt und »mitgemeint« wird?
- Gibt es allgemeine, vermeintlich »neutrale« Begriffe, die sich aus männlichen Begriffen ableiten (z. B. engl: »mankind«) und wie können diese durch andere Begriffe ersetzt werden (z. B. »humanity«)?

❶ Verschaffen Sie sich eine geeignete Fachpublikation, damit Ihnen der Einstieg ins elegante geschlechtergerechte Formulieren leicht fällt: Wir empfehlen Ihnen den »Leitfaden zur sprachlichen Gleichbehandlung im Deutschen«, der von der Schweizerischen Bundeskanzlei 1996 herausgegeben wurde. Er ist als PDF herunterzuladen: www.admin.ch/ch/d/bk/leitfgle/index.htm Es ist besonders mühsam, bestehende Texte und Formulare zu »korrigieren«. Nutzen Sie die Gelegenheit vor einer Neuauflage und setzen Sie dabei Ihre Erkenntnisse um.

Know-how erweitern

5.2.3 Gleichgestellte Beteiligung an Gestaltung und Entscheidung

Ziel ist eine gleichberechtigte Teilhabe und Teilnahme von Frauen und Männern im Rahmen der Organisationsstruktur und im Rahmen von Projekten, auf allen Ebenen und in allen Bereichen.

**Projekte für die
Gleichstellung nutzen**

Dieses Ziel ist im Rahmen von Projekten besonders gut und v. a. schneller als in der etablierten Organisationsstruktur zu erreichen. Projekte werden für spezifische Themen entwickelt und durchgeführt. Wer im Projekt mitarbeitet, wird ad hoc entschieden. Auch die Hierarchien brauchen nicht 1 : 1 abgebildet zu werden. Deshalb können hier im Sinn des o. g. Ziels Frauen kurzfristig gleichgestellt beteiligt werden. Gezielte Maßnahmen für die Übernahme von Projektleitungen durch Frauen können insgesamt die Beteiligung von Frauen an Gestaltung und Entscheidung deutlich verbessern.

Strategien entwerfen

Im Rahmen der Organisationsstruktur braucht es mittelfristige Strategien, um die Unterrepräsentanz von Frauen auf allen Hierarchieebenen deutlich zu verändern (▶ Kap. 18).

... du könntest die Öffentlichkeitsarbeit am Dienstag, Donnerstag und Samstag übernehmen, ich Montag, Mittwoch und Freitag – dann hätten wir beide mehr Zeit für die Kinder!

Exzellente Arbeitsteilung

Als Standard für dieses Ziel definieren wir:

> **Definition**
> Die verantwortliche Führungskraft sorgt für regelmäßige Information und Transparenz zum aktuellen Stand über die Beteiligung von Frauen und Männern im o. g. Sinn der Gleichstellung (in ihrem Verantwortungsbereich). Die Führungskraft informiert ihre Mitarbeiter/innen und erstattet darüber den eigenen Vorgesetzten Bericht.

5.2.4 Integration von Gleichstellung in die Controllinginstrumente

Gleichstellung findet verbindlichen Eingang in die bestehenden Controllinginstrumente. Dementsprechende Kriterien für das Gleichstellungscontrolling werden etabliert und integriert (z. B. durch eine geschlechterbezogene Budgetanalyse). Bei personenbezogenen Daten werden diese geschlechtersegregiert dargestellt und interpretiert (z. B. Beschäftigungssituation, Fluktuation, Entgeltstufen; Befragung zur Mitarbeiter/innenzufriedenheit; Befragungen der Kund/innen; Feedbackinstrumente für Führungskräfte).

Für die Prüfung der Entwicklung und Fortschritte in Richtung Gleichstellung werden evtl. maßgeschneiderte Instrumente entwickelt.

Gleichstellungscontrolling beobachtet nicht nur Entwicklungen, sondern legt auch jeweils dementsprechende Indikatoren und Zielwerte fest, die es zu erreichen gilt. Aus der Erfolgskontrolle werden Konsequenzen für den nächsten Planungszeitraum gezogen, die gewonnenen Erkenntnisse fließen selbstverständlich in die neuen Maßnahmen und Strategien ein.

❗ ▬ Machen Sie eine Einschätzung, wie gut in Ihrem Unternehmen bzw. in Ihrer Abteilung die vier Equality Standards bereits erfüllt werden (s. Checkliste ▶ Kap. 13).

▬ Konsultieren Sie Projekte, die im Genderthema aufgelegt werden.

▬ Verbinden Sie ein laufendes Projekt auch damit, die Umsetzung eines Standards zu erweitern.

Das GEM System

Eine Landkarte für die professionelle Institutionalisierung von Gleichstellung in Ihrem Unternehmen

Die Verankerung von Gleichstellung in die betrieblichen Strukturen und Prozesse stellt ein wesentliches Handlungsfeld des Gender Equality Management dar. Wir zeigen Ihnen im Folgenden, in welchen Bereichen die Institutionalisierung ansetzt und wie ein vollständig etabliertes GEM System aussieht. Wir entwickeln eine Art Landkarte, die Ihnen als Orientierungshilfe dient. Sowohl für die Frage Ihres aktuellen Standorts, als auch für die Richtung(en), die Sie einschlagen wollen.

Verankerung von Gleichstellung…

Die Institutionalisierung von Gleichstellung stellt eines der wesentlichen 8 Handlungsfelder dar. Grundsätzlich geht es dabei um die Verankerung der Gleichstellung von Frauen und Männern in den Strukturen und Prozessen des Unternehmens. Die Verankerung macht die Gleichstellungsorientierung nachhaltig und unabhängig vom spontanen Goodwill der Entscheidungsträger/innen.

…mit System

Wir möchten Ihnen im Folgenden ein System anbieten, eine Art Landkarte zeichnen, die Ihnen für den professionellen Auf- bzw. Ausbau der Institutionalisierung von Gleichstellung in Ihrem Unternehmen als Orientierung dient.

Die wesentlichen Ziele der innerbetrieblichen Institutionalisierung sind:

- die nachhaltige Etablierung von Instrumenten, Strukturen und Prozessen zur Verbesserung der Gleichstellung von Frauen und Männern,
- die Bereitstellung eines regelmäßigen Monitoring der zentralen Gleichstellungsindikatoren sowie eines Controllings der Gleichstellungsziele in den verschiedenen Bereichen des Unternehmens und
- die gezielte Unterstützung der Führungskräfte bei der Umsetzung von Gender Mainstreaming.

6.1   Die Übersicht

Eine professionelle Institutionalisierung von Gender Mainstreaming beinhaltet Strukturen, Instrumente und Prozesse und braucht ein geeignetes Umfeld, damit diese auch sinngemäß genutzt werden und wirken.

Gleichstellung ist kein Nischenthema

Die Institutionalisierung der Gleichstellung von Frauen und Männern folgt dem Prinzip des Gender Mainstreaming. Das heißt v. a., dass die Herstellung eines ausgewogenen Geschlechterverhältnisses in allen Bereichen und auf allen Ebenen voranzutreiben ist und damit weder als »Nischen-« noch als »Frauenthema« gehandhabt wird. Die entsprechende Form der Institutionalisierung verankert die Verantwortung für die Umsetzung bei den zentralen Akteur/innen, sprich den Führungskräften aller Ebenen (»Top-down«) und aller Bereiche.

Das hier dargestellte System (◘ Abb. 6.1) baut in der Grundstruktur auf einen Vorschlag des Commonwealth Sekretariats auf, das für die politische Gestaltung auf nationaler Ebene entwickelt und 1999 als Gender Manage-

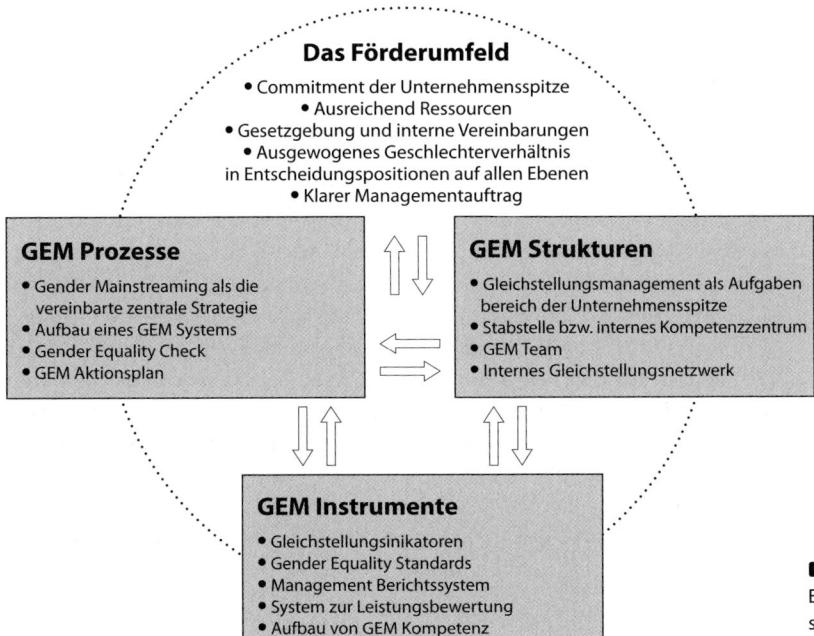

Abb. 6.1.
Eine Landkarte für eine professionelle Institutionalisierung von Gleichstellung

ment System (GMS) veröffentlicht wurde (Commonwealth Secretariat 1999). Es setzt sich aus 4 wesentlichen Bereichen zusammen:

- Umfeld,
- Struktur,
- Instrumente und
- Prozesse.

Diese 4 Bereiche haben wir mit jenen Institutionalisierungselementen beschrieben, die sich in unserer Beratungsarbeit als sehr bedeutsam und förderlich für die Umsetzung der Gleichstellung in einem Unternehmen herausgestellt haben.

6.2   Die Details

Eine aufmerksame und konsequente Gestaltung aller 4 Bereiche des GEM Systems stellt eine wirksame und professionelle Institutionalisierung in Ihrem Unternehmen sicher.

professionelle Gestaltung

6.2.1   Das Förderumfeld

Das Förderumfeld beinhaltet all jene Faktoren, die ganz wesentlich zu einem Gelingen oder auch Scheitern der Institutionalisierung beitragen können. Sie sind so etwas wie der idealerweise fruchtbare Boden für Ihre GEM Strukturen, -Instrumente und -Prozesse und damit relevant für das gedeihliche Wachstum und die tiefe Verwurzelung Ihrer Bemühungen zur Förderung der Gleichstellung.

Glaubwürdiges Commitment der Unternehmensspitze

Verantwortung über-
nehmen und handeln

Gender Mainstreaming ist eine klare Top-down-Strategie. In diesem Sinne trägt das Commitment der obersten Hierarchieebene ganz wesentlich zu einer erfolgreichen Umsetzung bei. Es geht dabei nicht um Lippenbekenntnisse: Commitment heißt in diesem Zusammenhang, als Top Hierarchie Verantwortung für das aktuelle Geschlechterverhältnis und seine (Weiter-) Entwicklung zu tragen. Verantwortung tragen zeigt sich nicht nur in Form formaler Beschlüsse und Vereinbarungen, sondern vielmehr auch am konkreten Handeln sowie in den entsprechenden Entscheidungen, z. B. durch die vorbildliche Umsetzung gesetzlicher Vorgaben, Implementierung innovativer Maßnahmen oder die konsequente Einführung des GEM Systems.

> **Beispiel**
>
> Die Verwaltung einer österreichischen Stadt legt ihre Haltung zur Gleichstellung in einem eigenen Leitbild für Führungskräfte fest:
>
> **Equality Leitbild**
> Berufliche Gleichstellung von Frauen und Männern heißt nicht nur Abbau von Benachteiligung, sondern aktive Förderung von Chancengleichheit. Chancengleichheit ist dann erreicht, wenn Frauen und Männer tatsächlich gleichberechtigt an Information, Bildung, Verantwortung und Bezahlung teilhaben.
>
> Chancengleichheit bringt nicht nur Vorteile für Frauen, auch Männer profitieren davon. Vor allem aber bringt Chancengleichheit einen Gewinn für das Unternehmen als Ganzes:
> - Wenn Frauen und Männer gleichermaßen berücksichtigt werden, wird das Potenzial an qualifizierten Mitarbeiterinnen und Mitarbeitern insgesamt größer.
> - Die unterschiedlichen Kompetenzen, die Frauen und Männer mitbringen, erhöhen die Produktivität der Arbeit.
> - Zufriedene Mitarbeiterinnen und Mitarbeiter erhöhen die Qualität der Arbeitsleistungen.
>
> Chancengleichheit heißt für die Stadtverwaltung:
> - Frauen und Männer werden als gleichwertige und gleichberechtigte Partnerinnen und Partner in der Berufswelt anerkannt.
> - Die positive Einstellung zur Berufstätigkeit der Frauen wird auf allen Hierarchieebenen (v. a. beim Einstieg, beim Aufstieg und in der Aus- und Fortbildung) gefördert.
> - Die Erfordernisse zur Vereinbarung von Beruf und Privatleben von Frauen und Männern werden so weit als möglich berücksichtigt und bei Fragen der Arbeitsorganisation und des Personalwesens mitein-bezogen.

aktive Förderung der
gleichberechtigten Teilhabe

Strategien

Die Herstellung gleicher Chancen für Frauen und Männer im Unternehmen Stadtverwaltung wird auf unterschiedlichen Ebenen verwirklicht.

- Equality Management: Equality Management ermöglicht, Begabungen, Fähigkeiten und Qualitäten von Frauen und Männern zu erkennen, zu fördern und einzusetzen. Damit werden Schranken abgebaut
  und die vorhandenen Ressourcen optimal eingesetzt. Bestehende
  Benachteiligungen werden u. a. auch durch zielgruppenspezifische
  Angebote (z. B. Weiterbildungsangebote für weibliche Führungskräfte) beseitigt. Das Unternehmen Stadtverwaltung hat im Jahr
  2000 an einem Audit Equality Management teilgenommen. Die Umsetzung der Ergebnisse des Zertifizierungsverfahrens »Total E-Quality
  Management« wird kontinuierlich vorangetrieben. Das vorliegende
  Handbuch ist ein Teil davon.
- Gender Mainstreaming: Gender Mainstreaming bedeutet, die geschlechterspezifische Sichtweise in allen politischen und gesellschaftlichen Bereichen als Standard zu verankern, um Chancengleichheit
  für beide Geschlechter im Zugang zu Ressourcen und Entscheidungs-
  macht zu erreichen. Damit ist eine Strategie beschrieben, bei der in
  allen Arbeitsbereichen, bei Konzepten und für Maßnahmen die Auswirkungen auf Frauen und Männer berücksichtigt werden.
- Frauenförderplan: Der Gemeinderat hat im November 2002 den
  Frauenförderplan beschlossen. Mittels konkreter Maßnahmen geht
  es hier um die Beseitigung bestehender Benachteiligungen und bestehender Unterrepräsentationen von Frauen. Ein Stufenplan legt ein
  schrittweises Vorgehen fest.

*Strategien auf unter-
schiedlichen Ebenen*

Ernst gemeintes Commitment der Unternehmensleitung zeigt sich auch in
der Ausgestaltung der folgenden Punkte:

Ausreichend menschliche und finanzielle Ressourcen

Die effektive Umsetzung von Gender Equality Management erfordert
Ressourcen. Das Ausmaß der Ausstattung mit Ressourcen ist immer ein
geeigneter Gradmesser für die Ernsthaftigkeit des bestehenden Commitments. **Ausreichend** menschliche und finanzielle Ressourcen kann in
diesem Zusammenhang also nur **zusätzliche** Mittel bedeuten und nicht
zusätzliche Aufgaben für bestehende Strukturen und Funktionen. Letzteres
wird in vielen Bereichen praktiziert, wenn es um die Umsetzung von Gender Mainstreaming im jeweiligen Umfeld geht: Bestehende Strukturen und
Funktionen (z. B. »Gleichstellungsbeauftragte«, Personalabteilung oder
Betriebsrat) werden mit zusätzlichen Aufgaben betraut, jedoch ohne Auf-
stockung der bestehenden Ressourcen. Die Ausstattung mit ausreichenden
Ressourcen ist selbstverständlich auf allen Ebenen der Institutionalisierung
notwendig. Es bleibt noch die Frage, woher diese Ressourcen kommen
sollen. Im Sinn der Querschnittstrategie Gender Mainstreaming ist selbst-

*Ressourcen als Indikator
für die Ernsthaftigkeit des
Commitments*

verständlich, dass diese Ressourcen **nicht** aus »Frauenförderungsmitteln« genommen werden, sondern einen eigenständigen Bestandteil im Budget darstellen.

Gesetzgebung und interne Vereinbarungen

Das Förderumfeld für die Umsetzung von GEM beinhaltet auch einen rechtlichen Rahmen, der frei ist von geschlechterdiskriminierenden Wirkungen von Bestimmungen und der Frauenrechte als Menschenrechte verankert.

Verbindlichkeit herstellen

Aufgabe der Institutionalisierung ist auch, die fundierte Gender Analyse als verbindlichen Bestandteil interner Vereinbarungen und Vorgaben zu machen und damit zu ermöglichen, dass in allen Bereichen die unterschiedlichen Interessen und Bedürfnisse von Frauen und Männern Berücksichtigung finden. Darüber hinaus wird sichergestellt, dass gleichstellungsorientierte Maßnahmen und Strategien in allen Bereichen entwickelt werden.

Die Gleichstellungsziele sind prominent in Betriebsvereinbarungen und Unternehmensgrundsätzen (o. Ä.) verankert.

Beispiel

Auszug aus der Konzernbetriebsvereinbarung zur Gleichstellung und Chancengleichheit eines großen deutschen Konzerns

Zwischen der … und dem Konzernbetriebsrat wird zur Förderung der Gleichstellung und Chancengleichheit folgende freiwillige Betriebsvereinbarung geschlossen.

Präambel

Gleichstellungspolitik als Voraussetzung für den Konzernerfolg

Die Existenz und das Leben einer Gleichstellungspolitik ist eine wesentliche Voraussetzung für den Erfolg eines international agierenden Konzerns, und zwar nach innen und außen. Voraussetzung für ein faires, gleichberechtigtes und wertschätzendes Zusammenarbeiten zwischen Frauen und Männern in den Unternehmen ist u. a. das Wissen um unterschiedliche Sozialisation sowie Vorurteile und Rollenklischees. Die … und der Konzernbetriebsrat bekennen sich zukunftsorientiert zur Gleichstellung von Frauen und Männern und deren Chancengleichheit.

1. Zielsetzung

Mit dieser KBV soll konzernweit die Implementierung des Gender Mainstreaming und damit die Chancengleichheit von Frauen und Männern gefördert werden. Diese KBV leistet u. a. einen konkreten wertschöpfenden Beitrag

- zur Verbesserung der Beschäftigtenstrukturen,
- zur Mitarbeiterinnen- und Mitarbeiterzufriedenheit und
- zu Best Practice.

Der Wiedereinstieg während und nach der Familienphase sowie die partnerschaftliche Zusammenarbeit von Frauen und Männern werden durch diese KBV gefördert.

▼

Die Parteien sind sich darin einig, dass zur Erreichung der ambitionierten Ziele erhebliche Anstrengungen erforderlich sind. Die Konzernunternehmen verpflichten sich mit dieser KBV, umgehend Maßnahmen zu ergreifen, die die Zielerreichung nachhaltig begünstigen. Die Mitbestimmungsrechte bleiben unberührt.

(…)

3. Maßnahmen

Die unter a) bis c) aufgeführten sowie ggf. weitere Maßnahmen sind unter Beteiligung des jeweiligen Betriebsrats in Anwendung des BetrVG umzusetzen:

a) Wo Frauen unterrepräsentiert sind, sind diese grundsätzlich bevorzugt einzustellen.

b) Zur Sicherstellung der weitreichenden Ziele, die mit dieser KBV erreicht werden sollen, ist in allen Konzernunternehmen eine Funktion »Gleichstellungsbeauftragte« zu realisieren.

c) Die Konzernunternehmen verpflichten sich, unter Beachtung der spezifischen Erfordernisse und unternehmensinternen Gegebenheiten, Qualifizierungskonzepte für alle Beschäftigtengruppen (fort-) zu entwickeln, die die Realisierung von Chancengleichheit im Unternehmen sicherstellen. Zur Unterstützung dient der »Maßnahmenkatalog zur Gleichstellung und Chancengleichheit im Konzern …« in seiner jeweiligen Fassung. Sie enthält Anregungen für mögliche Maßnahmen, die unter Beachtung der Besonderheiten des jeweiligen Unternehmens die Umsetzung der Gleichstellung und Chancengleichheit unterstützen sollen. Welche der Maßnahmen zum Tragen kommen, liegt im Verantwortungsbereich des jeweiligen Unternehmens.

4. Monitoring

Unternehmensbezogen werden Strukturdaten ermittelt und jährlich fortgeschrieben, die geeignet sind, Aufschluss über die Entwicklung der Chancengleichheit zu geben. Den Betriebsräten sind zu ihrer Aufgabenerfüllung die gewonnenen Informationen zur Verfügung zu stellen. Diese Daten münden in den Gleichstellungsreport des Konzerns.

(…)

nachhaltige Zielerreichung

Ausgewogenes Geschlechterverhältnis in Entscheidungspositionen auf allen Ebenen

Das ausgewogene Geschlechterverhältnis oder zumindest die Repräsentanz von Frauen besonders auch in Top-Managementpositionen ist ein weiterer kritischer Faktor, der Einfluss hat auf das Gelingen eines GEM Systems. In Organisationen, die deutlich männerdominiert sind, ist es schwieriger eine Unternehmenskultur zu entwickeln, die für die Umsetzung der Gleichstellung von Frauen und Männern förderlich ist.

Auch im Jahr 2008 sind Frauen noch immer stark unterrepräsentiert, wenn es um Entscheidungspositionen auf höherer Ebene geht. Die Institutionalisierung von Gleichstellung will dazu beizutragen, dass Frauen an den relevanten Entscheidungsprozessen gleichberechtigt teilhaben.

Erfolgsfaktor »Frauen in Top-Positionen«

GEM als selbstverständlicher Teil der Führungsphilosophie

Klarer und verbindlicher Managementauftrag

Schließlich zeigt sich ein glaubwürdiges Commitment der Unternehmensspitze in einem klaren und verbindlichen Auftrag an ihr Management. Gender Equality Management ist selbstverständliches Element der Führungsphilosophie, es existieren klare Zielvorgaben und entsprechende Unterstützung bei der Umsetzung. Die Verantwortung für die Gleichstellungsperformance liegt ganz klar bei den Führungskräften und ist verbindlicher Teil der Erfolgskriterien.

6.2.2 Die GEM Strukturen

Die GEM Strukturen sollen im Wesentlichen sicherstellen, dass bei der Entwicklung, Analyse und Implementierung von Unternehmensentscheidungen in allen Bereichen und auf allen Ebenen die Gleichstellung von Frauen und Männern gezielt einbezogen wird.

Gender Equality Management als eigenständiger Aufgabenbereich der Unternehmensspitze

Solange Gleichstellung noch nicht in allen Bereichen realisiert ist, braucht es eine Struktur, die für die Förderung und Weiterentwicklung Richtung Zielerreichung wesentliche Impulse setzt, für den nötigen Know-how-Aufbau und -Transfer sorgt usw. Daher wird Gender Mainstreaming als eigenständiger Aufgabenbereich einer der Top-Führungskräfte unterstellt (idealerweise bei der verantwortlichen Person für »Personal«).

Verankerung beim Top-Management

Die wichtigsten Funktionen:
- die Leitung des Aufbaus und der Umsetzung des gesamten GEM Systems,
- die Gesamtkoordination und das Monitoring,
- das Einbringen der Gleichstellungsorientierung in die Politiken, Pläne und Aktivitäten der Unternehmensleitung,
- eine beratende Rolle innerhalb der Unternehmensleitung,
- die Organisation des Informationsflusses zu Gleichstellungsfragen zu den Kolleg/innen der Unternehmensspitze, allen Bereichen und Ebenen sowie
- die Förderung des konstruktiven Dialogs innerhalb des Betriebs.

Stabsabteilung bzw. -stelle für Gender Mainstreaming

interne Beratung

Angesiedelt als beratende Stelle und internes Kompetenzzentrum für die Unternehmensleitung unterstützt die Stabsabteilung bzw. -stelle (je nach Unternehmensgröße) den gesamten Implementierungsprozess. Ihre wesentlichen Funktionen sind:
- Sammlung, Entwicklung und Verbreitung von Information, unterstützenden Materialien und Instrumenten für die Implementierung der Gleichstellung der Geschlechter in allen Bereichen,

- Beratung und Unterstützung der Unternehmensleitung bei der operativen Umsetzung ihrer Gleichstellungsziele,
- interne Gender Expert/innen, die die Entwicklung von gleichstellungsorientierten Strategien und Maßnahmen in allen Bereich unterstützen; z. B. durch Know-how-Transfer, Beratung, bereichsspezifische Analyse von »gender gaps« usw. und

interne Expertise

- Anlaufstelle für Information und Beratung für Führungskräfte aller Bereiche.

> » Gleichstellungsmanagement bringt Energie ins Unternehmen, weil es die Auseinandersetzung mit den unterschiedlichsten Interessenslagen fördert und konkrete Maßnahmen fordert. Ein Ergebnis ist die Einsetzung einer »Equality Beauftragten«. «
> Christian Rachbauer, Geschäftsführer von Pro mente Österreich

GEM Team

Das GEM Team umfasst alle wesentlichen Bereiche, die von besonderer Bedeutung sind für die Erreichung der Gleichstellungsziele. Dazu gehören der bzw. die Geschäftsführer/in (oberste Managementfunktion), die für die unternehmensweite Umsetzung verantwortliche Führungskraft, die Leiterin oder Leiter der Stabsabteilung für Gender Mainstreaming und Vertreter/innen aus allen Bereichen und Ebenen des Betriebs (inkl. Arbeitnehmer/innenvertretung).

unternehmensweite Steuerung

Wesentliche Funktionen:
- Entwicklung des konkreten GEM Systems, maßgeschneidert für Ihr Unternehmen,
- entscheidende Rolle bei der jährlichen Gender Analyse (Gender Equality Check), der Entwicklung von Schwerpunkten und Entwicklung eines Vorschlags für den GEM Aktionsplan,
- Entwicklung von klaren Indikatoren für die Zielerreichung in den unterschiedlichen Bereichen,
- Entwicklung von klaren Zeitrahmen für die Umsetzung,
- Sicherstellung der Implementierung von Gleichstellungszielen in allen Bereichen,
- Entwicklung und Vorgabe von bereichsspezifischen Zielen und
- Verbreitung von Information.

Internes Gleichstellungsnetzwerk

Bei mittleren bis großen Unternehmen empfiehlt sich über das GEM Team hinaus der Aufbau eines unternehmensweiten Netzwerks für die Verbreitung von Information und den Aufbau von Know-how. Die darin verbundenen Personen können Führungskräfte sein oder andere Mitarbeiter/innen, die geeignet sind, als Informationsdrehscheibe zu fungieren.

Netzwerk aufbauen

6.2.3 GEM Instrumente

Eine erfolgreiche Umsetzung der Gleichstellung braucht entsprechende Instrumente. Die konkrete Ausgestaltung dieser Instrumente ist immer auch abhängig von den unternehmensinternen Rahmenbedingungen, doch sind aus unserer Sicht die folgenden Elemente besonders gut geeignet, das Erreichen der Gleichstellungsziele zu unterstützen:

Klar definierte Gleichstellungsindikatoren

Fortschritt messbar machen

Die (Nicht-)Erreichung der Gleichstellung von Frauen und Männern ist immer auch an verschiedenen Kennzahlen bzw. Indikatoren ablesbar. Basis für die Durchführung des jährlichen Gender Equality Checks (s. ► Kap. 6.2.4) bilden eine Reihe von Indikatoren, die im GEM Team vereinbart werden und in Folge Grundlage für das regelmäßige Monitoring und Controlling darstellen. Das Hinzuziehen von Gleichstellungsexpert/innen für die Entwicklung dieses Indikatoren-Sets ist empfehlenswert.

Mögliche Indikatoren dabei sind (► Kap. 17):

- Geschlechterverhältnis in den verschiedenen Bereichen des Unternehmens und dessen Entwicklung,
- Geschlechterverhältnis in den verschiedenen Qualifizierungsniveaus der Beschäftigten,
- Geschlechterverhältnis und seine Entwicklung in ausgewählten Weiterbildungsbereichen (z. B. Potenzialträger/innenpool) und
- Gläserne Decken Index für verschiedene Ebenen und Bereiche.

> **»** Ein sorgfältig geführter und top-down-gestützter Prozess für die Einführung eines Gleichstellungsmanagements wirkt für unsere ganze Organisation integrierend und trägt wesentliche Elemente zu einem gemeinsamen Kultur- und Führungsverständnis bei. **«**
> Dalia Schipper, Direktorin des Eidgenössischen Hochschulinstituts für Berufsbildung EHB

Verbindliche unternehmensweite Equality Standards

klare Standards definieren

Verpflichtend für alle Mitglieder und Mitarbeiter/innen werden verbindliche Standards festgelegt, deren Einhaltung auch überprüft wird. Diese Standards können z. B. sein:

- die grundsätzlich geschlechterbezogene Erfassung, Aufbereitung und Analyse aller personenspezifischen Daten,
- eindeutige Vorgaben für eine geschlechtergerechte Sprache in Wort und Bild (z. B. bei sämtlichen Formularen und öffentlichen Dokumenten, bei Kampagnen),
- klare Vorgaben für die Zusammensetzung von Teams und
- die geschlechtergerechte Gestaltung von Produkten und Leistungen (Details zu den Equality Standards ► Kap. 5).

Verbindliches Management Berichtssystem

Führungskräfte auf allen Ebenen der Hierarchie (inkl. Unternehmensspitze) sind die Verantwortlichen für die Gestaltung der Geschlechterverhältnisse in ihrem jeweiligen Bereich. Für eine erfolgreiche Implementierung des GEM Systems ist wesentlich, dass die Führungskräfte regelmäßig Bericht erstatten müssen über ihre Gleichstellungsperformance: ihre Ziele, Aktivitäten und Ergebnisse. Diese Pflicht zur Berichterstattung ist gekoppelt mit einem System zur Leistungsbewertung.

Gleichstellungsperformance darstellen

System zur Leistungsbewertung

Dieses System soll einerseits die Leistungserfüllung anhand der Zielvorgaben prüfen und andererseits dazu beitragen, Benchmarks für Good Practise innerhalb des Unternehmens zu etablieren. Denkbar sind interne Auszeichnung für besonderes Engagement und Erfolge. Neben der Kommunikation und Verbreitung von guten Beispielen beinhaltet die Leistungsbewertung auch Sanktionen für die Nichteinhaltung von Vorgaben.

Aufbau von GEM Kompetenz

Der Aufbau von Kompetenz im Bereich des Gender Equality Management ist wesentlicher Bestandteil eines GEM Systems. Dieser Aufbau erfolgt systematisch für alle Ebenen und Bereichen.

GEM Kompetenz aufbauen

Zentrale Zielgruppe sind dabei die Führungskräfte als Verantwortliche für die Umsetzung, beginnend bei den Mitgliedern der Unternehmensleitung Top-down zur untersten Hierarcheebene.

Es geht dabei um eine grundsätzliche Begriffsklärung und ein Verständnis der Strategie des Gender Mainstreaming, für die bestehenden Stärken und Schwächen im Betrieb und der Handlungsnotwendigkeiten auf der jeweiligen Ebene. Die wesentlichen Inhalte bilden Bewusstseinsbildung, Know-how-Transfer und die Kenntnis des gesamten GEM Systems und seiner Umsetzung.

Der Aufbau der Kompetenzen erfolgt über Training, Coaching und Beratungsprozesse.

Mittelfristig soll der Aufbau von GEM Kompetenz Bestandteil jeder Grundausbildung für Mitarbeiter/innen und Führungskräfte sein.

6.2.4 GEM Prozesse

Gender Mainstreaming als die vereinbarte zentrale Strategie

Wie schon weiter oben erwähnt, beruht die hier vorgestellte Landkarte zur Institutionalisierung auf Gender Mainstreaming als zentraler Strategie für alle Planungs- und Entwicklungsprozesse. Als Querschnittsstrategie gibt sie damit vor, dass alle Entscheidungen in allen Bereichen und auf allen Ebenen die Gleichstellung von Frauen und Männern integrieren müssen.

Aufbau der Strukturen, Instrumente und Prozesse

Schrittweise
Implementierung

Der Aufbau des gesamten GEM Systems, also sämtlicher Strukturen, Instrumente und Prozesse, stellt den wichtigsten Prozess der Implementierung dar. Hier gilt es, mit großer Sorgfalt für die Umsetzung zu sorgen, von der schrittweisen Implementierung der Struktur und dem Kompetenzaufbau bei den relevanten Akteur/innen bis zur Einführung der Instrumente und Prozesse. Auch der Kommunikation kommt hier eine wesentliche Rolle zu, damit die Institutionalisierung in allen Schritten erfolgreich stattfinden kann.

Der gesamte Prozess wird vom leitenden Mitglied der Unternehmensführung und dem GEM Team koordiniert und vorangetrieben.

Ein System von unterschiedlichen Institutionalisierungsmaßnahmen, wie es hier vorgestellt wird, versteht sich nie als fix und unbeweglich. Bei der Umsetzung wird auch darauf zu achten sein, in welchen Bereichen noch Adaptierungsbedarf besteht, um die bestmögliche Umsetzung sicherzustellen.

Gender Equality Check

jährliche Bewertung
der Gleichstellungs-
performance

Eine jährliche Bewertung der Gleichstellungsperformance schließt Monitoring und Controlling der klar definierten Ziele mit ein. Dieser jährliche Gender Equality Check bildet die Grundlage für die Festlegung von Zielen und Maßnahmen (▶ GEM Aktionsplan, s. unten).

Der Gender Equality Check beinhaltet
- die Aufbereitung und Analyse
  - der geschlechterbezogenen Daten entsprechend den vereinbarten Indikatoren sowie
  - der qualitativen Daten zur Klärung des »Warum« und »Was« der Gender Gaps und Vorschläge für konkrete Strategien zur Veränderung
- die Darstellung der Entwicklung in den verschiedenen Bereichen sowie
- die Prüfung, ob die klar definierten Gleichstellungsziele in den unterschiedlichen Bereichen erreicht wurden.

Gleichstellungs-
management als
Qualitätssicherung

> » Gleichstellungsmanagement dient Schweizer Radio DRS der Qualitätssicherung. Nur wenn Männer UND Frauen über Politik und Wirtschaft, Wissenschaft und Kultur u. a. m. berichten, kann Schweizer Radio DRS geschlechtergerechte Programme liefern. «
> Walter Rüegg, Direktor

Die Ergebnisse werden sowohl im GEM Team als auch in den jeweiligen Bereichen diskutiert und mit entsprechenden Vorschlägen für die weitere Umsetzung versehen. Diese werden dann letztlich im GEM Team zu einem Vorschlag für die Unternehmensleitung zusammengefasst. Letztere trifft die Entscheidung für den kommenden GEM Aktionsplan.

Als Unterstützung für die Durchführung des Gender Equality Checks stehen Ihnen eine Reihe von Instrumenten zur Verfügung (Details dazu finden Sie im dritten Teil des Buches, der Managementtools vorstellt, ab ► Kap. 10). Wählen Sie jene für Ihren Gender Equality Check aus, die Ihren Vorstellungen und Gegebenheiten am besten entsprechen.

maßgeschneiderte Gestaltung des Gender Equality Checks

Beispiel

In einem Verwaltungsbetrieb wurde ein maßgeschneidertes Instrument zur regelmäßigen Überprüfung der Gleichstellung auf unterschiedlichen Ebenen eingeführt. Die Struktur der Verwaltung beinhaltet verschiedene Abteilungen, die wiederum in mehrere Ämter unterteilt sind. Darauf baut das Instrument auf:

Equality Check

Der Frauenförderplan des Unternehmens legt fest, dass Abteilungsvorständ/innen alle 2 Jahre einen Bericht über den Fortschritt im Bereich der Frauenförderung vorzulegen haben. Der Equality Check dient als Unterstützung dabei. Er ist die Basis für den Bericht im Sinne des Frauenförderplans und gleichzeitig ein Instrument, um die Ziele des Frauenförderungsplans auch tatsächlich zu erreichen.

Durchführung des Equality Checks
Personalstatistik
Im Januar des Berichtsjahres (beginnend mit Januar 2004, danach alle 2 Jahre) erhalten die Abteilungsvorständ/innen vom Personalamt eine aktuelle Statistik zur Beschäftigungssituation in der Abteilung. Darin ist die Aufteilung von Frauen und Männern nach Verwendungs- bzw. Entlohnungsgruppen ebenso enthalten wie das Beschäftigungsausmaß (also Vollzeit oder Teilzeit). Außerdem wird eine Darstellung der in den letzten beiden Jahren konsumierten Aus- und Fortbildungsangebote (unterteilt in Grundausbildung, fachspezifische Schulungen, EDV-Schulungen, Persönlichkeitsbildung, Programm für (Nachwuchs-)Führungskräfte, Tagungen bzw. Infoveranstaltungen) übermittelt.

Equality Check in den Dienststellen
In einzelnen Dienststellen der Abteilungen sollen Equality Checks mit dem Schwerpunkt der Förderung einer partnerschaftlichen Zusammenarbeit zwischen Frauen und Männern durchgeführt werden. Fragen zur Zusammenarbeit zwischen Frauen und Männern wie zur Vereinbarkeit von Beruf und Privatleben werden in einer Besprechung gemeinsam mit den Mitarbeiter/innen der Dienststelle besprochen. Hierbei werden auch Ziele und Maßnahmen für das kommende Jahr festgelegt, die in knapper schriftlicher Form als Bericht an den Abteilungsvorstand bzw die -vorständin übermittelt werden. Auszug aus den Fragestellungen des Equality Checks in den Dienststellen:

- Verteilung von Aufgaben und Sonderaufgaben (z. B. Projektleitung),
- Nutzungsverhalten der Möglichkeiten zur Vereinbarkeit von Privatleben und Beruf,

Schwerpunkt partnerschaftliche Zusammenarbeit

> - geschlechterbezogene Arbeitsteilung,
> - Förderung der partnerschaftlichen Zusammenarbeit,
> - Umgang mit sexueller Diskriminierung, Mobbing und Belästigung,
> - Festlegung von Verbesserungszielen für die kommenden 2 Jahre und
> - Umsetzung von konkreten Maßnahmen.
>
> **Equality Check in der Abteilung**
> Grundlagen für den Equality Check der Abteilung sind zum einen die Personalstatistik, zum anderen die Ergebnisse der Dienststellen Equality Checks. In einer gemeinsamen Besprechung diskutieren Abteilungsvorständ/in und Amtsleiter/innen Festlegungen für die kommenden 2 Jahre. Die schriftliche Dokumentation der Abteilungsbesprechung ist gleichzeitig jener Bericht, der laut Frauenförderplan zu erstellen ist.
> Auszug aus den Fragestellungen des Equality Checks auf Abteilungsebene:
> - Gender Analyse der Personal- und Weiterbildungsdaten; wo gibt es auffällige Unterschiede zwischen Männern und Frauen?
> - Analyse der Ergebnisse aus den Equality Checks der Dienststellen: Gemeinsamkeiten und Unterschiede, Förderstrategien, Verbesserungsmaßnahmen, Umgang mit Diskriminierungen;
> - Ziele und Maßnahmen für die kommenden 2 Jahre (Berichtsperiode).

Gender Analyse und nachhaltige Verbesserung

GEM Aktionsplan

Der GEM Aktionsplan beinhaltet die Gleichstellungsziele für die unterschiedlichen Bereiche sowie geplante Aktivitäten und Projekte, die kurz- (innerhalb des nächsten Jahres) bis mittelfristig (innerhalb von 5 Jahren) umzusetzen sind.

Teil des Aktionsplans können auch Schwerpunkte sein, die für das kommende Jahr im Mittelpunkt stehen, um die Gleichstellung in bestimmten Handlungsfeldern besonders voranzutreiben. Das können inhaltliche Schwerpunkte sein (wie z. B. zum Thema ausgewogenes Geschlechterverhältnis in Führungspositionen oder Recruiting) bzw. Schwerpunkte, um das GEM System weiter aufzubauen und zu stärken (z. B. durch Maßnahmen Richtung Förderumfeld, den Kompetenzaufbau bei den Führungskräften oder die Einführung des Managementberichtsystems).

Die Umsetzung des GEM Aktionsplans erfolgt in allen Bereichen und auf allen Ebenen. Dazu werden die hier definierten Ziele und Handlungsfelder auf die jeweiligen Bereiche heruntergebrochen und mit den spezifischen Zielen und Aktivitäten des Bereichs ergänzt. Alle relevanten Akteur/innen sowie alle anderen Mitarbeiter/innen werden gezielt und umfassend informiert und in die erfolgreiche Umsetzung miteinbezogen.

Umsetzung auf allen Ebenen

Ihre nächsten Schritte

Die Implementierung des GEM Systems stellt einen besonders wichtigen Schritt dar, um die Gleichstellung von Frauen und Männern auf allen

Ebenen und in allen Bereichen nachhaltig zu verankern und gezielt voranzutreiben.

Ihre nächsten Schritte könnten sein:

- ▬ Überprüfen Sie den Stand der Institutionalisierung in Ihrem Unternehmen: Welche Elemente sind bereits vorhanden? Welche fehlen noch?
- ▬ Überlegen Sie, welche nächsten Institutionalisierungsschritte in Ihrem Betrieb am wirksamsten für die Gleichstellung von Frauen und Männern sind?
- ▬ Wie können Sie die Umsetzung dieser Schritte organisieren?

Eine konkrete Unterstützung für diese nächsten Schritte bietet Ihnen »Der Wegweiser zum GEM System« (▶ Kap. 15).

Wo stehen Sie derzeit?

II

Teil II   Die zentralen Akteur/innen sind die Führungskräfte

Die Verantwortung der Führungskraft

> Max Webers Verständnis von Ethik wird auf die Verantwortung der Führungskraft angewendet.
>
> Weshalb sollte aber eine Führungskraft sich überhaupt mit der Geschlechterfrage beschäftigen, wo sie doch so viele Aufgaben zu bewältigen hat? Die guten Gründe, die bereits in der Kernaufgabe einer Führungskraft liegen, werden in einem Überblick dargestellt.

Über Verantwortung zu sprechen, ist immer wieder riskant. Der deutsche Soziologe Max Weber hat uns mit seinem Verständnis von Ethik, das er zu Beginn des 20. Jahrhunderts entwickelt hat, eine Brücke gebaut. Er sieht 2 Richtungen, wie Ethik verstanden und gelebt werden kann: als Gesinnungsethik oder als Verantwortungsethik.

7.1 Ethik der Verantwortung

Gesinnungsethik

Bei der Gesinnungsethik sieht sich die handelnde Person selbst im Zentrum der Wahrnehmung. Sie übernimmt die Verantwortung für die Motive, den Willen, die Absicht und das Gewissen im eigenen Handeln.

> **Beispiel**
>
> **Gesinnungsethik**
> Herr X ist Mitglied der obersten Führung eines mittleren Betriebs und für die Finanzen und das Personal zuständig. Auf seiner Ebene sind ausschließlich Männer beschäftigt, was kritisiert wird. Es soll bei einem nächsten Wechsel darauf geachtet werden, dass auch in Bezug auf die Geschlechterzusammensetzung eine Veränderung stattfinden kann.
> Ein Mitglied wechselt in eine andere Firma, es wird ein Ersatz gesucht. Der ordentliche Recruiting-Prozess findet 3 Männer in der engsten Auswahl. Herr Y, ein interner Bewerber, wird befördert.
> Auf die Geschlechterzusammensetzung angesprochen, sagt Herr X, er hätte gerne eine Frau angestellt.
> Der Standardsatz für die Gesinnungsethik heißt: Das habe ich (nicht) gewollt.

Das habe ich (nicht) gewollt

Verantwortungsethik

Bei der Verantwortungsethik hat die handelnde Person diejenige Situation im Blick, die sie mit ihrem Handeln oder nicht Handeln gestaltet. Sie übernimmt die Verantwortung für die Folgen ihres Handelns – für Beabsichtigtes und Nichtbeabsichtigtes.

> **Beispiel**
>
> **Verantwortungsethik**
> Herr X ist Mitglied der obersten Führung eines mittleren Betriebs und für die Finanzen und das Personal zuständig. Auf seiner Ebene sind ausschließlich Männer beschäftigt, was kritisiert wird. Es soll bei einem
> ▼

nächsten Wechsel darauf geachtet werden, dass auch in Bezug auf die Geschlechterzusammensetzung eine Veränderung stattfinden kann.

Herr X erkundigt sich bei Fachpersonen, was zu tun ist, um die Chancen zu erhöhen, bei einer nächsten Gelegenheit, auch Frauen vorschlagen zu können (▶ Kap. 18.2). Zusammen mit der Personalabteilung und den Kollegen im Führungsgremium wird eine Strategie entwickelt.

Ein Mitglied wechselt in eine andere Firma, es wird ein Ersatz gesucht. Der ordentliche Recruiting-Prozess findet 2 Männer und eine Frau in der engsten Auswahl. Herr Y, ein interner Bewerber, wird befördert.

Auf die Geschlechterzusammensetzung angesprochen, sagt Herr X, er hätte gerne eine Frau angestellt. Leider hätten die zwischenzeitlichen Anstrengungen noch nicht gefruchtet.

Er wünscht sich, dass die Zielvorgaben konkreter und verbindlicher formuliert werden und die vorbereitenden Anstrengungen nochmals auf ihre Wirksamkeit überprüft werden.

Der Standard-Kommentar für die Verantwortungsethik lautet: Das ist entstanden. Dafür trage ich die Verantwortung.

> Dafür trage ich die Verantwortung

Dieser Unterschied ist für die Umsetzung der Gender Mainstreaming Strategie sehr wichtig. Wir können einerseits davon ausgehen, dass wir alle das Geschlechterverhältnis ständig mitgestalten, weil alle ja Teil dessen sind. Andererseits ist auch deutlich, dass wir nicht alle unsere Handlungen, die sich auf das Geschlechterverhältnis auswirken, immer mit voller Absicht, klaren Motiven und umfänglich informiert ausführen. Wenn wir z. B. mit den aktuellen Situationen noch nicht zufrieden sind, ist offen, ob dahinter ein feststellbarer Wille von Handelnden steht. Deshalb ist die Frage »Wer ist schuld?« nicht zielführend. Interessant ist aber auf jeden Fall die Frage: »Wer trägt die Verantwortung?«

> Nicht Frage der Schuld, sondern der Verantwortung

Die Beschreibung der Verantwortungsethik legt nahe, dass die Entscheidenden auch für die Resultate ihre Aktivitäten die Verantwortung übernehmen. Die Entscheidenden sind im Wesentlichen die Führungskräfte. Da Gender Mainstreaming eine Top-down-Strategie ist, dürfen die Verantwortlichen keinesfalls wegschauen. Sie sind zuständig für Handeln, Zulassen und Nichthandeln. Sie sind verantwortlich für die konkrete Situation, wie sie sich zeigt.

> Führungskräfte: hinschauen …

Das führt notwendig dazu, dass Führungskräfte mehr und genauer wissen müssen, wie es in konkreten Situationen den Frauen und den Männern geht. Wissen heißt, alle Arten von Erkenntnismöglichkeiten ausschöpfen. Statistische Daten, Untersuchungsergebnisse, persönliche Einschätzungen und Eindrücke ergeben zusammen ein Bild, das interpretiert wird. Die Situation wird diskutiert und beurteilt. Es werden Soll-Bilder entworfen, Ziele formuliert und Maßnahmen entwickelt, wie diese Ziele erreicht werden können.

> … und aktiv werden

Den Verantwortungtragenden soll damit tatsächlich die Verantwortung für das Geschlechterverhältnis bewusst gemacht werden:

▬ Nichtwissen über die Situation wird nicht mehr akzeptiert; Information und Analyse werden eine wichtige Rolle spielen.

> Information …

… Erkennen und Lernen sind wichtig

▬ Unkenntnis der Wirkung des Handelns und Nichthandelns im Geschlechterverhältnis wird nicht mehr als Ausrede akzeptiert; Lernen und Erkennen werden wichtige Themen sein.

▬ Bewusst Ziele setzen und mit wirkungsvollen Maßnahmen erreichen – das wird künftig zentral.

Unterstützung organisieren

Damit werden Führungskräfte interessante Gesprächspartnerinnen und Gesprächspartner. Natürlich werden sie nicht von heute auf morgen alles allein bewirken. Sie werden sich einerseits Unterstützung bei Fachpersonen holen und dieses Wissen im eigenen Bereich einbauen. Andererseits ist auch der Einbezug des gesamten Potenzials der Beschäftigten notwendig: Erstens verfügen alle über wichtiges Wissen und zweitens braucht es für die nachhaltige Umsetzung von Maßnahmen alle Beteiligten.

Beispiel

To lead – to guide – to manage: 3 Facetten von Führung

Ein Ziel wird festgesetzt und Maßnahmen werden entwickelt.

▬ Der Leader und die Leaderin sind gefragt, um die Richtung anzugeben und vorauszugehen.

▬ Der und die Guide sorgen umsichtig dafür, dass alles auf Kurs bleibt und die Maßnahmen umgesetzt werden können.

▬ Managerin und Manager sehen zu, dass auch im Tagesgeschäft die Ziele nicht aus den Augen verloren werden.

Die Führungskraft wechselt jeweils von einer Facette in die andere und nimmt damit ihre Verantwortung wahr. Ziele können erreicht und Erfolge gefeiert werden.

7.2 Motivationen ins Geschlechterthema einzusteigen

Alle gestalten das Geschlechterverhältnis mit

An dieser Stelle fragen wir uns, weshalb wir denn überhaupt ins Geschlechterthema einsteigen sollten. Wenn wir von »wir« sprechen, bedeutet dies, dass alle Menschen immer auch das Geschlechterverhältnis mitgestalten. Keine Person kann sich davon ausnehmen. Niemand kann in dieser Frage für sich Neutralität beanspruchen. Aber nicht alle Personen haben die gleichen Motivationen, im Geschlechterverhältnis aktiv zu werden (◘ Tab. 7.1).

7.2.1 Motivationen in persönlichen Beziehungen

In den persönlichen Beziehungen interessiert uns, als Individuum wahrgenommen und wertgeschätzt zu werden. Im Verhältnis zum anderen Geschlecht könnten (◘ Tab. 7.1) Fairness oder Gerechtigkeit eine Rolle spielen.

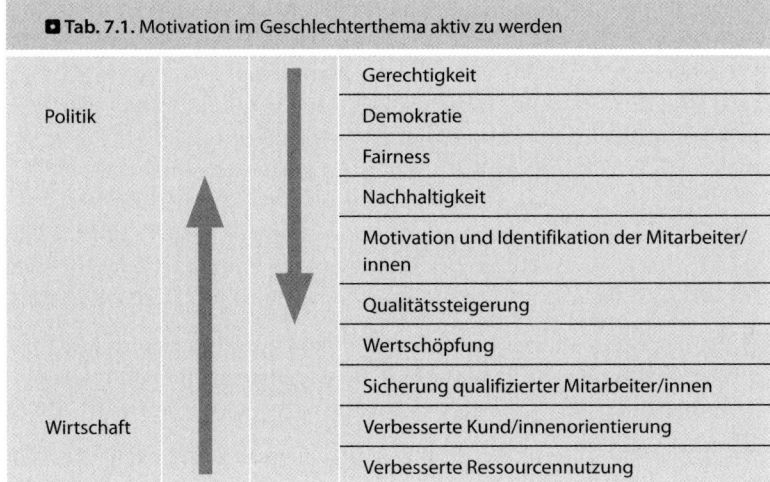

◐ Tab. 7.1. Motivation im Geschlechterthema aktiv zu werden

Politik	Gerechtigkeit
	Demokratie
	Fairness
	Nachhaltigkeit
	Motivation und Identifikation der Mitarbeiter/innen
	Qualitätssteigerung
	Wertschöpfung
	Sicherung qualifizierter Mitarbeiter/innen
Wirtschaft	Verbesserte Kund/innenorientierung
	Verbesserte Ressourcennutzung

7.2.2 Motivationen als Bürgerinnen und Bürger

Als Bürgerin und Bürger nehmen wir Gesetze in Anspruch und sind von ihnen betroffen. Diese sind durch Volksvertretungen beschlossen. Eine transparent bestellte Gerichtsbarkeit wacht über die Einhaltung und stellt Rechtmäßigkeit wieder her, wenn sie verletzt wird.

Wer politisch aktiv wird, schaltet sich in diese Diskussion ein, bringt Kritik an Situationen zum Ausdruck und formuliert Wünsche, wie die Zukunft aussehen soll. Selbstverständlich spielen dabei auch die impliziten und expliziten Geschlechterrollenvorstellungen eine Rolle. Wenn das Geschlechterthema angesprochen wird, orientieren wir uns an Gerechtigkeit, Demokratie, Fairness und Nachhaltigkeit.

Gesellschaft mitgestalten

7.2.3 Motivationen als verantwortliche Führungskraft

Als Führungskraft in einem wirtschaftlichen Unternehmen, einer Verwaltungsabteilung oder in einer Non-Profit-Organisation sind wir zwar immer auch Bürgerin und Bürger. Wir kennen also einerseits das Bedürfnis nach Fairness und Gerechtigkeit. Andererseits ist nicht selbstverständlich, dass wir mit unserer Arbeit direkt zu mehr Gerechtigkeit beitragen können bzw. wollen. Es braucht deshalb noch andere Gründe, weshalb eine Führungskraft ins Geschlechterthema einsteigen soll.

Aus ◐ Tab. 7.1 geht hervor, dass es dafür eine ganze Reihe von guten Gründen gibt, die ganz zentral mit den Verantwortungen, welche die Führungskräfte sowieso schon tragen, übereinstimmen. Wenn wir die Elemente in der Tabelle mit dem Pfeil von unten nach oben konsultieren, finden wir die Verantwortung für die ökonomische Performance – aufgeteilt in verschiedene Bereiche. Will ein Unternehmen am Markt längerfristig erfolgreich sein, muss es seine Ressourcen optimal nutzen und sich

Direktes Eigeninteresse

Erfolgreich am Markt

an Kundinnen und Kunden orientieren. Es muss so attraktiv sein, dass qualifizierte Männer und Frauen sich für einen Arbeitsplatz melden. Die Wertschöpfung wird gesteigert, weil die motivierten und mit dem Betrieb identifizierten Mitarbeiter/innen die Qualität der Produkte und Leistungen verbessern. Damit kann sich der Betrieb längerfristig erfolgreich am Markt halten und sich auch den Mitarbeitenden gegenüber fair verhalten und als Verhalten unter den Mitarbeitenden Fairness als Maßstab einfordern.

Welches Element dieser Liste jeweils der konkrete Motor zum Handeln und damit zum Wahrnehmen der Verantwortung führt, spielt nicht die entscheidende Rolle. Alle Elemente hängen zusammen und bilden ein Ganzes.

> ❗ **Politik und staatliches Handeln muss nicht grundsätzlich andere Werte vertreten als die Wirtschaft. Beide Sphären sind miteinander verbunden.**

Wie ◘ Abb. 7.1 darstellt, liegen die Akzente etwas verschieden. Bei den Elementen »Fairness«, »Nachhaltigkeit« und »Motivation« zeigen sich auch klare Übereinstimmungen.

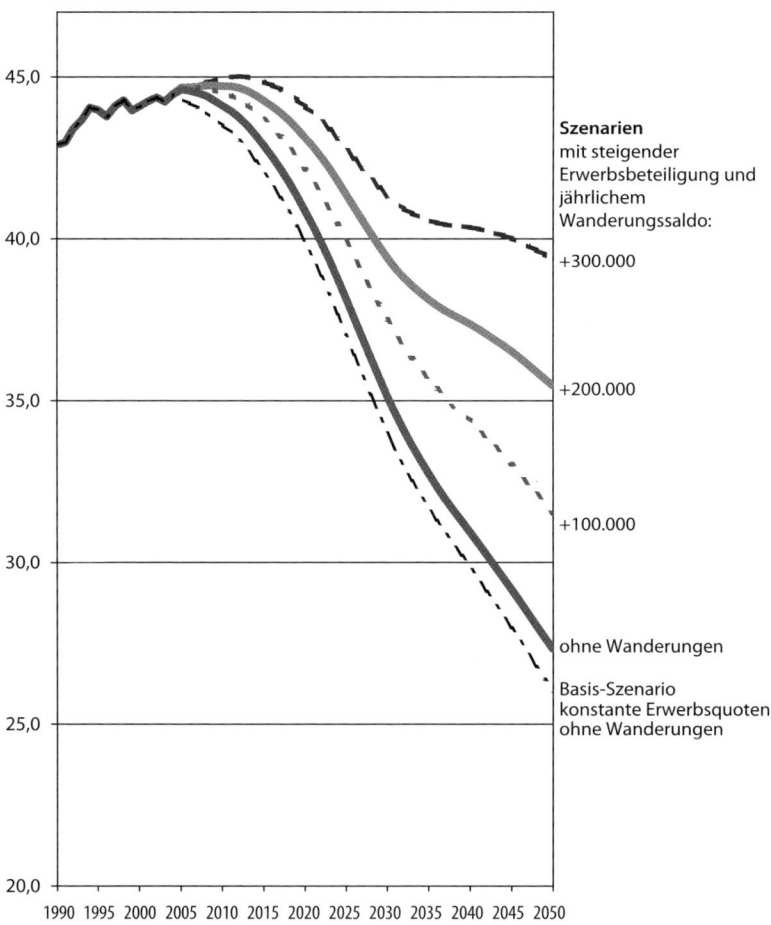

◘ **Abb. 7.1.** Projektion des Erwerbspersonenpotenzials in Deutschland bis 2050. Szenarien mit unterschiedlichen Wanderungsannahmen bzgl. der (gesamten) ausländischen Bevölkerung, in Mio. Personen, Inländerkonzept. (Fuchs u. Dörfler 2005)

Szenarien mit steigender Erwerbsbeteiligung und jährlichem Wanderungssaldo:

+300.000

+200.000

+100.000

ohne Wanderungen

Basis-Szenario konstante Erwerbsquoten ohne Wanderungen

Beispiel	

Exkurs zum Thema »Aktuelle Entwicklungen berücksichtigen«:

Sicherung qualifizierter Mitarbeiter/innen: Demografische Entwicklung

Die demografische Entwicklung nimmt seit Jahren eine problematische Richtung an, die sich v. a. in der Verschiebung der Alterspyramide ausdrückt: Während der Anteil der 0- bis 24Jährigen im Vergleich zu 1980 im Jahr 2000 dramatisch zurückgegangen ist, nehmen die Anteile fast aller Altersgruppen über 29 z. T. sehr deutlich zu (Quelle: Europäische Kommission 2002). Dies gilt in der Tendenz für Männer und Frauen und für die gesamte EU. Die Alterspyramide, die in »gesundem« Zustand den größten Anteil in der Bevölkerung bei den jungen Menschen hat, stellt sich also langsam »auf den Kopf«. Hauptgrund dafür: In den meisten Mitgliedstaaten sind die sog. Fertilitätsraten (Lebendgeborene je 1000 Frauen im gebärfähigen Alter (15–44)) seit 40 Jahren rückläufig. Waren 1960 noch alle europäischen Länder z. T. weit über dem magischen Wert von 2,1 (Fertilitätsrate, die nötig ist, um eine gesunde Altersstruktur – ohne Migrationsbewegungen – zu erhalten), so verzeichnen in den letzten 20 Jahren die südeuropäischen Mitgliedsstaaten und Irland den stärksten Rückgang – die Länder mit den ehemals höchsten Werten.

Veränderung der Bevölkerungsstruktur

> Da in Zukunft die Zahl der Frauen im Alter von 15–44 Jahren zurückgehen wird, könnte ein weiteres Absinken der Fertilitätsrate einen Rückgang der Bevölkerung in der EU nach sich ziehen. (Europäischen Union 2002)

Diese Entwicklung hat elementare Auswirkungen auf das Potenzial an erwerbsfähigen Personen, das in den kommenden Jahrzenten dramatisch rückläufig sein wird. Für Deutschland ergeben sich – je nach Berechnungsmodell, ob mit Zuwanderung oder ohne – Schätzungen mit einer Reduktion des Erwerbspersonenpotenzials bis zu 40%(!) bis zum Jahr 2050. Die logische Konsequenz daraus für den Arbeitsmarkt ist der Mangel an qualifizierten Mitarbeiter/innen.

Mangel an Fachkräften prognostiziert

Für Unternehmen aller Bereich bedeutet diese Entwicklung (früher oder später) die Notwendigkeit einer langfristigen Planung und elementarer Strategien zur Gewinnung und Erhaltung der qualifizierten Mitarbeiter/innen sowie das Aufspüren bisher ungenutzter Potenziale. Es liegt auf der Hand, dass Frauen hier ein wesentliches Potenzial darstellen, das bisher weder in allen Berufsfeldern noch auf allen Kompetenzebenen in angemessener Weise erkannt, gefördert und dementsprechend auch eingesetzt wurde.

Auch Frauenpotenzial wahrnehmen

Aufgaben und Rollen der Führungskraft

> Damit Gender Mainstreaming nachhaltig umgesetzt wird, sind vielerlei Aufgaben zu bewältigen. Hier wird dargestellt, welcher Teil dieser Aufgaben ins Portefeuille der Führungskraft gehört.
> Die Führungskraft übernimmt im Rahmen der Gender Mainstreaming Strategie verschiedene Rollen. Dieses Kapitel formuliert, wie diese ausgestaltet sein können.

Aufgaben und Rollen klären

Management-Konzepte stellen zu Recht dar, dass eine Führungskraft die Verantwortung für die Ergebnisse zu übernehmen hat (▶ Kap. 7). Damit dies möglich wird, soll die Entstehung der Ergebnisse ebenfalls realistisch dargestellt werden: die Aufgaben und Rollen.

Verschiedene Führungskräfte haben unterschiedliche Aufgaben. Wir stellen hier die Rollen und Aufgaben dar

- aller Führungskräfte auf der obersten Ebene,
- der Führungskraft mit Berichterstattungspflicht auf der obersten Ebene,
- der Führungskräfte auf der nächsten Ebene (z. B. Bereichsleitung) sowie
- der GEM Beauftragten (◘ Abb. 8.1).

8.1 Alle Führungskräfte auf der obersten Ebene

8.1.1 Aufgaben

Führungskräfte formulieren im Genderthema …

Entlang dem Mainstreaming-Gedanken, dass alle Aktivitäten, die eine Wirkung auf Menschen haben, auch das Geschlechterverhältnis (mit)gestalten, ist klar, dass auch jede Führungskraft sich mit dem Genderthema befassen muss. Im eigenen Führungsbereich bedeutet dies, dass einerseits genderkompatible Produkte und Leistungen entwickelt und realisiert werden, und andererseits, dass die Personalverantwortung gendergerecht wahrgenommen wird. Daraus resultiert, dass klare und verbindliche Managementaufträge für die nächste Führungsebene erteilt werden. Die entsprechende Performance wird überprüft und beurteilt.

… Aufträge für die nächste Ebene

Damit dies auf einem ansprechenden Niveau geschehen kann, muss bei allen Führungskräften das nötige Verständnis vorhanden sein, was Gender Mainstreaming grundsätzlich und für ihren Bereich bedeutet. Für die konkrete Umsetzung müssen alle Führungskräfte über ein ansprechendes Wissen und Können verfügen. Die traditionellen Wege, wie Führungskräfte Wissen erwerben (Hochschulen, Fachhochschulen, private Akademien), sind sorgfältig zu prüfen: Inwiefern haben diese ihrerseits die Gender Mainstreaming Strategie bereits umgesetzt und das Gender Wissen in die Lehrgänge integriert? Falls das nicht geschehen ist, sind spezifische Angebote auszuwählen oder direkt Expert/innen anzusprechen.

Wissen und Können erweitern

Zusätzlich zum eigenen Bereich trägt jede Führungskraft auch zur Gesamtstrategie bei. Für die Genderfrage heißt dies, dass sich alle daran beteiligen, das Gender Mainstreaming System schrittweise einzuführen

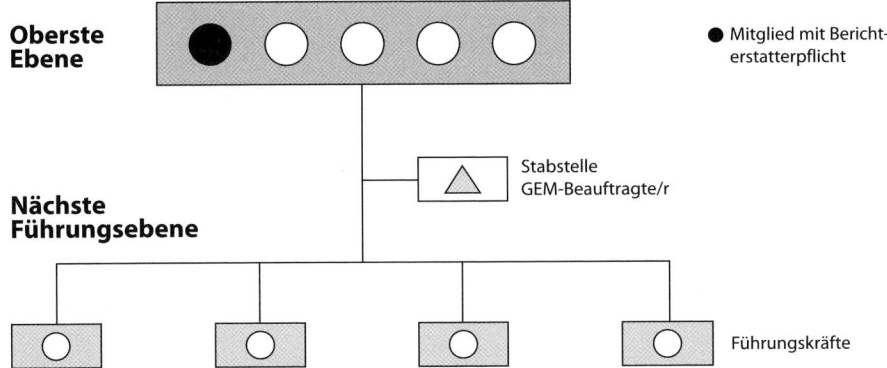

Oberste
Ebene

● Mitglied mit Bericht-
erstatterpflicht

Stabstelle
GEM-Beauftragte/r

Nächste
Führungsebene

Führungskräfte

◘ Abb. 8.1. Verschiedene Ebenen fordern ebenso viele verschiedene Rollen und Aufgaben von den Führungskräften

und deshalb mitdiskutieren, wie die Ziele gesteckt werden sollen (▶ Kap. 1). Alle sind interessante und interessierte Diskussionspartner/innen, weil sie die Entscheidungen intern und extern mittragen und umsetzen werden. Das bedeutet, dass alle dazu beitragen, GEM Strukturen zu installieren, GEM Instrumente einzuführen und anzuwenden und die GEM Prozesse in Schwung zu bringen und in Schwung zu halten.

Aktiv mitdiskutieren

8.1.2 Rollen

Eine wesentliche Rolle, die alle Führungskräfte auf der obersten Ebene übernehmen müssen, ist das Commitment für die Gender Mainstreaming Strategie. Jede Person muss in ihren Aussagen und in ihrem Verhalten glaubwürdig deutlich machen, dass und wie sie hinter den Konzeptionen und Umsetzungsschritten steht. Damit wirken alle motivierend – direkt für die nächste Führungsebene und indirekt für das gesamte Unternehmen. Die Wichtigkeit dieser Rolle darf nicht über- aber auch nicht unterschätzt werden.

Oberste Ebene muss glaubwürdig sein …

Die Führungskraft hält sich als Person nachvollziehbar an die verbindlichen unternehmensweiten Equality Standards (▶ Kap. 5). Konkret entwickelt sie im Alltag z. B. einen geschlechtergerechten Sprachgebrauch in Wort und Schrift. Sie wird dadurch ein Vorbild und unterstützt alle Anstrengungen, die in diese Richtung gehen. Damit fördert sie in dieser Frage eine Sebstverständlichkeit und trägt zu einer allmählichen Veränderung in der Unternehmenskommunikation bei.

… hält Standards ein …

Bei der Erteilung klarer Managementaufträge an die nächste Führungsebene übernimmt die vorgesetzte Führungskraft die Rolle eines Direktors bzw. einer Direktorin. Die Aufträge werden nicht diktatorisch angewiesen, sondern im gemeinsamen Gespräch ausgehandelt. Beide

Führungskräfte tragen Verantwortung – nicht gleich weitreichend. Beim regelmäßigen Monitoring der zentralen Gleichstellungsindikatoren und dem Controlling der Gleichstellungsziele wird die Leistung beurteilt, belohnt und sanktioniert.

… und bringt das Thema auf die nächste Ebene

In der Umsetzung der vereinbarten Ziele übernimmt die vorgesetzte Führungskraft die unterstützende Rolle eines Mentors bzw. einer Mentorin und trägt dazu bei, dass Erfolge erzielt werden. Sie sorgt für ausreichende Ressourcen, das Erwerben des notwendigen Know-hows usw. Sie steht auch zur Verfügung für klärende Gespräche, damit sich alle Akteur/innen versichern können, auf Kurs zu sein. Wo nötig, steht die vorgesetzte Führungskraft auch zur Verfügung, um Gender Projekte an verschiedenen Stellen des Bereichs vorzustellen, zu erläutern und zu unterstützen.

Förderliches Klima schaffen

Im Bereich der Unternehmenskultur zeigt jede Führungskraft klar Flagge, wenn es darum geht, ein Betriebsklima zu schaffen, das für Männer wie Frauen förderlich ist. Alles, was eine konstruktive Zusammenarbeit von Frauen und Männer stört, wird wahrgenommen und auf geeignete Art und Weise korrigiert. Die eigene Zusammenarbeit mit Frauen und Männern auf unterschiedlichen Hierarchiestufen ist von Respekt und Unterstützung geprägt.

8.2   Die Führungskraft mit Berichterstattungspflicht

Mr oder Ms »Gender« …

Zusätzlich zu den Aufgaben und Rollen, die alle Führungskräfte auf der obersten Ebene übernehmen, gibt es ein Mitglied, das im Genderthema eine Sonderrolle spielt: Diese Person ist Themenführer/in. Meist dürfte dies diejenige sein, die auch für das Personal verantwortlich ist. Falls dies nicht passt, ist darauf zu achten, dass das Genderthema nicht – unbegründet – einem weiblichen Mitglied des Gremiums übertragen wird. Wichtig ist, dass eine Person zur Verfügung steht, die das Genderthema auch entsprechend kräftig vertreten kann.

8.2.1 Aufgaben

… hält die Fäden zusammen

Diese Person bereitet das Gender Geschäft für das Leitungsgremium vor, bei ihr laufen die Fäden zusammen. Sie ist zuständig dafür, die GEM Strukturen aufzubauen und das gesamte GEM System schrittweise einzuführen (▶ Kap. 6).

Damit stellt diese verantwortliche Führungskraft auch die Anträge, die auf der obersten Ebene beschlossen werden sollen. Das heißt z. B. Beschlüsse über ausreichende menschliche und finanzielle Ressourcen, Beschlüsse zur Verankerung von Gender Mainstreaming im Leitbild und zur Verankerung von Gleichstellungszielen in Betriebsvereinbarungen usw.

Eine weitere Aufgabe ist die Beobachtung, wo und wie das nötige Know-how aufgebaut und an die richtigen Stellen transferiert wird.

Das verbindliche Management-Berichtssystem wird eingerichtet, umgesetzt und immer wieder aktualisiert. Die Indikatoren werden immer wieder überprüft und das System der Leistungsbewertung umgesetzt.

8.2.2 Rollen

Ausgangspunkt ist die glaubwürdie Übernahme des Themas: Wer zuständig wird für das Genderthema, soll dies auf eine überzeugende bzw. überzeugte Art tun. Damit wird diese Führungskraft Leaderin oder Leader im Thema. Alle werden beobachten, wie sie oder er das Genderthema kommuniziert, an welcher Stelle der Tagesordnung es angesetzt ist usw. Wesentlich ist, dass diese Führungskraft die Gelegenheit nützt, wesentliche Impulse im Thema zu setzen.

Glaubwürdige Vertretung des Themas

Im Weiteren ist die Rolle des Ermöglichens wesentlich. Die operative Verantwortung für das Genderthema soll einer kompetenten Person übertragen werden und die entsprechende Stelle hierarchisch richtig angesiedelt und mit den notwendigen Ressourcen und Kompetenzen ausgestattet sein.

Durch Übernahme des Vorsitzes des GEM Teams wird signalisiert, dass es für Vertreter/innen aus allen Bereichen und Ebenen des Unternehmens interessant ist, dem GEM Team anzugehören.

Vorsitz im GEM Team

Diese Führungskraft bildet die Brücke zwischen dem GEM Team und dem Führungsgremium. Sie bringt die Position der Führung ins GEM Team und vermittelt dem Führungsgremium die Vorstellungen, die im GEM Team erarbeitet werden.

>> Willst du was verändern, dann bitte gendern!
Mehr Achtsamkeit und Ganzheitlichkeit…und dadurch
bene_fit <<
Georg Schärmer, Direktor Caritas Tirol

8.3   Die Führungskräfte auf der nächsten Ebene

8.3.1 Aufgaben

Auf der nächsten Ebene, z. B. der Bereichsleitung, gilt es – analog zu anderen Themen wie Finanzen, Personal, inhaltliche Schwerpunkte – einerseits die erwarteten Schritte einzuleiten und andererseits die erwünschte Initiative zu ergreifen. Dafür ist es wichtig, sich das nötige Know-how anzueignen und in der Genderfrage allgemein und im eigenen Bereich auf dem Laufenden zu sein.

Genderfrage im eigenen Bereich aufnehmen

Mit der übergeordneten Führungskraft werden Ziele vereinbart. Diese werden in die Struktur des Bereichs vermittelt, damit die Umsetzung erfolgreich sein kann. Die Führungskraft wählt die geeignete Person aus,

Vertretung im GEM Team organisieren

die den Bereich im GEM Team vertreten wird, wo die Ausarbeitung der verschiedenen Instrumente und Prozesse stattfindet.

8.3.2 Rollen

Aufträge erteilen, unterstützen, Feedback geben

Auch für die Führungskräfte auf dieser Ebene ist wichtig, dass sie in der Genderfrage glaubwürdig und konsistent agieren: Die Anleitung, Unterstützung und das Feedback sollen für alle Beteiligten klar machen, dass es um eine Frage geht, die mittelfristig für das Unternehmen wichtig ist.

Sie stehen den Akteur/innen zur Seite. Tauchen Schwierigkeiten auf, stehen sie beratend zur Verfügung.

Persönlich glaubwürdig sein

Im persönlichen Verhalten tragen diese Führungskräfte dazu bei, dass Männer wie Frauen ihre Talente entfalten können und motivierte Mitarbeitende sind. Sie sorgen dafür, dass die Zusammenarbeit zwischen Frauen und Männern partnerschaftlich und respektvoll ist und sind selber gute Beispiele dafür.

8.4   Die GEM Beauftragten

Stabsstelle/genderbeauftragte Person

Je nach Größe des Unternehmens kann eine Stabsstelle mit mehreren Beschäftigten eingerichtet werden oder die genderbeauftragte Person übernimmt diese Aufgabe allein. Zentral ist die Gender Kompetenz, welche diese Person einbringen kann. Die bzw. der GEM Beauftragte hat nicht eine klassische Führungsposition, sondern wirkt sowohl in die Leitungsebene als auch in die Bereiche hinein. Dies entlang der hier dargestellten Aufgaben und Rollen.

8.4.1 Aufgaben

Internes fachliches Kompetenzzentrum

Als fachliches internes Kompetenzzentrum sammelt, entwickelt und verbreitet sie bzw. er Informationen, unterstützende Materialien und Instrumente für die Implementierung der Geschlechtergleichstellung in allen Bereichen.

Die GEM beauftragte Person berät und unterstützt die Unternehmensleitung bei der operativen Umsetzung der Gleichstellungsziele. Das heißt, sie bringt das Gleichstellungs-Know-how ein, übernimmt die Koordination und das Monitoring und bereitet die Berichtlegung vor.

Sie bietet Führungskräften aller Bereiche Information und Beratung an.

Führungskräfteunterstützung

Die entsprechende Person ist zuständig für die Organisation und Moderation des GEM Teams. Dabei gehen von ihr wesentliche Impulse aus, wie das GEM System konkret für das Unternehmen entwickelt werden kann, wie die jährliche Gender Analyse aussehen kann, wie der GEM Aktionsplan formuliert wird. Auch zur Entwicklung von Indikatoren für die Zielerreichung in den unterschiedlichen Bereichen und der Entwicklung von Umsetzungsmaßnahmen trägt sie wesentlich bei.

Die GEM beauftragte Person unterstützt die Erweiterung der internen Gender Kompetenz, indem sie Beratung, Know-how-Transfer, bereichsspezifische Analysen usw. anbietet. Sie organisiert externe Expert/innen für Informations- und Weiterbildungsveranstaltungen und baut ein Netzwerk von Interessierten auf.

8.4.2 Rollen

Im Unterschied zu den Führungskräften kann die bzw. der GEM Beauftragte nicht für die Geschlechterverhältnisse und ihre Entwicklung weder auf der Unternehmens- noch auf der Bereichsebene verantwortlich gemacht werden. Die entsprechend zuständige Person ist verantwortlich dafür, das nötige Fach- und Prozesskönnen einzubringen. Damit ist auch deutlich, dass sie immer wieder auf die Rollenklärung hinweisen muss, damit keine Missverständnisse aufkommen.

Zentral sind alle Arten von Unterstützungen, die von dem bzw. der GEM Beauftragten ausgehen sollen. Alle Führungskräfte sollen auf Wissen, Können, Erfahrung, Vernetzung zählen können. Zusätzlich findet die zuständige Person in allen Bereichen und auf allen Ebenen Verbündete und vernetzt sie miteinander.

Selbstverständlich erfüllt sie eine Vorbildfunktion im Genderthema. Sie ist Seismograph, wie sich das Genderthema im Betrieb entwickelt.

Rollenklärung: GEM Beauftragte/r berät, kann aber nicht entscheiden

Vorbild und Seismograph

Abwehrmuster im Thema erkennen und auflösen

Ist Gleichstellung ein wichtiges Ziel im Betrieb? Die wenigsten werden sich bei dieser Frage spontan und gut gelaunt melden. Allseits bekannt sind die Ausreden, Ausflüchte, weit hergeholten Argumente, warum es nicht wichtig, nicht notwendig, ja sogar kontraproduktiv sei, die Genderfrage zu bearbeiten. Von plump über abgegriffen bis höchst erfinderisch wirken diese Versuche.

Wer denkt, es handle sich bei den Argumentierenden um die Männer allein, irrt sich: Auch Frauen haben ihre Hintergründe, nicht ins Thema einzusteigen.

Diese Abwehrmuster zu erkennen und aufzulösen, bringt positive Energien ins Thema.

Das Geschlechterverhältnis gestalten, unbewusst…

Das Geschlechterverhältnis ist keine konstante Größe. Wir stellen es ständig neu her und gestalten es auch, selbst wenn wir nicht aktiv sind. In diesem Fall führen wir meist unbewusst das Vorgefundene weiter. Daran führt objektiv nichts vorbei.

… oder bewusst

Damit wir das Geschlechterverhältnis aktiv gestalten können, müssen wir über Gender Kompetenz verfügen:

> **Definition**
>
> Gender Kompetenz bedeutet
> - über aktuelles Wissen in der Genderfrage verfügen,
> - dieses Wissen nachvollziehbar in die aktuelle Tätigkeit integrieren und
> - als Person in der Geschlechterfrage eine bewusste und positive Rolle spielen.

Gender Kompetenz aufbauen

Erste Einstiege bedeuten Aufklärung und Sensibilisierung zum Thema. Wird dies angeboten, ist die Resonanz meist bescheiden, häufig sind sogar Widerstände gegenüber der Thematik zu beobachten. Der Umgang mit diesen Widerständen ist eine Kunst.

Abwehr ist normal

Wir empfehlen, diese persönlichen Widerstände ernst zu nehmen und sie erstmal grundsätzlich als Energie zu begrüßen. Konkret geht es anschließend darum, zu erkennen, welche Form des Abwehrverhaltens an den Tag gelegt wird. Mit den Überlegungen, welche Ursachen wohl dieses Abwehrverhalten bestimmen, bekommen wir auch die Chance, diesen Ursachen verständnisvoll zu begegnen und dazu beizutragen, dass die Abwehr abgebaut wird.

9.1   Typische Muster abwehrenden Verhaltens

Forschung im Thema

Verschiedene Wissenschaftlerinnen und Wissenschaftler (z. B. Schüssler 2002) haben zur Frage, was Frauen und Männer bewegt, das Geschlechterthema grundsätzlich abzulehnen resp. nicht ins Thema einzusteigen, geforscht. Es wurde erkannt, dass es typische Abwehrmuster gibt, die häufig vorkommen. Diese Abwehrmuster werden hier kurz dargestellt.

9.1.1 Antiquierung

Mit Sätzen wie »Das ist doch Schnee von gestern« wird deutlich gemacht, dass das Geschlechterthema als nicht mehr zeitgemäß betrachtet wird. Allerdings könnte der Ausspruch auch mit: »Das weiß ich alles schon« oder »Genauer will ich es gar nicht wissen« übersetzt werden. Diese beiden Momente sind nicht immer klar zu unterscheiden.

Manchmal wird auf einen Mangel an Fantasie oder Kreativität hingewiesen, wenn moniert wird, es würden immer die gleichen Themen vorgetragen. Damit wird implizit behauptet, diese Themen hätten sich erledigt bzw. die Problematiken dahinter seien gelöst. Die Diskussion, ob und wie dies geschehen ist, wird nicht geführt. Es bleiben deshalb 2 Meinungen im Raum, die nicht überprüft sind.

»Kalter Kaffee«

9.1.2 Nicht-wahrhaben-Wollen bzw. Verdrängung

Mit Aussagen wie »Frauen und Männer sind doch schon längst gleichberechtigt« machen viele ihre Meinung deutlich, eine Auseinandersetzung um die soziale Kategorie »Geschlecht« sei nicht nötig. Die Realität wird mit dem Ziel der Gleichstellung – nicht überprüft, nicht nachvollziehbar – bereits als identisch deklariert. Damit ist es logisch, dass das Geschlechterthema nicht mehr angesprochen werden muss, weil da ja keine Probleme mehr bestehen.

Nicht nur Männer sondern auch Frauen vertreten diese Position; wahrscheinlich mit unterschiedlichen Motivationen: Männer möchten nicht gern als Urheber oder Verantwortliche für andauernde Frauendiskriminierung dastehen, und für Frauen ist es sehr unangenehm, sich als diskriminierte Person zu sehen, zu verstehen und zu fühlen. Bei Frauen wird diese Abwehr noch durch die Tatsache unterstützt, dass sie zwar nach wie vor Benachteiligung erfahren (z. B. auf dem Arbeitsmarkt). Da die Benachteiligung meist strukturell ist, ist sie jedoch nur schwer zu erkennen und damit auf die persönliche Ebene zu bringen.

»Frauen und Männer sind längst gleichberechtigt«

9.1.3 Abwertung

»Schon wieder dieses Thema!« Mit einer solchen Äußerung wird die Auseinandersetzung mit dem Geschlechterverhältnis negativ besetzt. Die Personen, die das Thema ansprechen, werden kritisch betrachtet und ihre Motivation untersucht. Es wird argumentiert, die vortragende Person habe entweder persönlich schlechte Erfahrungen gemacht, sei entsprechend schwierig und problembeladen und bringe dieses Thema nur aus ganz persönlichen Motiven heraus auf. Damit wird die Aufmerksamkeit vom Thema auf die Person umgeleitet. Dass sich alle mit den familiären, beruflichen usw. Hintergründen der aktiven Person beschäftigen, war aber keineswegs die Absicht. Im Gegenteil: Die Aufmerksamkeit kann zu einer großen Belastung für diese Person werden.

»Schon wieder dieses Thema«

Diese Belastung kann immer noch unterschiedlich empfunden werden: Wenn die entsprechende Leistung gewürdigt wird, kann sie als entsprechend nützlicher und notwendiger Aufwand erkannt werden. Wird aber in den Raum gestellt, das Thema sei völlig überflüssig, ist die Leistung, dieses ungeliebte Thema anzusprechen, abgewertet und die Person gleich mit.

9.1.4 Biologisierung

»Jungen und Mädchen sind so«

Mit einer Feststellung wie »Da spielen die unterschiedlichen Hormone eine Rolle« ziehen sich Leute auf vermeintlich naturgegebene Unterschiede zurück und ruhen sich auf der Schlussfolgerung »Mädchen und Jungen **sind** eben so!« oder »Frauen und Männer **sind** eben verschieden!« aus.

Die Diskussion über Unterschiede zwischen den Geschlechtern hat eine lange Tradition und befindet sich in der jeweils konkreten Situation immer in einer bestimmten Phase: In welchem Verhältnis stehen die biologischen Elemente zu den sozialen Einflüssen? Zurzeit stehen Forschungen im Bereich des Gehirns und der Gene im Vordergrund.

Wird mit dieser Argumentation der Biologie 100% Wirkung in Bezug auf das Verhalten zugeschrieben, werden auch weitere Anstrengungen, konkrete gesellschaftliche Situationen zu hinterfragen und zu erklären, scheinbar überflüssig. Zusätzlich wird damit auch deutlich, dass die persönlichen Gestaltungsmöglichkeiten der Situation unerheblich sind. Die Verantwortung für die Situation wird auf einer ganz anderen Ebene angesiedelt: »Die Natur hat gesprochen«.

9.1.5 Individualisierung

»Ich fühle mich nicht diskriminiert«

»Die Frauen in meinem Bekanntenkreis fühlen sich nicht unterdrückt!«, »Ich fühle mich in keiner Hinsicht diskriminiert!«, so äußert sich ein Mann bzw. eine Frau. Sie orientieren sich an ihrer persönlichen Wahrnehmung und setzen diese mit gesellschaftlichen Verhältnissen gleich. Gesellschaftliche Verhältnisse sind aber komplexer und enthalten auch strukturelle Macht- und Gewaltverhältnisse. Die persönlichen (durchaus wahren) Beobachtungen versperren den Blick auf gesellschaftliche oder gemeinschaftliche Situationen. Inwiefern eine Einzelsituation mit der allgemeinen Situation übereinstimmt oder ob sie von einem Durchschnitt abweicht, ist immer wieder zu überprüfen.

Mit dem Muster der Individualisierung wird eine Kette subjektiver Einzel- oder Gegenbeispiele und Befindlichkeitsbeschreibungen dazu genutzt, z. B. wissenschaftliche Erkenntnisse – oder die forschenden Personen – grundsätzlich in Zweifel zu ziehen.

9.1.6 Vorwurf der Diskriminierung und Polarisierung

»Ihr Frauen wertet Männer ab«

»Ihr wollt, dass Mädchen werden wie Jungen, und Jungen werden wie Mädchen!«, »Ihr dreht den Spieß um«. In diesen Aussagen wird unterstellt, es sollen mit der Thematisierung der Genderfrage neue Hierarchien unter umgekehrten Vorzeichen entwickelt werden.

Da die Bearbeitung der Geschlechterthematik meist von Frauen initiiert und durchgeführt wird, kommt der Verdacht auf, dass nicht die sozialen Kategorien »Weiblichkeit« und »Männlichkeit« in Frage gestellt werden, die ja nicht direkt mit konkreten, lebenden Personen identifiziert werden können bzw. sollen. Es wird unterstellt, Männer würden gegenüber Frauen abgewertet und diskriminiert.

Auch der Vorwurf der Polarisierung wird erhoben. Dabei wird die Einladung, die Geschlechter differenziert zu betrachten, gleichgesetzt mit einer Abspaltung und Trennung. Der geschlechtsdifferenzierende Blick manifestiere Unterschiede – so der Vorwurf – wo keine sind. Oder noch schlimmer: Erst der Blick auf Frauen und Männer oder Mädchen und Jungen schaffe eine Polarisierung. Würde nur allgemein von Menschen gesprochen, würde eine Geschlechterdiskriminierung oder eine -polarisierung vermieden.

»Erst wenn wir von Frauen und Männern sprechen, entsteht eine Polarisierung«

9.1.7 Resignation und Überforderung

»Wenn die in die Schule kommen, ist eh schon alles gelaufen, also ist das vielleicht ein Thema für den Kindergarten oder noch früher«. Für alle, die nicht im Bereich Kindergarten tätig sind, ist damit klar, dass sie in Bezug auf das Geschlechterverhältnis nichts Wesentliches mehr beisteuern können. Dies zeigt eine resignierte Einstellung gegenüber der Geschlechterproblematik.

»Ich bin für dieses große Thema zu klein«

Neben der Resignation findet sich auch die Vorstellung, dass es weitere oder gar wichtigere Probleme gäbe: Das können ganz unterschiedliche Themen sein, z. B. wirtschaftliche Schwierigkeiten, Erwerbslosigkeit usw.

Wer gesellschaftliche Problem- und Fragestellungen ernst nimmt, muss für sich klarstellen, wie die verschiedenen Themen »Rassismus«, »Sexismus«, »Heterosexismus«, »Diskriminierung von Behinderten« zueinander stehen. Überforderung kann sich darin zeigen, dass gesellschaftliche Problem- und Fragestellungen gegeneinander ausgespielt werden. Die verschiedenen Thematiken werden als konkurrierende, nebeneinander stehende statt als zusammenhängende, interdependente Herrschaftsverhältnisse betrachtet.

»Die Geschlechterfrage ist nicht das einzige Problem«

9.2　Abwehrmuster auflösen

Nach dieser Beschreibung der 7 Abwehrmuster gilt es grundsätzlich festzuhalten, dass die Geschlechterthematik kein reines Sachthema ist, das auf technische Art und Weise bearbeitet werden kann. Das Thema ist vielmehr hoch emotional besetzt und scheint wie kein anderes Thema den Kern der eigenen Identität aller Beteiligten zu berühren: Personen, die das Thema einbringen möchten, sind ebenso betroffen wie diejenigen, die das Thema abwehren.

Geschlechterthema berührt alle

kognitiv-emotional
verarbeiten

Es ist deshalb wichtig zu verstehen, dass wir uns intuitiv gegen alles wehren, was unsere vertrauten Sichtweisen, Handlungsmuster und Identitätsvorstellungen bedrohen oder in Frage stellen könnte. Diese Abwehr entspricht einem kognitiv-emotionalen Verarbeitungsmechanismus, der ein Gefühl innerer Ausgeglichenheit, Sicherheit und somit auch Identitätsstabilisierung vermittelt, weil die Wirklichkeit in der vertrauten Sichtweise nicht zur Debatte gestellt werden muss.

Widerstand ist zu begrüßen

Obwohl es paradox klingen mag: Sensibilisierung im Genderthema kann nur nachhaltig wirken, wenn die Beteiligten emotionale und kognitive Widerstände verspüren. Das Auftauchen von Widerständen ist deshalb nicht überraschend und auch nicht deplatziert.

> **❗ Es ist immer mit irgendeiner Form von Widerständen zu rechnen – sie sind sogar bewusst zu begrüßen!**

Manipulation erzeugt
Abwehr

Die Abwehr wird mobilisiert, sobald Menschen den Eindruck haben, manipuliert zu werden, oder wenn sie ihre Erfahrungen oder ihre Werte in Frage gestellt sehen. Da jede Person über Erfahrungen in Bezug auf die eigene Geschlechtsidentität verfügt und auch ein Wertesystem dazu hat, ist die Möglichkeit zu schaffen, genau daran anzuknüpfen. Selbstverständlich ist auch Wissen zu vermitteln (wissenschaftliche Erkenntnisse, Daten usw.).

Vertrauensvolle
Atmosphäre schaffen

Damit aber diese objektivierbaren Informationen mit den Erfahrungen und Interpretationen der konkret Beteiligten in Verbindung gebracht werden können, muss eine vertrauensvolle Atmosphäre geschaffen werden. Mit dem Einsatz geeigneter Methoden erhalten die Beteiligten die Gelegenheit, nicht ausschließlich über den Kopf zu arbeiten, sondern auch aktiv gestaltend zu sein. Damit werden die Menschen nicht als unwissend oder inkompetent in Frage gestellt, sondern als interessante, wertvolle und lernfähige Personen ernst genommen.

9.2.1 An die Bedürfnisse anknüpfen

Bedürfnisse sind Motor

Wir gehen davon aus, dass Bedürfnisse allen Menschen gemeinsam und immer legitim sind. Unsere Erfahrung lehrt uns auch, dass sie nicht nur auf eine einzige Art gestillt werden können. Bedürfnisse befriedigen ist ein wesentlicher Motor für unser Handeln. Dies kann einerseits heißen, zu schauen, wie ein Bedürfnis gestillt wird, und andererseits dafür zu sorgen, dass Bedürfnisse nicht verletzt werden. Beide Blickrichtungen sind gleich wichtig.

Wenn Personen eines der oben ausgeführten Abwehrmuster anwenden, um nicht in das Geschlechterthema einsteigen zu müssen, geht die Forschung davon aus, dass sie dafür gute Gründe haben: Zumindest ein Bedürfnis würde tangiert oder nicht ernst genommen, sollte das Geschlechterthema aufs Tapet kommen. Dafür zu sorgen, dass möglichst keine Bedürfnisse auf der Strecke bleiben, ist also eine rationale Handlung.

»Empathische Spekulation«

Es geht deshalb nicht darum, einer Person Vorwürfe zu machen oder sie populärpsychologisch zu analysieren. Vielmehr gilt es, individuell und situationsbezogen herauszuarbeiten, welches Bedürfnis durch den Einstieg in die Genderfrage allenfalls tangiert würde. Wir nennen dies »empathische Spekulation«: empathisch, weil wir einfühlsam und respektvoll vorgehen, und Spekulation, weil uns bewusst sein muss, dass wir nie wirklich wissen, was in einem anderen Menschen vorgeht.

Die »empathische Spekulation« ist wichtig, machen wir uns doch dabei bewusst, dass Bedürfnisse legitim sind. Obwohl wir die Abwehr vielleicht nicht verstehen oder nicht akzeptieren, stellen wir uns – über die Brücke der Bedürfnisse – mit der abwehrenden Person auf eine Stufe.

Bedürfnisse sind universell und legitim

Als Inspiration erhalten Sie in eine Übersicht der menschlichen Bedürfnisse.

Übersicht über die menschlichen Bedürfnisse	
Autonomie	Wählen der Träume, Ziele und Werte; wählen der Art und Weise, wie Träume, Ziele und Werte zu erreichen sind; Entwicklung
Interdependenz	Akzeptiertsein; Nähe; Berücksichtigtwerden; zur Bereicherung des Lebens beitragen; Einfühlung; Ehrlichkeit (die Ehrlichkeit schätzen, die uns hilft, durch unsere Grenzen zu lernen, und Wertschätzung); Liebe; Sicherheit; Respekt; Unterstützung; Vertrauen; Geborgenheit
Integrität	Echtheit; Leben hat Sinn bzw. Bedeutung; Kreativität
Freuen und Feiern	Sich darüber freuen und feiern, was Leben schafft; wahrnehmen, was das Lebendigsein belastet; bewusst trauern über Lebensverluste
Körperebene	Luft; Nahrung, Wasser; Schutz (vor allen lebensbedrohenden Einflüssen: ausgehend von Menschen, Lebewesen, Umwelt); ausruhen; Bewegung; sich sexuell ausdrücken; Obdach; Berührung
Spiele	Spannung; Entspannung; Gemeinsamkeit
Spirituelle Gemeinschaft	Schönheit; Harmonie; Begeisterung und Inspiration; Ordnung; Friede

In Anlehnung an das Konzept der Gewaltfreien Kommunikation von Marshall B. Rosenberg

Diese Bedürfnisse werden im vorliegenden Konzept alle als gleichwertig verstanden. Es spielt also keine Rolle, ob ein Bedürfnis auf der obersten oder untersten Linie betroffen ist. Jede Person empfindet und entscheidet individuell, wie wichtig es jeweils ist. Bei der Bearbeitung spielt es deshalb keine Rolle, um welches Bedürfnis es geht.

Alle Bedürfnisse sind gleichwertig

9.2.2 Energien wandeln

Eine Person kann ihren Widerstand erst auflösen, wenn für sie deutlich wird, dass sie das bedrohte Bedürfnis anders stillen kann. Wenn wir eine Vermutung haben, welches Bedürfnis im konkreten Fall zur Debatte steht,

Bedrohtes Bedürfnis anders stillen

können wir versuchen, Angebote zu formulieren, auf welche Weise dieses Bedürfnis befriedigt werden kann. Das kann zum Beispiel heißen:

> **Beispiel**
>
> »Wir brauchen keine Maßnahmen im Geschlechterthema. Bei uns sind die Frauen längst gleichberechtigt«, lautet die Aussage eines Mannes.
>
> Die »empathische Spekulation« lässt vermuten, dass vielleicht sein Bedürfnis im Bereich der Interdependenz zur Diskussion steht, d. h. der Austausch zwischen den Personen mit der Geschlechterfrage ist spannungsgeladen. Es kann vielleicht sein, dass er nicht genügend Wertschätzung erfährt bzw. sich durch die Inhalte der Geschlechterfrage herabgesetzt fühlt.
>
> Durch ehrlich gemeinte Wertschätzung in anderen Themen, wo z. B. eine produktive Zusammenarbeit stattfindet, wird der Versuch gestartet, eine gemeinsame positive Basis herzustellen. Dann gilt es zu beobachten, was passiert. Kann sich der Mann entspannen? Stimmt er dieser positiven Strömung zu? Dann hat die »empathische Spekulation« ins Schwarze getroffen. Damit wird er seinen Widerstand auflösen können. Dies wird sich darin zeigen, dass etwas mehr Offenheit für die Geschlechterfrage aufkommt.
>
> Tritt die Entspannung mit dem ersten Versuch noch nicht ein, ist eine nächste »empathische Spekulation« mit der Suche nach dem betroffenen Bedürfnis an der Reihe.

Es ist wichtig festzuhalten, dass Überzeugungen nicht eingeimpft werden können und tragfähige Unterstützung nur von Personen kommen kann, die sich in ihrer Person sicher fühlen.

Auch Frauen haben Widerstände im Thema

Wenn das beschriebene Beispiel einen Mann betrifft, heißt dies nicht, Widerstände im Geschlechterthema wären eine Angelegenheit der Männer. Nicht alle Frauen steigen ohne weiteres auf das Thema ein. Auch bei jeder Frau ist angezeigt, »empathisch zu spekulieren«, welche bedrohten Bedürfnisse sie daran hindern.

Auch Gender Expert/innen zeigen Abwehrmuster

Um das komplexe Bild zu vervollständigen, halten wir hier fest, dass auch Gender Expertinnen und -Experten nicht vor diesen Abwehrmustern gefeit sind. Je nach Situation können auch bei ihnen die Widerstände groß werden. Da ist es wünschenswert, ebenso vorzugehen und mit »empathischen Spekulationen« die bedrohten Bedürfnisse zu identifizieren und entweder selbst oder mit Unterstützung durch andere Personen diese Widerstände aufzulösen.

Umgewandelte Energie nutzen

Die Kraft und Energie, die zunächst in der Abwehr steckte, kann im guten Fall auch als Energie in die Bearbeitung der Geschlechterfrage investiert werden. Diese Kraft ist notwendig, um Erkenntnisse zu machen und erwünschte Ziele anzupeilen.

Im Abschnitt »Managementtools: Wie Sie das Geschlechterverhältnis in Bewegung bringen« finden Sie ein Instrument, mit dem Sie konkrete Situationen systematisch bearbeiten können (▶ Kap. 21).

III

Teil III   Management Tools: Wie Sie das Geschlechterverhältnis in Bewegung bringen

Der Gender Mainstreaming Prozess

Der folgende Teil des Handbuches widmet sich den konkreten Instrumenten, die Sie bei der Umsetzung von Gender Mainstreaming in Ihrem Unternehmensalltag unterstützen.

Tools für die korrekte Umsetzung

Die Tools sind unabhängig voneinander einsetzbar und können Sie bei verschiedenen Phasen bzw. zu unterschiedlichen Fragestellungen begleiten.

Vorweg möchten wir gerne eine ganz allgemeine Beschreibung geben, wie eine idealtypische Implementierung von Gender Mainstreaming aussieht. Dieser Implementierungsprozess kann auf jede einzelne Fragestellung genauso wie auf Ihr Unternehmen als Ganzes angewendet werden.

Der Prozess besteht im Wesentlichen aus folgenden Schritten, die gleichzeitig einen immerwährenden Qualitätsverbesserungsprozess beschreiben.

10.1 GEM als Qualitätsverbesserungsprozess

◘ Abb. 10.1 zeigt in einem Prozessdiagramm die 5 Schritte des GEM Prozesses.

10.1.1 Gender Analyse der Ausgangssituation

Warum nicht gleich?

Immer bildet die Gender Analyse der Ausgangssituation den Beginn des Implementierungsprozesses. Unabhängig davon, ob Sie die Umsetzung von Gleichstellung in einem bestimmten Bereich anstreben (z. B. Frauenanteil in Führungspositionen, Gestaltung eines öffentlichen Parks, Lesekompetenz von 14Jährigen, Entwicklung von Medikamenten) oder im gesamten Unternehmen (► Kap. 4).

10

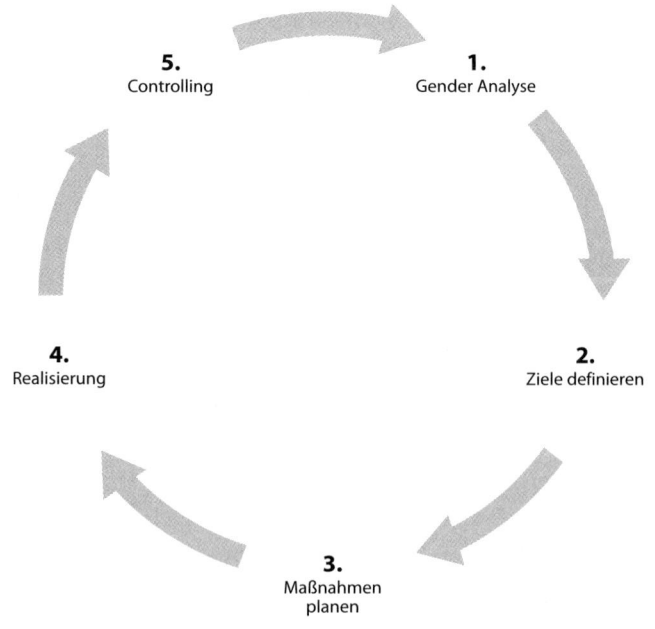

◘ **Abb. 10.1.** Die 5 Schritte des GEM Prozesses

Grundlage für die Gender Analyse bilden die folgenden Ausgangsfragen:

▬ Wie kann die Situation von Frauen und Männern in einem konkreten Zusammenhang beschrieben werden? Wo stimmt sie überein, wo unterscheidet sie sich?

▬ Was bedeutet Gleichstellung von Frauen und Männern in diesem Bereich? oder – anders formuliert –

▬ Woran würden wir die vollständige Umsetzung der Gleichstellung von Frauen und Männern in diesem Bereich erkennen?

Die Antworten auf diese Fragen führen uns zur Erhebung und Analyse der dafür relevanten geschlechterbezogenen Daten.

Schritt 1: Gender Analyse

Beispiel

Thema Einkommensgerechtigkeit

Gleichstellung von Frauen und Männern in Bezug auf diese Frage erkennen wir daran, dass keine Einkommensunterschiede zwischen Frauen und Männern in vergleichbaren Funktionen bestehen. Mittelfristig unterscheiden sich insgesamt die durchschnittlichen Einkommen von Frauen und Männer nicht.

Für die Gender Analyse müssen wir daher die Einkommen von Frauen und Männern erheben und vergleichen.

Ergebnis dieses Schrittes ist Ihr Wissen über die Ausgangssituation bezüglich Gleichstellung im untersuchten Bereich. Dieses Wissen bildet die Basis für Schritt 2.

10.1.2 Ziele definieren

Ihr Wissen über die Ausgangssituation lässt Sie erkennen, wo die Stärken in Ihrem Unternehmen liegen und wo Erfolgspotenziale vorhanden sind. Sie sind in der Lage, konkrete und messbare Ziele bezogen auf einen konkreten Zeitrahmen mit den relevanten EntscheidungsträgerInnen zu erarbeiten und festzulegen. Diese Ziele bilden die Grundlage für Schritt 3 und sind darüber hinaus Ihr Bezugsrahmen für das Controlling (Schritt 5).

Schritt 2: Ziele definieren

10.1.3 Maßnahmen und Strategien planen

Um die gesetzten Ziele zu erreichen, entwickeln und planen Sie entsprechende maßgeschneiderte Aktivitäten für Ihr Unternehmen. Dies gelingt am besten in einem gemischten Team von Frauen und Männern, die sowohl über Fachwissen für den jeweiligen Bereich als auch über entsprechendes Gleichstellungs-Know-how verfügen. Ist intern noch nicht genügend Gender Expertise vorhanden, empfiehlt es sich, in dieser Phase externe Unterstützung zuzuziehen. Lassen Sie sich von guten Beispielen aus anderen Unternehmen genauso inspirieren wie von den weiter unten beschriebenen

Schritt 3: Maßnahmen und Schritte planen

Managementtools. Abschluss der Planung bildet die Entscheidung über die Realisierung durch die EntscheidungsträgerInnen.

10.1.4 Realisierung

Schritt 4: Die konkrete Umsetzung

Die konkreten geplanten Maßnahmen und Strategien werden systematisch und vollständig umgesetzt. Wichtig dabei ist das Commitment der EntscheidungsträgerInnen sowie die Etablierung einer angepassten Projektstruktur, welche die Umsetzung begleitet und den Implementierungsfortschritt beobachtet. Entsprechen (Zwischen-)Ergebnisse nicht dem Plan, wird nachgesteuert und die Aktivitäten werden angepasst.

10.1.5 Controlling

Schritt 5: Das Controlling

Das Controlling bildet den Abschluss des Implementierungsprozesses und führt gleichzeitig wieder zum ersten Schritt des Verbesserungszyklus. Mithilfe des Monitoring werden die Projektfortschritte beobachtet, solange die Maßnahmen umgesetzt werden. Zu vorher festgelegten Zeitpunkten wird die Wirkung der Maßnahme(n) und Strategien ausgewertet und anhand der Daten die Zielerreichung oder -abweichung festgestellt. Hier beginnt sich der Qualitätsmanagementkreislauf zu schließen: Die erhobenen Daten werden zu den Zielen in Bezug gesetzt. Gründe für die Erreichung oder Abweichung werden analysiert und auf dieser Basis neue Ziele gesetzt.

10.2 Die 4 Sackgassen bei der Implementierung von Gender Mainstreaming

Im Implementierungsprozess sind auch typische Sackgassen möglich, die im Folgenden kurz identifiziert werden sollen. Die Differenzierung erfolgt über die Frage der Überzeugung und der grundsätzlichen Herangehensweise: Sind die relevanten AkteurInnen inhaltlich sehr überzeugt von der Gleichstellungsorientierung? Oder eher weniger? Wird bei der Implementierung ein punktueller oder ganzheitlicher Ansatz verfolgt? Aus diesen Fragestellungen ergibt sich die in ◘ Abb. 10.2 vorgestellte Matrix.

»nicht so wichtig«

Punktueller Ansatz und inhaltlich wenig überzeugt

Wenn sich die Gelegenheit ergibt und daraus Vorteile erwachsen (z. B. Gelder oder Personalressourcen), wird Gender Mainstreaming kurzfristig und isoliert verfolgt. Ansonsten gilt das Argument: »Wenn wir Ressourcen bekämen, würden wir es ja machen, aber so wichtig ist es nun auch nicht«.

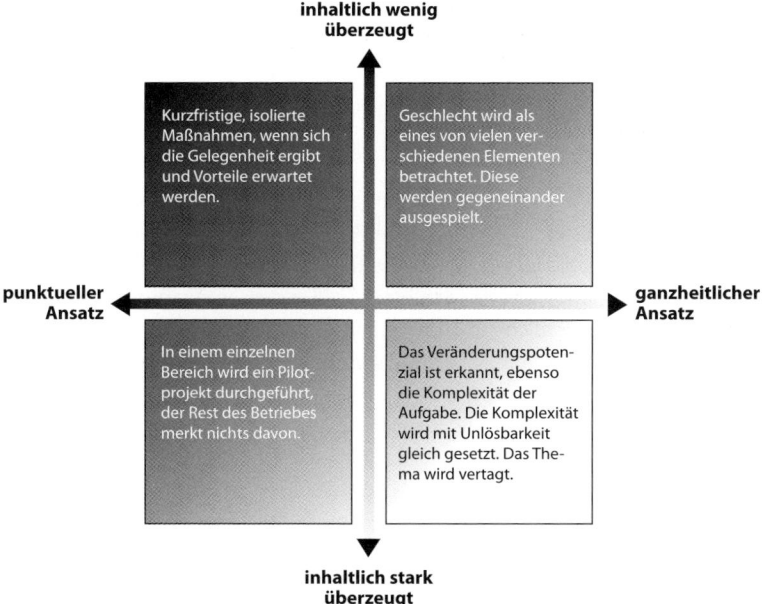

inhaltlich wenig überzeugt

Kurzfristige, isolierte Maßnahmen, wenn sich die Gelegenheit ergibt und Vorteile erwartet werden.

Geschlecht wird als eines von vielen verschiedenen Elementen betrachtet. Diese werden gegeneinander ausgespielt.

punktueller Ansatz

ganzheitlicher Ansatz

In einem einzelnen Bereich wird ein Pilotprojekt durchgeführt, der Rest des Betriebes merkt nichts davon.

Das Veränderungspotenzial ist erkannt, ebenso die Komplexität der Aufgabe. Die Komplexität wird mit Unlösbarkeit gleich gesetzt. Das Thema wird vertagt.

inhaltlich stark überzeugt

◼ **Abb. 10.2.** Die 4 Sackgassen bei der Implementierung von Gender Mainstreaming

Punktueller Ansatz und inhaltlich stark überzeugt

Gender Mainstreaming wird in einem einzelnen Bereich eingeführt, z. B. in Form eines Pilotprojekts, ohne die globalen Strukturen der Organisation zu berühren (z. B. durch Institutionalisierungsmaßnahmen). Das führt dazu, dass keine Nachhaltigkeit erzeugt wird: Nach Abschluss des Projekts hat sich im Unternehmen nichts verändert. Außer im betroffenen Bereich merkt niemand etwas von den Gleichstellungsaktivitäten. Gleichzeitig ist die Unternehmensleitung von ihrer GEM Orientierung überzeugt.

»Wir sind aktiv!«

Das Argument: »Wir machen es doch!«

Ganzheitlicher Ansatz und inhaltlich wenig überzeugt

Der innerbetriebliche Diskurs betrachtet Geschlecht als eine von vielen zu berücksichtigenden Variablen, sie werden gegeneinander ausgespielt oder in einen kausalen Zusammenhang gesetzt (»mit Ende der Armut kommt das Ende der Unterdrückung der Frauen«, »Vorher müssen wir noch die Integration der MigrantInnen vorantreiben, da ist noch größerer Handlungsbedarf« usw.).

»Andere Aspekte sind noch wichtiger«

Das Argument: »Geschlecht darf nicht der einzige Aspekt sein!«

Ganzheitlicher Ansatz und inhaltlich stark überzeugt

Gender Mainstreaming wird als komplexe Aufgabe erkannt und auch das Veränderungspotenzial ist deutlich geworden. Die Umsetzung wird dann aber als unlösbare Aufgabe gesehen. Aufgrund der Vielschichtigkeit und der vielen Handlungsnotwendigkeiten wird das Thema nicht angegangen, vertagt, ausgesessen usw.

Das Argument: »Wenn wir noch genauer wissen, dann…«

Fazit

Wissen und Know-how zur Vermeidung von Sackgassen

Auch wenn im letzten Beispiel eine Sackgasse entstehen kann, so sind inhaltliche Überzeugung und ganzheitliche Herangehensweise doch wesentliche Kriterien für eine erfolgreiche Implementierung von Gender Mainstreaming. Ausreichendes Wissen über die verschiedenen Aspekte der Gleichstellungsthematik und deren Umsetzungsstrategie sowie Know-how für die konkrete Anwendung helfen Sackgassen zu vermeiden und den Implementierungsprozess gezielt voranzutreiben. Das (Hintergrund-)Wissen haben wir Ihnen in den vorangegangen Kapiteln vermittelt. Eine Vielfalt an Tools für die Realisierung von Gleichstellung in Ihrem Unternehmen erwartet Sie im kommenden Buchabschnitt, der Ihnen zeigt, wie Sie das Geschlechterverhältnis in Bewegung bringen.

10

Die GEM Toolbox

Neben fundiertem Wissen über Grundlagen und Strategien, Konzepte und Voraussetzungen braucht es die Kenntnis der aktuellen Geschlechterverhältnisse in Ihrem Betrieb, die Definition von Gleichstellungszielen und die entsprechenden Instrumente für ein erfolgreiches Gender Equality Management.

Auswahl unserer Instrumente

Im Folgenden stellen wir Ihnen eine Auswahl unserer Instrumente im Überblick vor (◘ Tab. 11.1). Alle unterstützen Sie in unterschiedlichen Phasen des Implementierungsprozesses (▶ Kap. 10) oder für ganz gezielte Fragestellungen. Wir zeigen Ihnen auch, ob das jeweilige Instrument für Ihre Betriebsgröße geeignet ist und für welche Anwendungsbereiche es gedacht ist.

Equality Scorecard

Umfassende Analyse und Zielbestimmung

Die Equality Scorecard bietet eine Gender Analyse entlang der 8 Handlungsfelder des Gender Equality Management an (▶ Kap. 4). Sie eignet sich besonders gut, wenn Sie eine umfassende Analyse über Ihr Unternehmen bzw. Ihren Verantwortungsbereich erstellen wollen. Gleichzeitig können Sie dieses Tool auch nutzen, um konkrete Ziele festzulegen und daraus entsprechende Maßnahmen abzuleiten.

Checkliste Equality Standards

Einschätzung des Gender-Bewusstseins

Das Tool zur Diagnose der Umsetzung der Equality Standards zeigt auf, welche der im Konzeptteil beschriebenen Equality Standards (▶ Kap. 5) in Ihrem Unternehmen bereits realisiert sind und wo noch Handlungsbedarf besteht. Für Kleinstunternehmen sind nicht alle Standards relevant.

Gender Status von Organisationen

Das Tool zum Gender Status von Organisationen ermöglicht Ihnen eine Einschätzung des Gender Bewusstseins von 3 verschiedenen Akteur/innengruppen in Ihrem Unternehmen und zeigt auf, wo geeignete Ansatzpunkte für Entwicklungen liegen.

Wegweiser zum GEM System

Der GEM Wegweiser bietet eine Art Landkarte an: Mithilfe des Instruments eruieren Sie den Standort Ihres Unternehmens bezogen auf die Institutionalisierung von Gleichstellung, welche Richtungen und Wege Sie bisher eingeschlagen haben und ob sie damit bereits am Ziel angelangt sind. Darüber hinaus bietet er Ihnen auch die Möglichkeit, vom aktuellen Standort aus Richtung und Wege für die nächsten Schritte zur nachhaltigen Verankerung von Gleichstellung zu finden. Bereits etablierte Aktivitäten können miteinander verknüpft und zu einem sinnvollen GEM System weiterentwickelt werden.

◨ **Tab. 11.1.** Die GEM Toolbox – Eine Übersicht über die Instrumente

Tool	Empfohlener Anwendungsbereich	Unterstützung bei folgenden GEM Prozessphasen	Geeignet für		
			Kleinstbetrieb	KMU	Großbetrieb
Equality Scorecard	Unternehmen gesamt und Teilbereiche	Gender Analyse; Zieledefinition		✓	✓
Checkliste Equality Standards	Unternehmen gesamt	Gender Analyse; Zieledefinition	Teilweise	✓	✓
Gender Status von Organisationen	Unternehmen gesamt	Gender Analyse; Maßnahmenplanung	Teilweise	✓	✓
GEM Wegweiser	Unternehmen gesamt	Gender Analyse; Zieledefinition; Maßnahmenplanung; Realisierung; Controlling		✓	✓
4R-Analyse	Ausgewählte Zielgruppe und Fragestellung	Gender Analyse	✓	✓	✓
Gleichstellungscontrolling	Unternehmen gesamt und Teilbereiche	Vollständiger GEM Prozess		✓	✓
Mentoring	Unternehmen gesamt	Zieledefinition; Maßnahmenplanung; Realisierung		✓	✓
Die Gute Nachrede®	Unternehmen gesamt	Maßnahmenplanung; Realisierung		✓	✓
GEM Leitfaden Projekte	Jede Art von Projekten	Vollständiger GEM Prozess	✓	✓	✓
GEM Leitfaden Produkte bzw. Leistung	Produkte und Leistungen	Vollständiger GEM Prozess	✓	✓	✓
GEM Radarlogik	Produkte und Leistungen	Vollständiger GEM Prozess	✓	✓	✓
NPM-Checkliste	Produkte und Leistungen	Vollständiger GEM Prozess		✓	✓
Diagnose Abwehrmuster	Bezogen auf konkrete Personen bzw. Gruppen	Gender Analyse; Maßnahmenplanung	✓	✓	✓
Geschlechterdialog	Vom Team bis zum Teilbereich und gesamten Unternehmen	Realisierung	✓	✓	✓
GEM Audit	Unternehmen gesamt oder eigenständiger Teilbereich (z. B. Standort)	Umfassender GEM Prozess		✓	✓

4R Gender Analyse

klassisch und gut

Die 4R Gender Analyse ist der Klassiker unter den hier dargestellten Managementtools und bietet eine Vorgehensweise an, die jeweils für eine bestimmte Zielgruppe und eine bestimmte inhaltliche Fragestellung erlaubt, die Ausgangssituation sehr differenziert zu beschreiben. Damit erhalten Sie Ideen sowohl für das adäquate Zielesetzen als auch Inspirationen für geeignete Aktivitäten.

Gleichstellungscontrolling

Unser Vorschlag für ein gezieltes Gleichstellungscontrolling in Ihrem Unternehmen beinhaltet konkrete Indikatoren und deren Einbettung in bestehende Strukturen. Die Indikatoren beschreiben das Geschlechterverhältnis in verschiedenen Bereichen, die innerbetriebliche Segregation und berechnen die Stärke der gläsernen Decke in Ihrem Betrieb. Mithilfe des hier vorgestellten Controllings können Sie die Gleichstellungsperformance gezielter beobachten und steuern.

Mentoring

Ausgewogenes
Geschlechterverhältnis
in Führungspositionen

Das Mentoring ist eines der etablierten Instrumente zur Förderung eines ausgewogenen Geschlechterverhältnisses in allen Entscheidungsfunktionen des Betriebs. Wir skizzieren hier unsere Variante dieses Klassikers.

Die Gute Nachrede®

Dieses Instrument leitet an, was die aktuellen Führungskräfte (überwiegend Männer) tun können, damit die Kooperation mit weiblichen Mitgliedern auf der Führungsebene nachhaltig erfolgreich sein kann.

GEM Leitfaden für Projekte

Dieser Leitfaden führt Sie durch das gesamte Projekt, von der Auftragsklärung bis zum Projektabschluss, mittels konkreter Fragestellungen, die auf ein bestimmtes Projekt gerichtet werden.

Produkt- und Leistungsentwicklung

Für die Implementierung von Gender Mainstreaming in den Produkten und Leistungen halten wir gleich 3 Instrumente für Sie bereit:
- Der GEM Leitfaden führt sie mittels ausgewählter Fragestellungen durch den Prozess der Produkt- bzw. Leistungsentwicklung,
- die GEM Radar Logik führt Gleichstellungsaspekte in den bewährten Qualitätsmanagementkreislauf ein und
- die NPM Checkliste zeigt unsere Ergebnisse aus einem konkreten Auftrag, Gender Mainstreaming in das New Public Management zu integrieren.

Diagnose Abwehrmuster

Das Instrument zur Diagnose von Abwehrmustern versetzt Sie in die Lage, die in Ihrem Unternehmen vorhandenen Widerstände wahrzunehmen, einzuschätzen und daraus konkrete Handlungsanregungen zur Auflösung der Widerstände zu beziehen, damit diese Energien positiv nutzbar werden.

Widerstände auflösen

Geschlechterdialog

Der Geschlechterdialog ist ein Tool zur Förderung der partnerschaftlichen Zusammenarbeit von Frauen und Männern und stellt ein konkretes Teamentwicklungstool dar. Es fördert das Verständnis zwischen den Geschlechtern und macht meistens auch noch großen Spaß.

Das GEM Audit

Dieses beschreibt schließlich einen Organisationsentwicklungsprozess mit eigens entwickelten Instrumenten, der extern beraten wird. Die Beschreibung des Verfahrens endet mit den erfolgskritischen Faktoren für eine nachhaltige Implementierung von Gleichstellung in einem Unternehmen.

GEM ist Organisationsentwicklung

Es gibt im Bereich der Implementierung von Gender Mainstreaming viele weitere Instrumente, die hier an dieser Stelle hätten beschrieben werden können. Die meisten der hier vorgestellten Tools wurden von uns selber entwickelt und bilden daher unsere ganz persönliche GEM Toolbox. Sie stammen alle aus unserer Beratungserfahrung und wurden entwickelt, um Sie bei der Umsetzung von Gender Equality Management in Ihrem Unternehmen zu unterstützen. Wir hoffen, Sie mit unserer Auswahl zu inspirieren und Ihnen damit sehr brauchbare Tools für Ihren Managementalltag in die Hände zu legen.

Falls Sie die Implementierung für Ihr gesamtes Unternehmen bzw. einen sehr großen Bereich planen, empfiehlt es sich in jedem Fall, externe Beratung für den Prozess hinzuzuziehen.

Die Methode der Darstellung

In den folgenden Kapiteln finden Sie 15 unterschiedliche Instrumente für Ihr Gender Equality Management. Die Darstellung erfolgt meist nach dem anschließenden Schema:
- In einem ersten Schritt wird das Instrument dargestellt,
- in einem zweiten Schritt das Verfahren bzw. die Vorgehensweise. Fragen wie »worauf bezieht sich die Analyse«,»wer ist daran beteiligt« und »wie wird das Instrument konkret eingesetzt« werden hier beantwortet.

Wichtig ist uns, Sie einzuladen, die hier vorgestellten Managementtools als Inspiration zu sehen für eigene Weiterentwicklung oder maßgeschneiderte Übertragungen auf Ihr Unternehmen.

❶ Fühlen Sie sich frei, die Instrumente auf Ihre Rahmenbedingungen und Erfordernisse zu adaptieren. Alles, was der Gleichstellung dient, ist erlaubt.

Equality Scorecard zu den 8 Handlungsfeldern

12.1 Das Instrument

Selbstevaluierung
mithilfe ausgewählter
Fragestellungen

Sie wissen, dass in Bezug auf die Gleichstellung der Geschlechter in Ihrem Unternehmen noch nicht alles perfekt ist? Sie wissen um die Vergeudung und den Verlust, den Ihr Unternehmen damit erleidet? Sie möchten gerne konkret etwas unternehmen, um die Situation zu verbessern?

Die Equality Scorecard (❏ Tab. 12.1) erlaubt Ihnen eine erste umfassende Einschätzung zum Stand der Gleichstellung in Ihrem Unternehmen. Sie finden in der Auseinandersetzung mit den darin gestellten Fragen heraus, in welchen Handlungsfeldern Sie bereits stark sind und wo noch Erfolgspotenziale liegen. Auf der Basis dieser Erkenntnisse können Sie Schwerpunkte setzen und genau dort ansetzen, wo der Bedarf und die Erfolgswahrscheinlichkeit am größten sind.

Die Equality Scorecard ist ein Selbstevaluierungsinstrument. In Form ausgewählter Fragestellungen entlang der 8 Handlungsfelder (detaillierte Beschreibung ▶ Kap. 4) können Sie die Gleichstellungsperformance in Ihrem Betrieb prüfen. Das Arbeitsblatt finden Sie zum Download auf www.springer.com/978-3-540-75419-0.

❏ Tab. 12.1. Equality Scorecard

1	Datenanalyse	Ja, vollständig	Großteils	Teilweise	Nein, gar nicht
1.1	Werden alle personenspezifischen Daten im Unternehmen grundsätzlich geschlechterbezogen erhoben?				
1.2	Werden die relevanten Daten in Ihrem Unternehmen regelmäßig geschlechterbezogen ausgewertet und den Führungskräften zur Verfügung gestellt (inkl. Vergleichsdaten aus vorangegangenen Zeiträumen)? Relevante Daten sind z. B. die Anzahl der Mitarbeiterinnen und Mitarbeiter insgesamt, in den Hierarchiestufen, bei Qualifikation und Weiterbildung, in den verschiedenen Entgeltstufen und Arbeitszeitverhältnissen, Personalaufnahme, -abbau und Fluktuation, personenbezogene Daten aus den Controllinginstrumenten wie z. B. Erfolgskennzahlen, Daten aus Kund/innenbefragungen usw.				
1.3	Verwenden die Führungskräfte diese Daten zur Bestandsaufnahme und Beobachtung der Entwicklung als Grundlage für die Konzeption von Maßnahmen und Strategien zur Erreichung von Gleichstellung in ihrem jeweiligen Verantwortungsbereich?				
1.4	Gibt es ein verbindliches Controlling der Gleichstellungsperformance mittels entsprechender Indikatoren (bzw. geschlechterbezogener Auswertung bestehender Indikatoren)?				
1.5	Drücken Ihre aktuellen Daten die Gleichstellung von Frauen und Männern in allen Bereichen und auf allen Ebenen in Ihrem Unternehmen aus?				

2 Produkte und Leistungen	Ja, voll-ständig	Groß-teils	Teil-weise	Nein, gar nicht
2.1 Ist die Gleichstellungsorientierung ein verbindlicher und selbstverständlicher Teil bei der Entwicklung von Produkten und Leistungen?				
2.2 Wird bei der Definition der Ziele ausdrücklich darauf geachtet, dass geschlechterbezogene Unterschiede in den Voraussetzungen, Präferenzen, Erwartungen und im Nutzungsverhalten gleichstellungsorientiert Berücksichtigung finden?				
2.3 Bildet die geschlechterbezogene Zielgruppenanalyse die Basis für die Forschung, Entwicklung und Gestaltung Ihrer Produkte und Leistungen?				
2.4 Wird auf ein möglichst ausgewogenes Geschlechterverhältnis in den Forschungs- und Produktentwicklungsteams geachtet?				
2.5 Werden Erfolgsmessungen (z. B. Kund/innenzufriedenheit, Beschwerdemanagement, Kaufstromanalysen usw.) geschlechterbezogen durchgeführt und ausgewertet?				
3 Recruiting	**Ja, voll-ständig**	**Groß-teils**	**Teil-weise**	**Nein, gar nicht**
3.1 Werden für alle Funktionen transparente Anforderungsprofile erstellt, die Kompetenzen aus unterschiedlichsten Erfahrungen berücksichtigen? (Ausbildungen, Weiterbildungen, Familienkompetenzen, Berufserfahrungen, ehrenamtliche Arbeit usw.)				
3.2 Stehen alle Funktionen und Ausbildungsplätze dezidiert für Frauen und Männer offen?				
3.3 Wird dies auch in den Stellenausschreibungen entsprechend sichtbar (z. B. in den Bezeichnungen, in einer direkten Ansprache von Frauen und Männern und in der Benennung von Anforderungen, die nicht Geschlechtsstereotype aufrufen)?				
3.4 Werden Auswahlverfahren so gestaltet, dass die Gleichstellung von Frauen und Männern gesichert ist (z. B. durch Schulung der Interviewer/innen bzw. Assessor/innen, Gestaltung und Auswahl der Testverfahren, Auswahl der erfolgsrelevanten Kriterien usw.)?				
3.5 Werden auch interne Besetzungen transparent und chancengerecht ausgeschrieben und durchgeführt?				
3.6 Wird bei sämtlichen Stellenbesetzungen auf die entsprechende Qualifikation **und** die Erreichung eines ausgewogenen Geschlechterverhältnisses im betroffenen Bereich geachtet (z. B. durch positive Diskriminierung für das unterrepräsentierte Geschlecht)?				
3.7 Werden Frauen gezielt zur Bewerbung für Führungspositionen ermutigt und unterstützt?				
3.8 Werden Männer gezielt für frauendominierte Bereiche (z. B. Administration, Buchhaltung usw.) beworben?				
3.9 Wenden Sie Verfahren zu einer chancengerechten Arbeitsplatzbewertung für alle Bereiche in Ihrem Unternehmen an?				

▼

4	Personalentwicklung	Ja, vollständig	Großteils	Teilweise	Nein, gar nicht
4.1	Entspricht das Geschlechterverhältnis unter den Teilnehmer/innen der Weiterbildung für Potenzialträger/innen dem Geschlechterverhältnis unter den Beschäftigten?				
4.2	Haben Teilzeitkräfte uneingeschränkten Zugang zu allen Weiterbildungsmöglichkeiten?				
4.3	Gilt dies auch für Mitarbeiter/innen während der Karenz- bzw. Elternzeit?				
4.4	Gibt es für Männer **und** Frauen regelmäßig Mitarbeiter/innengespräche zur Erhebung der Potenziale und der Entwicklungsmöglichkeiten?				
4.5	Werden Frauen in gleichem Ausmaß wie Männer mit Sonderfunktionen beauftragt (z. B. Projektleitung, Leitungsstellvertretung, Teamleitung, Fachexpertise, Gremienmitarbeit, Vertretung bei Veranstaltungen)?				
4.6	Gibt es gezielte Personalentwicklungsmaßnahmen für Frauen (z. B. Mentoring, Die Gute Nachrede ®, frauenspezifische Angebote zur Karriereplanung)?				
4.7	Ist die Qualifizierung der Führungskräfte für ein professionelles Gender Equality Management fixer Bestandteil der Managementweiterbildung?				
4.8	Ist die Gleichstellung von Frauen und Männern in allen Bereichen der Weiterbildung verbindlich umgesetzt (z. B. durch die didaktische Gestaltung, die Integration in die Seminarinhalte, die Gender Kompetenz der Trainer/innen, die Sprache in den Dokumenten und Seminarunterlagen und die Gestaltung der Rahmenbedingungen wie Workshop-Zeiten, Kinderbetreuung usw.)?				

5	Lifebalance	Ja, vollständig	Großteils	Teilweise	Nein, gar nicht
5.1	Haben alle Mitarbeiter/innen auf allen Hierarchieebenen die Möglichkeit einer flexiblen Arbeitszeitgestaltung (Gleitzeit, Zeitkonten, Jahresarbeitszeit, Sabbatical, individuelle Vereinbarungen, Flexibilität bei Krisenfällen usw.)?				
5.2	Gibt es die Möglichkeit einer flexiblen Gestaltung des Arbeitsortes für alle Funktionen (Teleworking usw.)?				
5.3	Gibt es Teilzeitangebote für Führungskräfte (z. B. Job-sharing)?				
5.4	Gibt es Unterstützung bei der Kinderbetreuung bzw. bei der Organisation der Kinderbetreuung?				
5.5	Gibt es eine gezielte Ermutigung und Unterstützung von Vätern, die Angebote zur Vereinbarung von Privatleben und Beruf auch selbst in Anspruch zu nehmen?				
5.6	Gibt es verschiedene Angebote für Mitarbeiter/innen in der Karenz- bzw. Elternzeit (z. B. gezielte Gespräche für Gestaltung der Karenz- bzw. Elternzeit und Wiedereinstieg, Information und Weiterbildung, Vertretungsarbeit, Beschäftigung)?				
5.7	Werden Mitarbeiter/innen beim Wiedereinstieg nach der Karenz- bzw. Elternzeit speziell gefördert (z. B. Mentor/innen, Wiedereinstiegskurse für Väter bzw. Mütter)?				
5.8	Gibt es Angebote zur Erhaltung der Gesundheit, die sich gezielt an alle Mitarbeiter/innen richten?				

12

6	Partnerschaftliche Zusammenarbeit	Ja, vollständig	Großteils	Teilweise	Nein, gar nicht
6.1	Wird bei der Zusammensetzung von Teams und Projektgruppen auf ein ausgewogenes Geschlechterverhältnis geachtet?				
6.2	Wird auf eine chancengerechte Verteilung von Aufgaben und Verantwortung (zwischen Frauen und Männern) in Projektgruppen und Teams aller Bereiche geachtet?				
6.3	Ist das Geschlechterverhältnis in den obersten Hierarchieebenen ausgewogen (mindestens 40 : 60)?				
6.4	Gibt es gezielte Maßnahmen wie z. B. Workshops zum Thema partnerschaftliche Zusammenarbeit oder eigens durchgeführte »Geschlechterdialoge« zur Förderung des partnerschaftlichen Arbeitsklimas?				
6.5	Werden Führungskräfte für das Thema »Förderung der partnerschaftlichen Zusammenarbeit« bewusst sensibilisiert und qualifiziert?				
6.6	Gibt es konkrete Strategien und Maßnahmen, um sexuelle Diskriminierung, Gewalt und Mobbing zu verhindern bzw. um bei entsprechenden Vorfällen angemessen zu handeln?				
7	**Institutionalisierung**	Ja, vollständig	Großteils	Teilweise	Nein, gar nicht
7.1	Gibt es eine Stelle bzw. Abteilung o. Ä. für die interne Beratung und Begleitung der Führungskräfte bei der Umsetzung von Gleichstellung?				
7.2	Gibt es Konzepte und Maßnahmen zur gezielten Erhöhung des Frauenanteils in unterrepräsentierten Funktionen?				
7.3	Gibt es Konzepte und Maßnahmen zur gezielten Erhöhung des Männeranteils in frauendominierten Bereichen?				
7.4	Ist die Prüfung der Gleichstellungsperformance in die betrieblichen Controllingprozesse integriert?				
7.5	Sind die unternehmensweiten Gleichstellungsziele verbindlich festgelegt?				
7.6	Ist Gender Budgeting als Instrument zumindest in Teilbereichen (z. B. Weiterbildungsbudget, Lohnkosten inkl. sämtlicher Zulagen bzw. Einkommensbestandteile) eingeführt?				
7.7	Gibt es konkrete Projekte zur Verbesserung der Gleichstellung im Betrieb?				
7.8	Gibt es verbindliche Equality Standards, die unternehmensweit gelten (z. B. zur Zusammensetzung von Teams, Quoten für die Erreichung eines ausgewogenen Geschlechterverhältnisses bei der Personalauswahl, Gleichstellungsorientierung bei der Produktentwicklung)?				
7.9	Gibt es in Ihrem Unternehmen verbindliche Vorgaben zur Verwendung einer geschlechtergerechten Sprache in allen Dokumenten und der Vermeidung geschlechterstereotyper und diskriminierender Bilder?				

8	Unternehmenskultur	Ja, voll-ständig	Groß-teils	Teil-weise	Nein, gar nicht
8.1	Gibt es in den Dokumenten, welche die Unternehmenskultur wider-spiegeln (z. B. Leitbild, Unternehmensgrundsätze, Website) ein klares Bekenntnis zur Gleichstellung?				
8.2	Ist das Commitment der obersten Hierarchieebene zur Gleichstellung glaubwürdig, d. h. in ihrem Verhalten und ihren Entscheidungen sichtbar?				
8.3	Gibt es Bewusstseinsbildung zum Thema Gleichstellung bei Entschei-dungsträger/innen und Mitarbeiter/innen (z. B. in Form von Veran-staltungen, gezielter Kommunikation von erfolgreichen Beispielen und Rolemodels, regelmäßiger Darstellung der Fortschritte und des Nutzens)?				
8.4	Wird Gleichstellung gezielt als Thema für Frauen und Männer ver-standen und kommuniziert (mit der Ausgewogenheit der Geschlech-terverhältnisse in allen Bereichen und auf allen Ebenen als grund-sätzlichem Ziel)?				
8.5	Ist der Umfang der Arbeitszeit selbstverständlich kein Hindernis für eine berufliche Karriere?				
8.6	Werden geschlechterbezogene Klischees und sexistische Aussagen in der internen und externen Kommunikation gezielt vermieden?				
8.7	Ist die geschlechtergerechte Darstellung von Frauen und Männern in Werbung und Marketing auch Teil der verbindlichen Vorgaben für die kooperierenden externen Kommunikationsagenturen?				
8.8	Gibt es Kommunikationsstrategien, die sich gezielt an Ihre Kundin-nen oder gezielt an Ihre Kunden richten (z. B. weil Sie damit besser deren Bedürfnissen gerecht werden)?				
8.9	Ist bei der Auftragsvergabe an Lieferant/innen oder der Auswahl von Geschäftspartner/innen deren Gleichstellungsorientierung ein Krite-rium?				

12

12.2 Das Verfahren

Die Equality Scorecard bietet Ihnen die Möglichkeit, die Umsetzung der Gleichstellung in Ihrem Unternehmen zu prüfen. Die Nutzungsmöglichkeiten sind vielfältig und unterscheiden sich v. a. in der Frage, auf welchen Bereich sich die Scorecard beziehen soll und wer in die Analyse einbezogen wird.

auf welchen Bereich soll sich die Gener Analyse beziehen?

12.2.1 Was und wer?

Welchen Bereich wollen Sie analysieren?

Sie können die Equality Scorecard nutzen, um **das gesamte Unternehmen** zu untersuchen und erhalten dadurch Erkenntnisse für unternehmensweite Handlungsfelder. Es bietet sich jedenfalls an, diesen Fokus regelmäßig zu setzen, um damit auch die entsprechenden Entwicklungen und Erfolge beobachten zu können.

Die Equality Scorecard eignet sich auch, um **bestimmte Teilbereiche** Ihres Betriebs zu analysieren. So kann es interessant sein, z. B. Produktion und Verwaltung oder verschiedene Standorte miteinander zu vergleichen, wenn Sie vermuten, dass sich diese in ihrer Gleichstellungsorientierung unterscheiden.

Schließlich können Sie auch nur **ausgewählte Handlungsfelder** der Equality Scorecard analysieren und diese für einen bestimmten Zeitraum besonders in den Fokus nehmen.

Wer wird beteiligt?

Im Idealfall werden die Fragen der Equality Scorecard in einem Team und im Dialog beantwortet. Je nachdem auf welchen Bereich sich Ihre Analyse beziehen soll, ist die Frage der Beteiligung entsprechend zu klären. Folgende Merkmale sollten jedenfalls in diesem GEM Team repräsentiert sein:

Gender Analyse im Team-Dialog

- **Entscheidungskompetenz**: Führungskräfte aus diesem Bereich, möglichst aus allen Ebenen;
- **Wissen und Erfahrung** zum ausgewählten Bereich: Menschen mit fachlichem Wissen, Erfahrungen aus unterschiedlichen Zeithorizonten (lange und kurze Betriebszugehörigkeit), und Arbeitnehmer/innenvertretung bzw. Betriebsrät/innen;
- **Gleichstellungs-Know-how**: Personen mit Gleichstellungs-Know-how können bereits intern etablierte Expert/innen wie z. B. eine Gleichstellungsbeauftragte oder andere Mitarbeiter/innen mit entsprechendem Wissen sein. Ist entsprechendes Wissen nicht vorhanden, empfiehlt es sich, dieses z. B. durch interne Trainings für Führungskräfte aufzubauen bzw. durch externe Beratung einzubringen;
- Möglichst **ausgewogenes Geschlechterverhältnis**: Im GEM Team sollten jedenfalls Männer und Frauen sein. Falls Ihr Betrieb bzw. der ausgewählte Bereich stark männer- bzw. frauendominiert ist, empfiehlt sich, mindestens 2 Personen des unterrepräsentierten Geschlechts ein-

zubeziehen. Das GEM Team erhält von der Unternehmensleitung einen klaren Auftrag für die Durchführung der Gender Analyse mithilfe der Scorecard. Die Leitung des Teams teilen sich idealerweise eine Frau und ein Mann partnerschaftlich.

Erkenntnisse und Ent-
scheidungen transparent
kommunizieren

Die Erkenntnisse werden der Unternehmensleitung präsentiert, welche die Entscheidung für die nächsten Schritte trifft. Die Beschäftigten werden über die etablierten internen Kommunikationskanäle (Abteilungsbesprechung, Veranstaltungen, Betriebsversammlung, Intranet, interner Newsletter usw.) informiert. Denkbar ist auch eine stärkere Beteiligung aller Mitarbeiter/innen, indem die Ergebnisse und Erkenntnisse in den verschiedenen Teilbereichen diskutiert, Verbesserungsvorschläge gesammelt und an die verantwortlichen Führungskräfte weitergeleitet werden. In diesem Fall ist wichtig, transparent zu kommunizieren, was mit diesen Vorschlägen geschieht, wie sie bewertet und ob sie umgesetzt werden. Das Prozedere kann in das bereits etablierte Qualitätsmanagement eingebunden werden.

12.2.2 Wie?

Die konkrete Handhabung

Dialog über Gleichstellung
fördern

Die Equality Scorecard versteht sich als Selbstbewertungsinstrument. Es soll Ihnen nicht nur ein Bild der aktuellen Gleichstellungssituation vermitteln, sondern auch den Dialog über das Thema selbst und die vielfältigen Handlungsfelder und -möglichkeiten fördern.

Viele gute Gründe, um die Hürden zu nehmen

Das erste Mal

Das Team ist gebildet, der Auftrag klar. Nun kann die eigentliche Gender Analyse mithilfe der Equality Scorecard beginnen. In einem Workshop werden die Fragen miteinander im Dialog erarbeitet, um zu einer gemeinsamen Einschätzung der Situation zu kommen. Eine Einführung in das Thema Gender Mainstreaming ist dabei jedenfalls von großem Nutzen. Dies kann z. B. durch einen Input der Person mit Gleichstellungs-Knowhow zu Beginn des Workshops erfolgen. Der erste Teil dieses Buches über Strategie und Prozess von Gender Mainstreaming bietet dafür ausreichend Stoff. Die Erläuterung der 8 Handlungsfelder als konzeptiver Rahmen für die Equality Scorecard stellt dabei einen wichtigen Teil dar. Ziel dieser Einführung ist, alle Mitglieder des Teams mit Basisinformation zu versorgen und eine gemeinsame Begriffsklärung vorzunehmen. Dies erleichtert die folgende Arbeit mit der Equality Scorecard sehr. Gibt es keine Möglichkeit für diese persönliche Einführung, sollten alle zumindest die ersten Kapitel dieses Buchs bis zur Beschreibung der 8 Handlungsfelder gelesen haben. Die hier investierte Zeit verbessert die Qualität des Dialogs und führt schneller zu aussagekräftigen Ergebnissen.

gemeinsame Begriffsklärung vornehmen

Der Workshop. Variante 1

Die Arbeit mit der Equality Scorecard kann vielfältig gestaltet werden. In jedem Fall ist es ein schrittweiser Prozess, der am Ende zu einem gemeinsamen Ergebnis und einer Zusammenfassung der Erkenntnisse führt. In der ersten Variante wird die Equality Scorecard auf große Papierbögen kopiert und im Raum auf Pinwänden verteilt (2 Handlungsfelder pro Pinwand). Jedes Mitglied des GEM Teams erhält Klebepunkte und nimmt eine ganz persönliche Einschätzung für jede Frage vor. Wichtig ist, dass hier nicht so sehr Wissen abgefragt wird, sondern die individuell wahrgenommene interne Wirklichkeit wiedergegeben wird. Jede Einschätzung ist »richtig« und sollte unbeeinflusst von denen der anderen Teammitglieder erfolgen. Die Klebepunkte haben 2 unterschiedliche Farben: Frauen erhalten z. B. grüne Punkte und Männer gelbe. Mögliche Unterschiede in der Einschätzung zwischen den Geschlechtern können damit deutlich gemacht werden. Haben alle Personen ihre Einschätzung durch Kleben der Punkte kundgetan (ein Punkt pro Frage), kann ein erster Gesamteindruck gemacht werden: In welchen Fragen sind Sie sich eher einig? Wo gehen die Einschätzungen weit auseinander? Gibt es Einschätzungen, die Frauen und Männer unterschiedlich vorgenommen haben? Wo sehen Sie Stärken bzw. Erfolgspotenziale bezogen auf die Gleichstellungsperformance in Ihrem Unternehmen?

schrittweiser Prozess

Im folgenden Dialog – je nach Gruppengröße in Kleingruppen oder Plenum – werden die Bewertungen Frage für Frage, Handlungsfeld für Handlungsfeld besprochen und so langsam zu einer gemeinsamen Einschätzung zusammengeführt. Es empfiehlt sich, mit Handlungsfeldern zu beginnen, in denen die Beurteilungen eher übereinstimmen, um dann schließlich auch jene Felder zu analysieren, die sehr unterschiedlich wahrgenommen werden. Das Ziel ist, eine gemeinsame Bewertung zu finden, welche die Unternehmenswirklichkeit am besten beschreibt. Gibt es bereits geschlechterbezogene Daten oder sogar Gleichstellungsindikatoren im Betrieb, können diese für die Einschätzung bestimmter Fragen zusätzlich herangezogen werden. Gibt es sie noch nicht, wird vermutlich bei der einen oder anderen Einschätzung der Wunsch und letztlich der Bedarf nach entsprechenden Daten entstehen. Erkenntnisse wie diese, die während des Dialogs entstehen, fließen in die Zusammenfassung der Ergebnisse und Empfehlungen für Maßnahmen ein.

Zusammenfassung und Empfehlungen im abschließenden Resümee

Sind alle Handlungsfelder analysiert, bildet ein gemeinsames Resümee den Abschluss des Workshops. Das Resümee beinhaltet:

- eine Zusammenfassung der Einschätzungen, in der Stärken und Erfolgspotenziale hervorgehoben werden,
- die wesentlichen Erkenntnisse aus der Arbeit mit der Scorecard,
- eine Empfehlung für eine Schwerpunktsetzung bei den folgenden Aktivitäten und
- eine erste Ideensammlung für mögliche nächste Schritte und Maßnahmen.

Die Leiterin und der Leiter des Teams präsentieren das Resümee der Unternehmensführung als Grundlage für deren Entscheidungen. Möglicherweise finden sie Ergebnisse überraschend und wollen ausgewählte Fragen in ihre regelmäßige interne Mitarbeiter/innenbefragung integrieren, um sie genauer zu untersuchen. Oder Ergebnisse sind so eindeutig, dass sie sofort konkrete Maßnahmen entwickeln und umsetzen möchten.

Geeignete Maßnahmen und Strategien zur Verbesserung der Gleichstellung können jetzt jedenfalls gezielt entwickelt und umgesetzt werden.

Der Workshop. Variante 2

geschlechterbezogene Einschätzungen sichtbar machen

Bei der zweiten Variante wird das GEM Team nach der Einführung in das Thema in Kleingruppen aufgeteilt, die eine jeweils gemeinsame Bewertung vornehmen. Interessant ist hier eine Trennung in eine Frauen- und eine Männergruppe, um geschlechterbezogene Wahrnehmungen besser sichtbar zu machen. Ist das Team größer, können zusätzlich gemischte Kleingruppen gebildet werden. Im Plenum werden die wesentlichen Ergebnisse und Erkenntnisse verglichen und aufeinander abgestimmt, so dass es auch hier zu einer gemeinsamen Einschätzung der aktuellen Gleichstellungssituation kommt. Wichtig ist ebenso die Frage, wo Gemeinsamkeiten und Unterschiede in der wahrgenommenen Wirklichkeit zwischen Frauen und Männern liegen und ob diese Aufschluss für zu ergreifende Maßnahmen geben. Selbstverständlich bildet auch in Variante 2 das Resümee, das danach der Unternehmensführung präsentiert wird, den Abschluss des Workshops.

Regelmäßige Anwendung

Der Wert der Gender Analyse mithilfe der Equality Scorecard steigt mit ihrer wiederholten Anwendung: Zur Einschätzung der aktuellen Situation kommt die Beobachtung der Entwicklung und Erfolge hinzu. Die Wirkung von umgesetzten Maßnahmen kann verfolgt und ggf. auch gefeiert werden.

Der Grund für geringe Wirkungen kann untersucht und Maßnahmen können geändert, weiterentwickelt oder gänzlich durch neue ersetzt werden. Zudem kommt eine wachsende Erfahrung und Expertise im Umgang mit dem Instrument hinzu und so werden Analyse und Dialog verfeinert. All dies trägt auch zu einer Weiterentwicklung der Unternehmenskultur bei, die Umsetzung des Gender Mainstreaming in Form von Gender Equality Management wird zu einer Selbstverständlichkeit.

Weiterentwicklung der Unternehmenskultur

Vergleich innerhalb Ihres Unternehmens

Führen Sie die Gender Analyse mit Hilfe der Equality Scorecard in unterschiedlichen Teilbereichen Ihres Betriebs durch, ist ein Vergleich der Ergebnisse nahe liegend und empfehlenswert. Die Gegenüberstellung bringt Gemeinsamkeiten und Unterschiede ans Licht, deren Analyse ebenfalls zur Weiterentwicklung und Verbesserung der unternehmensweiten Gleichstellungsperformance führen kann. Der interne Wettbewerb kann die Erfolgsgeschwindigkeit erhöhen und ermöglicht ein internes Benchmarking. Handlungsfelder, die in vielen Bereichen Entwicklungspotenzial aufweisen, können unternehmensweit behandelt werden. So entsteht eine förderliche Wechselwirkung zwischen Teilbereichen und dem Betrieb als Ganzem.

internes Benchmarking

Faire Urlaubsplanung

Die Equality Scorecard als Instrument zur Zielentwicklung

Die Equality Scorecard ist nicht nur geeignet, den Status quo in Ihrem Unternehmen zu bewerten, sondern auch auf dieser Grundlage entsprechende Ziele festzulegen. Dies kann z. B. mit einem Zeithorizont von 1 und 5 Jahren dargestellt werden. Wählen Sie jene Ziele aus, die bereits im kommenden Jahr umgesetzt werden sollen und jene, die mittelfristig erreicht werden können. Möglicherweise setzen Sie z. B. kurzfristig Prioritäten im Handlungsfeld Datenanalyse, um die Grundlagen für gezielte Auswertungen zu schaffen. Auf dieser Basis wollen Sie dann in den kommenden Jahren ein professionelles Gender Equality Management aufbauen und dabei v. a. im Bereich Recruiting und Lifebalance Schwerpunkte setzen. Hier entwickelte Ziele werden in die in Ihrem Betrieb bestehenden Zielvereinbarungen verbindlich integriert.

kurz- und mittelfristige Planung

> » Gleiche Chancen gibts in der Automobilindustrie bei gleicher Qualifikation. Hier müssen die Unternehmen Akzente setzen und Herausforderungen platzieren: Im eigenen Haus und in der bildungspolitischen Landschaft sind ungewöhnliche Qualifizierungsmaßnahmen für Frauen einzufordern und zu verwirklichen. «
> Armin Kreuzthaler, Leiter Personalentwicklung bei der Magna Steyr Group

Abweichungen rechtzeitig wahrnehmen

Bei der regelmäßigen Arbeit mit der Equality Scorecard können Zwischenergebnisse mit den definierten Zielen verglichen werden. Abweichungen vom geplanten Soll können auf diese Weise rechtzeitig wahrgenommen und entsprechende Maßnahmen ergriffen werden.

Lieber maßgeschneidert?

Die hier von uns entwickelte Equality Scorecard bildet die 8 Handlungsfelder auf eine möglichst allgemeine Art ab, so dass sie für alle Betriebe aus allen Bereichen anwendbar ist. Natürlich kann das Instrument genau für Ihr Unternehmen weiterentwickelt werden, indem z. B. Begrifflichkeiten aus dem Bereich Ihrer Wirtschaftstätigkeit verwendet werden, die Handlungsfelder stärker auf Ihren Betrieb operationalisiert werden, als Ergänzung oder Ersatz für bestehende Fragen. Vielleicht ist Ihnen wichtig, bei manchen Handlungsfeldern differenzierter zu analysieren oder andere weniger ausführlich zu behandeln.

Die Weiterentwicklung der Scorecard zu einem maßgeschneiderten Instrument kann eine Anregung aus der ersten Anwendung des GEM Teams sein. Die Umsetzung erfolgt mit einer Gruppe von internen Expert/innen bzw. in Kooperation mit einer externen Beratung.

Checkliste zu den Equality Standards

Standards definieren
grundsätzliche
Anforderungen

Die Equality Standards definieren grundsätzliche Anforderungen – und im besten Fall klare innerbetriebliche Vorgaben – für die Umsetzung von Gleichstellung (▶ Kap. 5). Auch wenn hier »nur« 4 Standards definiert wurden, so bedeutet eine konsequente Umsetzung bereits eine weit reichende Weiterentwicklung eines Unternehmens in Richtung Gleichstellung.

Das hier vorgestellte Instrument dient zur Selbstbewertung bzw. Zieldefinition, das Sie bei der Umsetzung der Equality Standards unterstützt.

13.1 Das Instrument

◧ Tab. 13.1 stellt die Bewertungsmatrix vor. Das Arbeitsblatt finden Sie zum Download auf www.springer.com/978-3-540-75419-0.

13.2 Das Verfahren

Bewertung der Ist-Situation

Selbstbewertungs-Matrix

Mit der Checkliste bewerten Sie selbst, wie weit die Equality Standards bereits in Ihrem Betrieb etabliert sind. Im ersten Schritt ordnen Sie mit Hilfe diese Matrix jedem Teilaspekt eine prozentuelle Bewertung zwischen 0% und 100% zu (s. Punktebewertung am Ende der Matrix). Sie haben auch innerhalb der verschiedenen Bewertungskategorien Spielraum für eine unterschiedliche Punktevergabe, den Sie nutzen können. Aus den einzelnen Bewertungen ergibt sich in deren Durchschnitt ein Gesamtergebnis, das gleichzeitig den Erfüllungsgrad der einzelnen Standards bzw. der gesamten Standardisierung in Ihrem Betrieb widerspiegelt. Stärken und Verbesserungspotenziale lassen sich klar identifizieren.

Stärken

Stärken nachhaltig sichern

Das Ergebnis der Bewertung zeigt, wo die Stärken liegen bzgl. Standardisierung in Ihrem Betrieb. Hohe Punktezahlen zeichnen sie als vorbildlich aus: Es gibt derzeit noch wenige Unternehmen, die bereits gleichstellungsorientierte Standards etabliert haben. Eine wichtige Frage bei den Stärken ist: Wie können diese guten Ergebnisse nachhaltig gesichert werden?

Verbesserungspotenziale

Mit der Selbstbewertung werden auch jene Bereiche sichtbar, in denen die Standardisierung noch weniger fortgeschritten oder gar nicht vorhanden ist. Hier gilt es zu überlegen, welche nächsten Schritte für die weitere Verankerung nützlich sind. Es kann sinnvoll sein, sich auf die Etablierung eines Standards zu konzentrieren, z. B. die geschlechterbezogene Datenerhebung und -auswertung, und diese umfassend aufzubauen.

◨ **Tab. 13.1.** Bewertungsmatrix Equality Standards

Standards	Bewertung				
	0% (KNA)	25% (EA)	50% (N)	75% (KN)	100% (UN)
Geschlechterbezogene Datenanalyse					
Auf allen Ebenen und in allen Bereichen: Entscheidungen basieren auf einer geschlechterbezogenen Analyse der Ausgangssituation.					
Personenspezifische Daten werden geschlechterbezogen gesammelt, interpretiert und aufbereitet.					
In allen Bereichen mit Relevanz für Menschen werden Indikatoren und Messkriterien geschlechterbezogen erhoben und ausgewertet.					
Geschlechtergerechte Sprache					
Alle Dokumente (Leitbild, Marketingmaterialien usw.) werden in einer geschlechtergerechten Sprache formuliert.					
Alle Dokumente und Marketingmaterialien werden mit gleichstellungs-orientierten Bildern illustriert, geschlechterstereotype Darstellungen und Formulierungen werden vermieden.					
Wir verwenden eine Sprache, die beide Geschlechter sichtbar macht (und nicht neutralisiert).					
Gleiche Teilhabe von Frauen und Männern an Entscheidungen					
Wir haben verbindliche Ziele festgelegt für ein ausgewogenes Geschlechterverhältnis auf allen Entscheidungsebenen.					
Wir setzen gezielte Maßnahmen und Strategien für die Erreichung eines ausgewogenen Geschlechterverhältnisses auf allen Entscheidungsebenen.					
Die Leitung von Projekten wird bevorzugt Frauen übergeben (solange das Geschlechterverhältnis in Führungspositionen nicht ausgewogen ist).					
Die verantwortliche Führungskraft sorgt (in ihrem Verantwortungsbereich) für regelmäßige Information und Transparenz zum aktuellen Stand der Gleichstellung; sowohl Richtung Mitarbeiter/innen als auch Richtung Vorgesetzte.					
Integration von Gleichstellung in die Controllinginstrumente					
Alle Ziele, die Menschen betreffen, werden gleichstellungsorientiert definiert, die Zielerreichung entsprechend geschlechterbezogen dargestellt (Indikatoren).					
Die Führungskräfte sind zu einem regelmäßigen Evaluationsbericht bzgl. der Erreichung dieser Ziele verpflichtet.					
Selbstverständlicher Teil der Controllingroutinen ist die geschlechterbezogene Auswertung der Ergebnisse und gezielte Steuerung der Geschlechterverhältnisse: Entwicklung und Umsetzung von (neuen, adaptierten) Zielen, Strategien und Maßnahmen.					
Durchschnitt Bewertung Standard »Daten«					
Durchschnitt Bewertung Standard »Sprache«					
Durchschnitt Bewertung Standard »Teilhabe«					
Durchschnitt Bewertung Standard »Controlling«					
GESAMTBEWERTUNG STANDARDISIERUNG (Durchschnitt)					
Bewertung bzw. Gesamtbewertung (Punkte)	0–10	15–35	40–60	65–85	90–100

Das Bewertungsschema ist dem EFQM-Qualitätsmanagementmodell entnommen: KNA Kein Nachweis oder anekdotisch, EA Einige Nachweise, N Nachweise, KN Klare Nachweise, UN Umfassende Nachweise

Regelmäßiger Check

Wie bei allen Diagnoseinstrumenten ist es empfehlenswert, die Bewertung in gleichmäßigen Zeitabständen (z. B. alle 2 Jahre) zu wiederholen. Die Entwicklung der Standardisierung – Fortschritte und Rückschritte – kann auf diese Weise beobachtet und dokumentiert, steuernde Maßnahmen können ergriffen werden.

Selbstverständlich
Gleichstellung umsetzen

Standards helfen in jedem Fall den Mitarbeiter/innen wie den Führungskräften bei der selbstverständlichen Umsetzung von Gleichstellung in Ihrem Betrieb.

13

Der Gender Status von Organisationen

14.1 Das Instrument

Wo steht die Organisation?

Dieses Instrument erlaubt, eine Aussage darüber zu machen, wo eine Organisation in der Genderfrage steht, welche Problemstellungen sie bereits hinter sich gebracht hat und was ihr womöglich bevorsteht. Dazu werden 3 unterschiedliche Personengruppen hervorgehoben und ihr Verhalten charakterisiert.

Einflussfaktoren

Welche persönlichen Einstellungen und Haltungen wir in Bezug auf die Förderung der Geschlechtergleichstellung in einer Organisation vorfinden, wird von einer Vielzahl von Faktoren beeinflusst, z. B. durch:

- ideologische Verbindlichkeit,
- persönliche Überzeugung und Erfahrung,
- Erwartungen und Standards (wie wird eine – das Geschlechterverhältnis betreffend – befriedigende Situation beschrieben?),
- theoretische Gender Analyse, ob sie sich auf Wohlfahrt, Verteilgerechtigkeit, Fairness und Gerechtigkeit, Möglichkeit zur Beteiligung usw. fokussiert,
- Sorgen um das Image der Organisation (eher als inhaltliche Sorgen),
- wem gegenüber die Person verantwortlich ist und sich verantwortlich fühlt,
- konkrete Umsetzung, Wunsch nach Wirksamkeit,
- Angst, Schuld, Scham, Verlegenheit,
- aufgeklärtes Eigeninteresse sowie
- unaufgeklärtes Eigeninteresse.

Muster und Prozesse

❏ Tab. 14.1 zeigt verschiedene Muster und dynamische Prozesse, die im Zusammenhang mit der Entwicklung im Geschlechterverhältnis beobachtet werden können: aufeinander folgend oder synchron. Das Diagramm veranschaulicht typische Reaktionsmuster verschiedener Gruppen in Organisationen im Prozess einer Gender Entwicklung: Management, Angestellte und Aktivist/innen der Genderveränderung.

14

14.2 Das Verfahren

Schema flexibel handhaben

Dieses Schema ist sehr flexibel. Die Tabelle stellt zwar das Verhalten der 3 Personengruppen Management, Angestellte und Aktivist/innen der Genderveränderung auf den Stufen 1, 2 und 3 dar, was auf den ersten Blick statisch wirkt. In der Realität sind Wechselbeziehungen, Bündnisse, Entwicklungsprozesse und Einflussachsen sehr viel komplexer.

Entwicklungen nicht linear

Diese Typologie kann z. B. als Illustration einer zeitlichen Entwicklung verstanden werden. Dabei können wir beobachten, wie sich Personen entlang der vertikalen Achse bewegen, so, wie die Pfeile dies anzeigen. Selbstverständlich ist auch diese Entwicklung nicht automatisch und linear. Auch Rückschritte sind nicht ausgeschlossen.

Einfluss ausüben

Auch in Arbeitsbeziehungen finden wir Einfluss- und Drucksituationen. Wichtige Personen üben Druck und Einfluss aus – in der Hierarchie auf- und abwärts. Die Führungsebene kann sich dadurch angegriffen

Tab. 14.1. Typische Muster und Reaktionen im Prozess der Organisationsveränderung. (Macdonald et al. 1997)

Stufen des Gender Bewusstseins	Typische Reaktionen des Managements, der Führung	Typische Reaktionen von Angestellten, wenig dominanten Gruppen	Typisches Modell der Aktivist/innen der Gender-veränderung	Typische Strategien von Vertreter/innen der Gender-veränderung
1 Blindheit in Bezug auf Genderfragen: Unterschiede bzgl. Gender werden nicht erkannt. Annahmen beinhalten Befangenheit zu Gunsten der bestehenden Gender Beziehungen.	Defensiv: schnell beschuldigt; isoliert durch Macht	Passiv: Mangel an Bewusstsein	**Einsame/r Pionier/in:** ist oft stigmatisiert; fühlt sich schikaniert; braucht Unterstützung	Genderfragen thematisieren; Fakten und Zahlen liefern; formell und informell organisieren
2 Bewusstsein für Genderfragen vorhanden: Gender Unterschiede werden festgestellt, aber die Erkenntnisse nur teilweise oder nicht in die Praxis umgesetzt.	Fühlt sich angegriffen; eingeschüchtert, manchmal unter Druck und darauf erpicht, »politisch korrekt« zu sein	Mehr und mehr bewusst, aber fürchtet sich davor, etwas in Gang zu setzen; andere, die sich durch die Veränderungen bedroht fühlen	**Kämpfer/in:** charismatisch; risikofreudig, konfliktbereit; mit geringer Unterstützung in der Organisation	Argumentieren auf Basis von Ideologie und Werten; Aufbau von strategischen Bündnissen (innerhalb und außerhalb der Organisation)
3 Neuverteilung der Gender Rollen: Interventionen werden angestrebt, um die bestehende Rollenverteilung zu verändern und diese besser auszubalancieren.	Trägt dem Image der Organisation bzgl. der Genderfragen Sorge; daran interessiert, mit den Vertreter/innen der Veränderungen Allianzen einzugehen; braucht Unterstützung in der Entwicklung der Verfahrensweise und der Durchführung	Bereit, das Management zu unterstützen; benötigt Fähigkeiten, Werkzeuge und Techniken, um Inhalte in die Praxis umzusetzen	**Spieler/in:** nutzt Spielräume, erkennt Gelegenheiten, verhandelt; ist diplomatisch und flexibel	Herstellung, Planung und Überwachung von Evaluationssystemen; Mechanismen für das Lernen und die Verantwortlichkeit; Förderung von innovativen Verfahren; Aufbau von externen Netzwerken

fühlen (durch die Kämpfer/innen) oder angeschuldigt (durch die Pionier/innen). So kann sie z. B. mit Abwehr, Verteidigung der eigenen Interessen und Positionen, Schuldgefühlen usw. reagieren, wenn sie von den »Kämpfer/innen« angegangen werden. Nach unten kann der Einfluss auf die weniger dominanten Gruppen einen Entwicklungsprozess anschieben und das Bewusstsein zum Thema erweitern usw.

14.2.1 Was und wer?

Bevor ein Gender Mainstreaming Prozess eingeleitet wird, kann es für alle Beteiligten interessant sein, sich über den Gender Status des Unternehmens Gedanken zu machen. Dieser Gender Status kann Aufschluss darüber ge-

Gender Status als erste Einschätzung

ben, wie ein Prozess aufgebaut werden kann, mit welchen Widerständen gerechnet werden soll und auf welche Unterstützung gezählt werden kann.

Verschiedene Personen(gruppen) können das Instrument nutzen

Führungskräfte, Gleichstellungs-, Diversity-Beauftragte, Betriebsrät/innen und weitere Interessierte können dieses Instrument selbstständig anwenden. Durch Bearbeitung in einer Gruppe werden die Einschätzungen natürlich differenzierter.

Der Gender Status inspiriert die Verantwortlichen, wo und wie sie die nächsten Ziele setzen können.

Entwicklung beobachten

Dieser Gender Status kann auch in zeitlichen Abständen immer wieder erhoben werden, als Monitoring, wie sich die Organisation in der Genderfrage entwickelt und wo sich die 3 Personengruppen in Bezug auf die Genderfrage befinden. Fort- und Rückschritte können in Bezug auf die Stufe des Gender Bewusstseins festgestellt werden. Bezüglich der Personengruppen kann beobachtet werden, wie sich personelle Wechsel und Veränderungen bei der einen Gruppe auf die anderen auswirken.

14.2.2 Wie?

Einschätzung durch eine Einzelperson

Vorgehen als Einzelperson

Nehmen Sie die Tabelle und kreuzen Sie diejenigen Felder an, die Ihrer Beobachtung nach für Ihr Unternehmen zutreffen. Schreiben Sie sich für jedes Kreuz eine nachvollziehbare Episode auf, die Ihnen dazu einfällt. Diese Episoden dienen der Konkretisierung Ihrer Einschätzung.

Beurteilen Sie den Gender Status Ihres Unternehmens: Auf welcher Stufe des Gender Bewusstseins befindet es sich grundsätzlich? Welche Elemente der Beschreibung treffen für das Management, für die Angestellten, für die Aktivist/innen in der Genderfrage zu? Wo beobachten Sie Abweichungen von den Beschreibungen, wo sind bereits Ansätze eines Verhaltens einer höheren Stufe des Gender Bewusstseins sichtbar?

Für Gleichstellungs-, Frauen- oder Diversity-Beauftragte: Besprechen Sie Ihre Beobachtungen und Einschätzungen mit Vertreter/innen der jeweiligen Personengruppe. Gleichen Sie die Beurteilungen ab oder ergänzen Sie sie.

Die Beurteilung des Gender Status der Organisation kann ein Teil Ihres Gender Berichts sein. Basierend auf den Einschätzungen formulieren Sie Ziele und entwerfen Maßnahmen.

Workshop des GEM Teams

Vorgehen als GEM Team

Das GEM Team besteht aus Personen, die unterschiedliche Tätigkeitsgebiete haben und auf verschiedenen Hierarchiestufen arbeiten. Im besten Fall sind Frauen und Männer vertreten. Das Team kann permanent sein oder sich ad hoc für die Erhebung des Gender Status zusammenfinden.

1. Termin

Instrument vorstellen

Stellen Sie das Instrument vor und zeigen Sie auf, wozu es dienen kann (und welche Erwartungen es nicht erfüllen kann).

Stellen Sie sich vor,

Männer verdienen durchschnittlich 23% weniger als Frauen.

Umdenken öffnet Horizonte!

Büro für die Gleichstellung von Frau und Mann
der Stadt Zürich

Kampagne der Fachstelle für Gleichstellung, Stadt Zürich

Bilden Sie Dreierteams und bitten Sie die Teams, sich anhand der Tabelle Gedanken zu machen, welche Beschreibungen des Verhaltens bei den verschiedenen Personengruppen beobachtet wurden. In den zutreffenden Feldern wird ein Kreuz angebracht. Das Dreierteam bespricht, welche beobachtete Episode ihre Einschätzung am Treffendsten dokumentiert.

Die Dreierteams stellen ihre Überlegungen im Plenum dar.

Die Kreuze werden in eine gemeinsame Tabelle eingetragen. Das so entstandene Bild wird besprochen, Übereinstimmungen und Unterschiede werden kommentiert.

Arbeit in Dreierteams

Gesamthaftes Bild diskutieren

Entstandene Fragen in Gruppen bearbeiten	Diskussion in 2 Gruppen:

- Welche der 3 Personengruppen stehen kurz vor einer Veränderung – aufwärts oder abwärts?
- Wer sind heute schon Verbündete in der Genderfrage? In welchen Gruppen sind sie zu finden?
- Welche Personen, könnten bzw. sollten künftig Verbündete werden?
- Wo könnten bzw. müssten nächste Ziele gesetzt werden?

Erkenntnisse dokumentieren	Die beiden Gruppen stellen ihre Überlegungen im Plenum dar. Die Erkenntnisse werden dokumentiert.

Es wird ein Redaktionsteam gebildet, das den aktuellen Gender Status mit seinen Schwächen und Stärken formuliert.

2. Termin

Entwicklungspotenziale und -schritte identifizieren	Der Bericht zum Gender Status bildet die Grundlage zur Weiterarbeit. Das GEM Team identifiziert Situationen,

- in denen schnell Wirkung erzielt werden kann,
- in denen eine Veränderung langfristig wichtig ist bzw.
- in denen dringend Handlungsbedarf besteht.

Aus diesen Einschätzungen werden Ziele formuliert und Maßnahmen erarbeitet, die der Erreichung dieser Ziele dienen.

Einschätzung nach bestimmter Zeit wiederholen	Nach einer bestimmten Zeit (1–2 Jahre) wird der Workshop zum Gender Status wiederholt. Die Entwicklung wird beurteilt.

14

Der Wegweiser zum GEM System

Ein Wegweiser für die Institutionalisierung von Gleichstellung in Ihrem Unternehmen

15.1 Das Instrument

Der Wegweiser Richtung Gleichstellung

Wir haben Ihnen ein Konzept für die Institutionalisierung von Gleichstellung vorgestellt (▶ Kap. 6). Es eignet sich v. a. für mittlere und große Betriebe. Mit dem GEM Wegweiser (❏ Tab. 15.1) können Sie dazu den aktuellen Stand in Ihrem Unternehmen prüfen. In den Worten des Wegweisers: In welche Richtung haben Sie bereits Wege beschritten? Sind Sie bereits am Ziel oder auf dem Weg? Welche Richtung wollen Sie als Nächstes einschlagen? Welche Wege möchten Sie beschreiten?

Oder anders ausgedrückt: Welche Elemente sind bereits vorhanden? Wie hoch ist der Grad der Institutionalisierung in Ihrem Betrieb? Und: Welche Elemente wollen Sie als nächstes einführen?

Arbeitsblatt downloaden

Das Arbeitsblatt finden Sie zum Download auf www.springer.com/978-3-540-75419-0.

❏ **Tab. 15.1.** Der GEM Wegweiser

Richtung	Wege	Bereits am Ziel? Einschätzung: 0–10
Förderumfeld		
	Glaubwürdiges **Commitment der Unternehmensleitung** (z. B. in Form von formalen Beschlüssen und Vereinbarungen, konkretem Handeln und Entscheidungen, die die Gleichstellung fördern)	
	Ausreichend **Ressourcen** (es werden ausreichend zusätzliche Mittel (Geld, Personen, Zeit usw.) für die systematische Implementierung von Gleichstellung zur Verfügung gestellt)	
	Gesetzgebung und interne **Vereinbarungen** (z. B. vorhandene Gesetze zum Thema Gleichstellung werden vorbildlich im Unternehmen umgesetzt; die Gleichstellung ist in die existierenden Vereinbarungen (Betriebsvereinbarungen, Unternehmensgrundsätze usw.) verbindlich integriert)	
	Ausgewogenes Geschlechterverhältnis in Entscheidungspositionen (ideal: auf allen Hierarchieebenen ist das Geschlechterverhältnis ausgewogen; minimal: Frauen auf allen Ebenen vertreten)	
	Klarer und verbindlicher **Managementauftrag** (Gender Equality Management ist selbstverständliches Element der Führungsphilosophie; die Führungskräfte sind verantwortlich für die Gleichstellungsperformance in ihrem Bereich)	
GEM Strukturen		
	GEM als Aufgabenbereich der Unternehmensspitze (Gender Equality Management ist ein eigenständiger Aufgabenbereich, der der Unternehmensleitung unterstellt ist)	
	Internes Kompetenzzentrum (es gibt eine GEM Stabstelle bzw. -abteilung, die als internes Kompetenzzentrum dient und Unternehmensleitung und Führungskräfte in der Umsetzung von GEM berät und unterstützt)	

15

Richtung	Wege	Bereits am Ziel? Einschätzung: 0–10
	GEM Team (das GEM Team ist ein dauerhaft etabliertes Team, das alle wesentlichen Unternehmensbereiche repräsentiert: Unternehmensleitung, GEM Stabstelle, Vertreter/innen aus allen relevanten Bereichen und Arbeitnehmer/innenvertretung. Funktionen ▶ Kap. 6)	
	Internes Gleichstellungsnetzwerk (in allen Bereichen gibt es ausgewählte Personen, die die Verbreitung von Information und Know-how unterstützen)	
GEM Instrumente		
	Gleichstellungsindikatoren (es gibt klar definierte Indikatoren, die zum regelmäßigen Controlling und Monitoring der Gleichstellungsperformance dienen)	
	Gender Equality Standards (unternehmensweit sind verbindliche Standards festgelegt. Ihre Einhaltung wird überprüft)	
	Managementberichtsystem (Führungskräfte sind verpflichtet, regelmäßig über die Entwicklung der Gleichstellung – Ziele, Aktivitäten und Ergebnisse – in ihrem Bereich zu berichten)	
	System zur Leistungsbewertung (die Leistungserfüllung wird anhand der Zielvorgaben geprüft. Ein internes Benchmarking ist etabliert; es existieren Sanktionen für die Nichteinhaltung von Vorgaben)	
	Aufbau von GEM Kompetenz (Führungskräfte (Top-down) sind die zentrale Zielgruppe für den Aufbau von GEM Kompetenz (Training, Coaching, Beratung); dieser Aufbau ist selbstverständlicher Teil der Managementausbildung)	
GEM Prozesse		
	GEM als zentrale Strategie (Gender Mainstreaming ist als zentrale Strategie verbindlich für alle Planungs- und Entscheidungsprozesse verankert)	
	Aufbau des GEM Systems (Institutionalisierungsmaßnahmen werden als Teil eines GEM Systems systematisch aufgebaut; dieser Prozess wird entsprechend geplant und gesteuert)	
	Gender Equality Check (eine jährliche Bewertung der Gleichstellungsperformance schließt Monitoring und Controlling der klar definierten Ziele mit ein; der Gender Equality Check bildet die Grundlage für den GEM Aktionsplan)	
	GEM Aktionsplan (der GEM Aktionsplan beinhaltet die Gleichstellungsziele für die unterschiedlichen Bereiche sowie geplante Aktivitäten und Projekte, die kurz- bis mittelfristig umzusetzen sind)	
Summe Förderumfeld (max. 50 Punkte)		
Summe GEM Strukturen (max. 40 Punkte)		
Summe GEM Instrumente (max. 50 Punkte)		
Summe GEM Prozesse (max. 40 Punkte)		
GESAMT (max. 180 Punkte)		

Einschätzung: 0 In keiner Art und Weise vorhanden (»wir sind (noch) nicht gestartet«), 10 Ist vorbildlich umgesetzt (»wir sind am Ziel«)

15.2   Das Verfahren

15.2.1 Was und Wer

Was

unternehmensweite
Einschätzung

Institutionalisierung ist im Wesentlichen eine unternehmensweite Aufgabe. Der Wegweiser bezieht sich also im Normalfall auf die Einschätzung für das gesamte Unternehmen.

Wer

Eine repräsentative Gruppe für das Unternehmen – z. B. das GEM Team, wenn es bereits etabliert ist, oder ein Managementgremium – bewertet den Umfang der Verankerung von Gleichstellung anhand des Wegweisers. Denkbar ist auch die Einschätzung durch eine Gruppe von internen Expert/innen, welche die Ergebnisse als argumentative Unterstützung für weiterführende Gleichstellungsmaßnahmen und -strategien nutzen will.

15.2.2 Wie

Schritt 1: Wo befinden wir uns aktuell?

Die Einschätzung der einzelnen Richtungen und Wege, die der Wegweiser beschreibt, führt zu einem deutlichen Bild, wo sich Ihr Betrieb bezogen auf die Verankerung von Gleichstellung derzeit befindet. In welche Richtung waren Sie bisher aktiv? Welche Wege wurden beschritten? Wo sind Sie bereits am Ziel angelangt?

klare Standortbestimmung

Sind Sie zufrieden mit dem bisher Erreichten? Wo sind Sie bereits sehr weit mit Ihren Bemühungen? Wo besteht noch Handlungsbedarf?

Meist sind Institutionalisierungsmaßnahmen nicht als Teil eines Gesamtsystems eingeführt, sondern wachsen aufgrund verschiedener Ereignisse und Aktivitäten im Laufe der Zeit. Hier stellt sich die wichtige Frage: sind die einzelnen vorhandenen Elemente gut aufeinander abgestimmt? Sind sie gut voneinander abgegrenzt? Können Synergien genutzt werden?

Information. Ein weiterer wichtiger Punkt betrifft die Frage, ob die bereits vorhandenen Institutionalisierungselemente zur Förderung der Gleichstellung für alle transparent und im Bewusstsein all jener sind, die über ihre Bedeutung und Handhabung Bescheid wissen sollten. Jedenfalls kann die Auswertung dieser Standortbestimmung mithilfe des GEM Wegweisers auch Anlass sein, das Ergebnis innerbetrieblich aufzubereiten und breit zu kommunizieren.

Schritt 2: In welche Richtung(en) wollen wir gehen?

Neben einer Standortbestimmung bietet der Wegweiser auch die Möglichkeit, zu diskutieren, welche Richtungen nun am besten einzuschlagen sind, um dem Ziel der Gleichstellung auf schnellstem und direktestem Weg

15

näher zu kommen. Möglicherweise braucht es gezielte Schritte in Richtung Förderumfeld oder einen Fokus auf die Etablierung von sinnvollen Strukturen, die Ihrem Unternehmen entsprechen. Vielleicht ist aber der wichtigste nächste Schritt die Entwicklung von passenden GEM Instrumenten? Oder Sie wollen die bereits bestehenden Elemente sinnvoll miteinander verknüpfen, um Synergieeffekte zu nutzen. Eventuell konzipieren Sie sogar auf der Basis des bereits Bestehenden ein auf Ihren Betrieb zugeschnittenes GEM System?

Insgesamt hängen die Entscheidungen für die nächsten Verankerungsschritte natürlich auch von den betrieblichen Rahmenbedingungen und Gegebenheiten ab.

Maßgeschneidert für Ihren Betrieb

Schritt 3: Welche Wege schlagen wir ein?

Ist die Richtung für nächste Schritte klar, braucht es eine Entscheidung für die besten Wege, die es zu beschreiten gilt: Braucht es als Nächstes in Ihrem Betrieb klare interne Vereinbarungen zur Gleichstellungsförderung? Oder gibt es in naher Zukunft einige Wechsel auf der Führungsebene und ist daher ein idealer Zeitpunkt, Aktivitäten Richtung Ausgewogenheit im Geschlechterverhältnis in allen Hierarchieebenen zu setzen? Vielleicht möchten Sie eine interne Kompetenzstelle etablieren oder den Fokus im kommenden Jahr auf den Aufbau von GEM Kompetenz bei den Führungskräften setzen? Oder empfehlen Sie der Unternehmensleitung die Etablierung eines jährlichen Equality Checks?

Welche Schritte auch immer Sie als nächstes wählen: der Wegweiser hilft Ihnen, die unterschiedlichen Aktivitäten und Verankerungen zu einem sinnvollen System zu verknüpfen, Lücken aufzudecken und zu schließen und damit insgesamt einen wertvollen Beitrag zur nachhaltigen Stärkung der Gleichstellungsbemühungen zu leisten.

Synergien erzeugen und nutzen

Schritt 4: Die Reise planen

Sind Standort, Richtung und Wege entschieden, braucht es noch einen entsprechenden Plan für die »Reise«, sprich die konkrete Umsetzung. Von der Konzeption und Entscheidungsfindung, Konkretisierung und maßgeschneiderten Gestaltung der verschiedenen Maßnahmen bis zur Strategie für deren Implementierung und deren entsprechenden Kommunikation ist eine professionelle Planung die beste Voraussetzung für eine erfolgreiche Umsetzung.

Schritt 5: Sich auf den Weg machen

Nun kann die Reise losgehen. Die Vorbereitungen sind getroffen, die Richtung und Wege sind klar. Wie bei einer richtigen Reise ist auch hier der regelmäßige Blick auf die Landkarte wichtig, um auch wirklich am Ziel anzukommen.

Gute Reise!

Bei der konkreten Umsetzung kann sich noch die eine oder andere Änderung ergeben, aufgrund von auftauchenden Hindernissen oder nicht antizipierten Ereignissen. Hier ist wichtig, flexibler zu bleiben und die Richtung im Auge zu behalten. Die beste Planung kann nicht alles vorhersehen und so sind Anpassungen auf dem Weg selbstverständlich.

Schritt 6: Bereits am Ziel?

den Erfolg feiern

Jede Implementierung endet mit der Frage, ob Sie das angesteuerte Ziel erreicht haben. Hier schließt sich der Kreis: der Blick auf den Wegweiser zeigt Ihnen den (neuen) Standort, von dem aus Sie die nächsten Schritte planen können.

Falls Sie Ihr Ziel erreicht haben, feiern Sie den Erfolg!
Danach können Sie ja das nächste Reiseziel planen.
Viel Erfolg!

15

4R Gender Analyse

16.1   Das Instrument

Ausgewählte Zielgruppen
im Fokus

Die 4R Gender Analyse stellt die Frauen und Männer einer bestimmten Zielgruppe in den Mittelpunkt und erlaubt, substanzielle Aussagen – quantitative und qualitative – über das Geschlechterverhältnis dieser Zielgruppe zu machen (❏ Tab. 16.1). Sie eignet sich als Grundlage für die Integration der Gleichstellungsperpektive in das betriebliche Handeln. Sie gibt die Möglichkeit, die Situation zu beschreiben, sie aus dem Blickwinkel der Gleichstellung zu beurteilen und an den Gleichstellungszielen zu messen. Damit wird auch aufgezeigt, in welchem Maß der Status quo bereits den Zielvorstellungen entspricht bzw. wo Handlungsbedarf besteht.

Dieses Instrument wurde in Schweden für die Beobachtung der Entwicklung der Gleichstellung im kommunalen Bereich erarbeitet und eignet sich deshalb auch für Personen, die nicht Expert/innen auf dem Gebiet der Gleichstellung sind.

16.2   Das Verfahren

Situation aufgliedern

Die 4R Gender Analyse eignet sich, jede Situation, an der Menschen beteiligt, von der Menschen betroffen sind, so aufgegliedert darzustellen, dass deutlich wird, wie das Geschlechterverhältnis auf einen ersten Blick aussieht: Sie finden auch positive und beruhigende Aspekte, nicht nur besorgniserregende.

Quantitative und
qualitative Aussagen

Die 4R »Repräsentation«, »Ressourcen«, »Realitäten«, »Rechte bzw. Regelungen« bieten eine Orientierung, welche Überlegungen zu quantitativen und qualitativen Aussagen zum Geschlechterverhältnis führen. Sie erhalten einen Überblick, der Ihnen erlaubt einzuschätzen, wo Nachfragen nötig sind und wo Handeln angezeigt ist.

Ist die erste Einschätzung anhand der 4R gemacht, entscheiden Sie, bei welchen Größen und Elementen Sie konkretere Angaben bekommen möchten, als Ihre erste Einschätzung hergab. So entwickeln Sie ein Vorgehen, wie Sie durch Recherchen, Untersuchungen, Statistiken, Befragungen, Stichproben usw. zu Informationen kommen, die Sie für Ihre Situation brauchen.

Arbeitsblatt downloaden

Das Arbeitsblatt finden Sie zum Download auf www.springer.com/978-3-540-75419-0.

16

❏ Tab. 16.1. 4R Gender Analyse	
Zielgruppe	
Fragestellung	
Repräsentation	
Ressourcen	
Realitäten	
Rechte bzw. Regelungen	

16.2.1 Was und wer?

Die Entscheidung, wie die Gender Analyse eingegrenzt wird, steht am Anfang: Es ist außerordentlich wichtig, sich darüber klar zu werden, für welchen Bereich und für welche Zielgruppe die Analyse erstellt wird. Die 4R Gender Analyse erlaubt eine erste Grobeinschätzung ohne großen Aufwand: Beim Vorgehen, wie es anschließend unter ▶ Abschn. 16.2.2 dargestellt wird, kann sich eine Einzelperson oder eine Gruppe hinsetzen und anhand des 4R-Rasters überlegen, wie sich das Geschlechterverhältnis bei einer bestimmten Fragestellung für eine konkrete Zielgruppe darstellt. Die Einschätzung beruht dann auf der Kenntnis der Situation, über welche die analysierende Person oder Personengruppe aktuell verfügt. Das bedeutet, dass eine erste Übersicht gewonnen wird, die einer Verifizierung und Vertiefung bedarf.

Erste Grobeinschätzung ohne großen Aufwand

Interessant und sehr wichtig ist dieses Instrument, um Anhaltspunkte zu bekommen, welche Fragestellungen und Themen vertieft analysiert werden sollen. Zusätzlich schärft es den Blick der Analysierenden auf die Situation und versetzt sie in die Lage, das Geschlechterverhältnis konkret zu beschreiben. Sie werden damit interessante Gesprächspartnerinnen und Gesprächspartner, wenn es um die weitere Entwicklung des Geschlechterverhältnisses geht.

Themen und Fragestellungen vertiefen

16.2.2 Wie?

Schritt 1: Bereich festlegen und Zielgruppe bestimmen

Damit die Gender Analyse konkret und nicht »im Allgemeinen« oder »im luftleeren Raum« passiert, ist es wesentlich, zu Beginn zu entscheiden, welche Zielgruppe beschrieben wird: Es kann das Geschlechterverhältnis der Weltbevölkerung interessieren oder der Mitarbeitenden einer einzelnen Abteilung eines bestimmten Unternehmens. Je nachdem hilft es, den Bereich einzugrenzen. Daraus kann sich auch die Auswahl der Zielgruppe ergeben. Da es viele Möglichkeiten gibt, ist diese Einstiegsfrage sehr wichtig. Alle folgenden Beobachtungen, Feststellungen und Vermutungen werden sich auf diese eine Zielgruppe beziehen. Die Disziplin in dieser Frage ist zentral – machen Sie zusätzliche 4R Gender Analysen für weitere Zielgruppen, damit sich keine Vermischungen ergeben, die letztlich klare Aussagen verunmöglichen.

Zielgruppen nicht vermischen

So könnten für ein Unternehmen mit dem Blick nach innen alle Beschäftigten untersucht werden. Vielleicht interessiert in einem bestimmten Moment aber nur die Situation eines Teils der Beschäftigten, z. B. die im laufenden Jahr neu Eingetretenen oder die Mitarbeiter/innen einer einzelnen Abteilung oder die Personen der Führungsebene. Mit Blick nach außen könnten die letztjährigen Kundinnen und Kunden eines bestimmten Produkts, aus einem bestimmen geografischen Gebiet oder die potenziellen Abnehmerinnen und Abnehmer einer geplanten Dienstleistung interessieren.

Bestehende oder potenzielle Personengruppen

Blick geht nach innen

Die Arbeitsgruppe »Gender« (Direktor, Frauenbeauftragte, Personal-
verantwortliche und externe Beratung) erarbeitet eine 4R Gender
Analyse, die sich auf das ganze Forschungsinstitut beziehen soll.
Mit dem Blick nach innen wird die Zielgruppe definiert (◘ Tab. 16.2).

◘ **Tab. 16.2.** 4R Gender Analyse am Forschungsinstitut –
Schritt 1: Zielgruppe bestimmen

Zielgruppe	Alle Beschäftigten am Forschungsinstitut – im Forschungs-bereich und im technischen und administrativen Bereich (nicht die Studierenden)

Schritt 2: Woran erkennen wir, dass Gleichstellung erreicht ist; wie formulieren wir unsere Fragestellung?

In diesem Bereich heißt »Gleichstellung« ...

Ist die Zielgruppe definiert, wird für diese beschrieben, woran erkannt
wird, dass Gleichstellung erreicht ist. Diese Situation zeigt Elemente, die
allgemein im Kanon der Gleichstellungsziele vorkommen, aber auch ganz
spezifisch, auf die konkrete Situation zugeschnitten sein können.

Für die Analyse wird eine Fragestellung formuliert. Die Analyse soll
darauf antworten und ein Bild des Geschlechterverhältnisses liefern. Mit
diesem Bild vor dem inneren Auge wird nun die Situation anhand mehre-
rer Faktoren beschrieben. Als Orientierungshilfe werden die 4R Repräsentation, Ressourcen, Realitäten, Regelungen angeboten.

... Frauen und Männer sind gleichermaßen motiviert

Gleichstellung für alle Beschäftigten wäre erreicht, wenn sowohl im
Forschungs- als auch im Supportbereich Frauen und Männer auf allen
Stufen aktiv wären und sich ihren Talenten entsprechend entfalten
können. Das Forschungsinstitut bietet ein Arbeitsklima und Struk-
turen an, die diese Entfaltung von Frauen und Männern zulassen
(◘ Tab. 16.3).

16

◘ **Tab. 16.3.** 4R Gender Analyse am Forschungsinstitut –
Schritt 2: Fragestellung formulieren

Zielgruppe	Alle Beschäftigten am Forschungsinstitut – im Forschungs-bereich und im technischen und administrativen Bereich (nicht die Studierenden)
Frage-stellung	Werden Männer und Frauen gleichermaßen geschätzt und gefördert? Sind Männer und Frauen in der Arbeit ähnlich motiviert und sind sie gleichermaßen mit den Arbeitsbedin-gungen zufrieden?

Schritt 3: 4R entwickeln

R – Repräsentation

Das R von »Repräsentation« bezeichnet die zahlenmäßige Darstellung der Frauen und Männer, Mädchen und Jungen. Wie viele Frauen und Männer bilden die (potenzielle) Zielgruppe? Ist die Zahl bekannt? Wenn nein, was für eine Zahlenverhältnis wird vermutet?

Vielleicht muss zwischen Frauen und Mädchen, Männern und Jungen unterschieden werden.

Falls Sie in dieser Kategorie verschiedene Zahlen einsetzen möchten, weist dies darauf hin, dass Sie 2 verschiedene Zielgruppen in Bearbeitung haben (◨ Tab. 16.4).

R – Repräsentation

Anzahl Frauen/Männer konkret/potenziell betroffen

Beispiel

◨ **Tab. 16.4.** 4R Gender Analyse am Forschungsinstitut – Schritt 3: Repräsentation

Zielgruppe	Alle Beschäftigten am Forschungsinstitut – im Forschungs-bereich und im technischen und administrativen Bereich (nicht die Studierenden)
Frage-stellung	Werden Männer und Frauen gleichermaßen geschätzt und gefördert? Sind Männer und Frauen in der Arbeit ähnlich motiviert und sind sie gleichermaßen mit den Arbeitsbedin-gungen zufrieden?
Repräsen-tation	220 Männer und 180 Frauen (grobe Schätzung)

Erste grobe Einschätzung

R – Ressourcen

Das R der Ressourcen fragt nach den Möglichkeiten der Frauen und Männer der gewählten Zielgruppe. Dazu sind diejenigen Ressourcen zu identifizieren, welche den Frauen und Männern unserer Zielgruppe für die Bewältigung der Aufgaben in diesem Bereich dienen. Das bedeutet, dass die relevanten Ressourcen von Analyse zu Analyse wechseln können.

Grundsätzlich empfiehlt es sich, immer die Ressourcen Geld, Zeit und physischen Raum abzuklären. Ist die Ressource von Bedeutung: ja oder nein? Falls ja: Ist sie zwischen Frauen und Männern unterschied-lich verteilt? Verfügen Frauen und Männer gleichermaßen über diese Ressource?

Wenn die Vermutung besteht, dass die Ressource zwischen Männern und Frauen nicht gleich verteilt ist, ist dies zu notieren und später in die Interpretation einzubeziehen (◨ Tab. 16.5).

Sind die Ressourcen »Geld«, »Zeit«, »physischer Raum« abgeklärt, fragt sich, welche weiteren Ressourcen – in dieser Situation zur Bewälti-gung der gestellten Aufgaben – zusätzlich von Bedeutung sein könnten. Wir empfehlen, dass nicht mehr als 3 weitere Ressourcen identifiziert werden.

R – Ressourcen

Wie sind Ressourcen zwischen diesen Frauen und Männern verteilt?

Ungleichverteilungen notieren

Beispiel

Tab. 16.5. 4R Gender Analyse am Forschungsinstitut – Schritt 3: Ressourcen Teil 1

Zielgruppe	Alle Beschäftigten am Forschungsinstitut – im Forschungsbereich und im technischen und administrativen Bereich (nicht die Studierenden)
Fragestellung	Werden Männer und Frauen gleichermaßen geschätzt und gefördert? Sind Männer und Frauen in der Arbeit ähnlich motiviert und sind sie gleichermaßen mit den Arbeitsbedingungen zufrieden?
Repräsentation	220 Männer und 180 Frauen (grobe Schätzung)
Ressourcen	Geld: In dieser Situation »Lohn«; ist relevant; wir vermuten, dass keine Ungerechtigkeit zwischen Frauen- und Männerlöhnen besteht
	Zeit: Hier möglich »Arbeitszeit«, »Arbeitswegzeit« usw.; Arbeitszeit ist wichtig; sind die vereinbarten Arbeitszeiten von Frauen und Männern unterschiedlich? Wenn ja, vermuten wir, dass dies für die einen oder anderen aufgrund des Geschlechts Schwierigkeiten bringt?
	Physischer Raum: Denkbar »Büro- bzw. Laborraumgröße«, »Zugang zu Infrastrukturräumen«, »Zugang zum Gebäude«, »Verfügung über einen Parkplatz« usw.; es wäre durchaus interessant, den einen oder anderen Aspekt auszuleuchten; spielt diese Ressource eine Rolle und wenn ja, können wir Angaben über die Verteilung zwischen Frauen und Männern machen?

»Geld«, »Zeit«, »physischen Raum« immer testen

Weitere Ressourcen testen

Als Ressourcen können z. B. in Frage kommen: (Aus- bzw. Weiter-)Bildung, Position, Zugang zu Information, Mobilität, Zugang zu Infrastruktur, Zugang zu Netzwerken, Sozialkontakte, Sprachkompetenz usw.

Verfügen die betroffenen Frauen und Männer gleichermaßen über diese Ressourcen oder sind Unterschiede vorhanden bzw. werden Unterschiede vermutet (Tab. 16.6)?

Beispiel

Tab. 16.6. 4R Gender Analyse am Forschungsinstitut – Schritt 3: Ressourcen Teil 2

Zielgruppe	Alle Beschäftigten am Forschungsinstitut – im Forschungsbereich und im technischen und administrativen Bereich (nicht die Studierenden)
Fragestellung ▼	Werden Männer und Frauen gleichermaßen geschätzt und gefördert? Sind Männer und Frauen in der Arbeit ähnlich motiviert und sind sie gleichermaßen mit den Arbeitsbedingungen zufrieden?

Repräsentation	220 Männer und 180 Frauen (grobe Schätzung)	
Ressourcen	Geld: In dieser Situation »Lohn«; ist relevant; wir vermuten, dass keine Ungerechtigkeit zwischen Frauen- und Männerlöhnen besteht	
	Zeit: Hier möglich »Arbeitszeit«, »Arbeitswegzeit« usw.; Arbeitszeit ist wichtig; sind die vereinbarten Arbeitszeiten von Frauen und Männern unterschiedlich? Wenn ja, vermuten wir, dass dies für die einen oder anderen aufgrund des Geschlechts Schwierigkeiten bringt?	
	Physischer Raum: Denkbar »Büro- bzw. Laborraumgröße«, »Zugang zu Infrastrukturräumen«, »Zugang zum Gebäude«, »Verfügung über einen Parkplatz« usw.; wäre durchaus interessant, den einen oder anderen Aspekt auszuleuchten; spielt diese Ressource eine Rolle und wenn ja, können wir Angaben über die Verteilung zwischen Frauen und Männern machen?	
	Hierarchische Position: Wie viele Frauen und Männer sind auf welchen Hierarchiestufen zu finden? Verändert sich die prozentuale Vertretung eines Geschlechts mit zunehmender Hierarchiestufe? Es wird ein Ungleichgewicht zugunsten der Männer vermutet	Ressource »Hierarchische Position«
	Sichtbarkeit: Wie viele Frauen und Männer haben mehr als 10 Publikationen, vertreten das Institut an internationalen Kongressen, sind Mitglied einer Fachkommission? Entsprechen die Geschlechterproportionen der Belegschaft? Es wird – mehrheitlich – eine ausgewogene Verteilung vermutet	Ressource »Sichtbarkeit«
	Motivation: Sind Männer und Frauen in ihrer Arbeit gleichermaßen motiviert? Die Einschätzungen gehen sehr auseinander	Ressource »Motivation«

R – Realitäten

Das R der Realitäten zeigt auf, dass nicht nur Zahlen in die Analyse Eingang finden sollen, sondern auch konkrete Realitäten. Im Unterschied zum R »Ressourcen«, das eine quantitative Aussage enthält, soll das R »Realitäten« eine qualitative Aussage machen. Die Frage stellt sich: Welches konkrete Element der Situation soll hier ausgewählt werden?

Ein Blick auf die verschiedenen Elemente bei Ressourcen wird die Auswahl erleichtern. Wo bestehen Unklarheiten, widersprüchliche Vermutungen z. B. über die Verteilung einer Ressource zwischen Frauen und Männern oder überhaupt über die Relevanz einer Ressource? Wenn Sie eine solches Element (oder vielleicht mehrere Elemente) haben, kann dies heißen, dass diese Ressource (bzw. eine dieser Ressourcen) in »Realitäten« übernommen wird, damit sie konkret untersucht werden kann.

»Realitäten« bedeutet, dass ein konkretes Thema ins Blickfeld geholt wird, das für viele nachvollziehbar werden soll. Damit wird angezeigt, dass ein besonderes Interesse besteht, zu dieser bestimmten Situation eine Begründung, eine Klärung, eine Illustration zu bekommen (⬛ Tab. 16.7).

Seitenspalte:

R – Realitäten

Qualitative Aussage zu einer konkreten Situation

Erste konkretere Einschätzung zu Vermutungen

Beispiel

☐ **Tab. 16.7.** 4R Gender Analyse am Forschungsinstitut –
Schritt 3: Realitäten

Zielgruppe	Alle Beschäftigten am Forschungsinstitut – im Forschungsbereich und im technischen und administrativen Bereich (nicht die Studierenden)
Fragestellung	Werden Männer und Frauen gleichermaßen geschätzt und gefördert? Sind Männer und Frauen in der Arbeit ähnlich motiviert und sind sie gleichermaßen mit den Arbeitsbedingungen zufrieden?
Repräsentation	220 Männer und 180 Frauen (grobe Schätzung)
Ressourcen	Geld: in dieser Situation »Lohn«; ist relevant; wir vermuten, dass keine Ungerechtigkeit zwischen Frauen- und Männerlöhnen besteht
	Zeit: Hier möglich »Arbeitszeit«, »Arbeitswegzeit« usw.; Arbeitszeit ist wichtig; sind die vereinbarten Arbeitszeiten von Frauen und Männern unterschiedlich? Wenn ja, vermuten wir, dass dies für die einen oder anderen aufgrund des Geschlechts Schwierigkeiten bringt?
	Physischer Raum: Denkbar »Büro- bzw. Laborraumgröße«, »Zugang zu Infrastrukturräumen«, »Zugang zum Gebäude«, »Verfügung über einen Parkplatz« usw.; wäre durchaus interessant, den einen oder anderen Aspekt auszuleuchten; spielt diese Ressource eine Rolle und wenn ja, können wir Angaben über die Verteilung zwischen Frauen und Männern machen?
	Hierarchische Position: Wie viele Frauen und Männer sind auf welchen Hierarchiestufen zu finden? Verändert sich die prozentuale Vertretung eines Geschlechts mit zunehmender Hierarchiestufe? Es wird ein Ungleichgewicht zugunsten der Männer vermutet
	Sichtbarkeit: Wie viele Frauen und Männer haben mehr als 10 Publikationen, vertreten das Institut an internationalen Kongressen, sind Mitglied einer Fachkommission? Entsprechen die Geschlechterproportionen der Belegschaft? Es wird – mehrheitlich – eine ausgewogene Verteilung vermutet
	Motivation: Sind Männer und Frauen in ihrer Arbeit gleichermaßen motiviert? Die Einschätzungen gehen sehr auseinander
Realitäten	Die Motivation der beschäftigten Frauen und Männer soll genauer untersucht werden

Ist die Motivation der
Frauen und Männer
wirklich gleich hoch?

R – Rechte bzw. Regelungen

Rechte/Regelungen

Geschriebene Gesetze
und ungeschriebene
Regelungen …

Das R der Rechte bzw. Regelungen fragt nach der Art und Weise, wie die Umgebung der Zielgruppe mit der formulierten Fragestellung geregelt ist. Welche geschriebenen Gesetze und ungeschriebenen Regeln haben in dieser Situation eine wesentliche Bedeutung? Listen Sie diese auf (☐ Tab. 16.8).

Gehen Sie die verschiedenen Regelungen durch: Gibt es solche, die für die Frauen oder Männer in der konkreten Situation – unbeabsichtigt – unterschiedliche Wirkung entfalten? Falls Sie solche finden, merken Sie sich diese: Da ist möglicherweise eine Klärung und Änderung angezeigt.

… können sich für Frauen und Männer unterschiedlich auswirken

Beispiel

Tab. 16.8. 4R Gender Analyse am Forschungsinstitut – Schritt 3: Rechte bzw. Regelungen

Zielgruppe	Alle Beschäftigten am Forschungsinstitut – im Forschungsbereich und im technischen und administrativen Bereich (nicht die Studierenden)
Fragestellung	Werden Männer und Frauen gleichermaßen geschätzt und gefördert? Sind Männer und Frauen in der Arbeit ähnlich motiviert und sind sie gleichermaßen mit den Arbeitsbedingungen zufrieden?
Repräsentation	220 Männer und 180 Frauen (grobe Schätzung)
Ressourcen	Geld: In dieser Situation »Lohn« ist relevant; wir vermuten, dass keine Ungerechtigkeit zwischen Frauen- und Männerlöhnen besteht
	Zeit: Hier möglich »Arbeitszeit«, »Arbeitswegzeit« usw.; Arbeitszeit ist wichtig; sind die vereinbarten Arbeitszeiten von Frauen und Männern unterschiedlich? Wenn ja, vermuten wir, dass dies für die einen oder anderen aufgrund des Geschlechts Schwierigkeiten bringt?
	Physischer Raum: Denkbar »Büro- bzw. Laborraumgröße«, »Zugang zu Infrastrukturräumen«, »Zugang zum Gebäude«, »Verfügung über einen Parkplatz« usw.; wäre durchaus interessant, den einen oder anderen Aspekt auszuleuchten; spielt diese Ressource eine Rolle und wenn ja, können wir Angaben über die Verteilung zwischen Frauen und Männern machen?
	Hierarchische Position: Wie viele Frauen und Männer sind auf welchen Hierarchiestufen zu finden? Verändert sich die prozentuale Vertretung eines Geschlechts mit zunehmender Hierarchiestufe? Es wird ein Ungleichgewicht zugunsten der Männer vermutet
	Sichtbarkeit: Wie viele Frauen und Männer haben mehr als 10 Publikationen, vertreten das Institut an internationalen Kongressen, sind Mitglied einer Fachkommission? Entsprechen die Geschlechterproportionen der Belegschaft? Es wird – mehrheitlich – eine ausgewogene Verteilung vermutet
	Motivation: Sind Männer und Frauen in ihrer Arbeit gleichermaßen motiviert? Die Einschätzungen gehen sehr auseinander
Realitäten	Die Motivation der beschäftigten Frauen und Männer soll genauer untersucht werden
Rechte bzw. Regelungen	Arbeitsvertragsrecht, Gleichstellungsgesetz, konkrete Arbeitsverträge, betriebsinterne Regelungen, z. B. Zugangsberechtigungen, Ferien- und Absenzenregelungen, Computernutzung usw.; besonders interessant: Beförderungsverfahren

Verträge, Gesetze, Hausordnung, interne Prozesse

Mit diesem vierten R ist die 4R Gender Analyse in einer ersten Phase abgeschlossen. Damit können erste grobe Einschätzungen zum Geschlechterverhältnis gemacht werden.

Beispiel

Von »sehr gut« …

… über »verschiedene Meinungen« …

… »Vermutungen« …

… zu » das wollten wir genauer wissen«

Tab. 16.9. 4R Gender Analyse am Forschungsinstitut – Erste grobe Einschätzung

Repräsentation	220 Männer und 180 Frauen (grobe Schätzung)	Dieses Verhältnis wird – für eine Forschungseinrichtung – als sehr gut empfunden
Ressourcen	Geld	Die Bezahlung wird – nicht ganz von allen – als geschlechtergerecht eingeschätzt
	Zeit	Die Bedeutung der Arbeitszeit ist unklar
	Physischer Raum	Die Elemente des physischen Raums könnten durchaus Geschlechteraspekte enthalten
	Hierarchische Position	Dürfte sich ähnlich wie an anderen Instituten präsentieren
	Sichtbarkeit	Das Institut ist stolz auf die erfolgreichen Wissenschaftlerinnen und Wissenschaftler; Männer wie Frauen genießen einen guten Ruf
	Motivation	s. »Realitäten«
Realitäten	Motivation	Die Stimmung ist i. Allg. gut; dass Frauen weniger motiviert wären als Männer, wird in Frage gestellt
Rechte bzw. Regelungen	Beförderungsverfahren	Die Beförderungsverfahren sind nicht klar strukturiert; möglicherweise könnte sich darin ein Problem verbergen

Unterschiedliche Einschätzungen

Diese erste Beurteilung (**Tab. 16.9**) zeigt, dass offensichtlich viele talentierte Wissenschaftlerinnen und Wissenschaftler an diesem Institut arbeiten. Sie zeigt aber auch, dass die Beobachtungen und Einschätzungen, wie es den Männern und Frauen geht, nicht überall übereinstimmen. Es lohnt sich deshalb, diese Unklarheiten zu beseitigen und zu einem gemeinsamen Bild zu kommen.

Schritt 4: Vertiefte Analyse

Gestützt auf diese erste Einschätzung, sind Ideen entwickelt worden, welche Elemente vertieft analysiert werden sollen. Die Entscheidung orientiert sich am Erkenntnisinteresse und Zeit- und Ressourceneinsatz. Das bedeutet, dass auch entschieden werden muss, welche Elemente nicht in die vertiefte Analyse einbezogen werden können.

Die vertiefte Analyse führt zur Bestätigung der ersten groben Einschätzung bzw. zur Präzisierung oder Korrektur der Vorstellungen, die spontan auftauchten (◘ Tab. 16.10).

Aufwand für die vertiefte Analyse abschätzen

Beispiel

◘ **Tab. 16.10.** 4R Gender Analyse am Forschungsinstitut – Schritt 4: Vertiefte Analyse

Repräsentation	Anzahl beschäftigter Frauen und Männer	Wird untersucht
Ressourcen	Bezahlung	Wird untersucht
	Zeit	Arbeitszeit wird untersucht
	Physischer Raum	Wird weggelassen
	Hierarchische Position	Wird untersucht
	Sichtbarkeit	Wird untersucht
	Motivation	s. »Realitäten«
Realitäten	Motivation	Wird untersucht
Rechte bzw. Regelungen	Beförderungsverfahren	Wird untersucht

Schritt 5: Daten beschaffen

Es muss eingeschätzt werden, woher möglichst harte Daten kommen können (◘ Tab. 16.11). Dazu ist auch wichtig einzuschätzen, wie hoch der Aufwand ist, die Daten zu beschaffen. Es muss entschieden werden, wie viel Aufwand in der aktuellen Situation entlang interner und externer Kapazitäten betrieben werden kann.

Datenquellen herausfinden

So sind z. B. bestehende Datenbanken auf ihre geschlechterbezogene Auswertungsmöglichkeiten zu überprüfen, Studien zu konsultieren usw. Bei »Realitäten« ist besondere Kreativität gefragt: Kann mit einer Stichprobe, einer punktuellen teilnehmenden Beobachtung, einer Befragung, einer externen Studie usw. eine Konkretisierung der Situation herbeigeführt werden?

Sind keine Daten erhältlich, wird deutlich gemacht, dass mit Vermutungen und Einschätzungen gearbeitet wird und damit zur Diskussion eingeladen. Daraus können sich weitere Klärungen ergeben.

Ohne Daten: Annahmen transparent machen

Datenquellen bestimmen

◻ Tab. 16.11. 4R Gender Analyse am Forschungsinstitut – Schritt 5: Daten beschaffen

Repräsentation	Anzahl beschäftigter Frauen und Männer	Wie viele Frauen und Männer in unserem Forschungsinstitut (Stichtag 1.1.200X) arbeiten, wird der Personalstatistik und dem Telefonverzeichnis entnommen
Ressourcen	Bezahlung	Personalstatistik (anonymisiert)
	Vereinbarte Arbeitszeit	Personalstatistik
	Hierarchische Position	Personalstatistik
	Sichtbarkeit	Auswertung Jahresberichte
	Motivation	s. »Realitäten«
Realitäten	Motivation	Anonyme, elektronische Vollumfrage unter den Beschäftigten
Rechte bzw. Regelungen	Beförderungsverfahren	Interviews mit verschiedenen Beteiligten

Schritt 6: Situation beurteilen

Das vorgefundene Geschlechterverhältnis beschreiben und beurteilen

Sind die Fakten zusammengetragen, wird das vorgefundene Geschlechterverhältnis anhand der 4R beschrieben. Es wird festgestellt, in welchen – wichtigen – Fragen keine Probleme zu beobachten sind. Ebenso wird festgehalten, wo sich Fragen stellen bzw. wo das Gleichstellungsziel noch weit entfernt ist und deshalb Handlungsbedarf besteht (◻ Tab. 16.12).

◻ Tab. 16.12. 4R Gender Analyse am Forschungsinstitut – Schritt 6: Situation beurteilen

Zwischen »so erwartet« …

… »unproblematisch« …

Repräsentation	Anzahl beschäftigter Frauen und Männer	Die Abgleichung der Personendaten erwies sich als schwieriger als erwartet; das vermutete zahlenmäßige Geschlechterverhältnis bestätigte sich
Ressourcen	Bezahlung	Es wurden geschlechterbezogene Disparitäten festgestellt
	Vereinbarte Arbeitszeit	Es arbeiten mehr aber nicht ausschließlich Frauen in Teilzeit; Teilzeitarbeit wurde nicht als Problematik festgehalten

16

	Hierarchische Position	In der obersten Ebene arbeiten keine Frauen, auf der mittleren weniger als vermutet	
	Sichtbarkeit	War sehr stark auf Männer fokussiert (Publikationen, Vertretung bzw. Teilnahme an internationalen Kongressen, Mitglied in Kommissionen)	
	Motivation	s. »Realitäten«	
Realitäten	Motivation	Die Motivation der Frauen im Betrieb war – in allen Arbeitsbereichen und Sparten – wesentlich tiefer als die der Männer; hier stellte die Führung den wesentlichsten Handlungsbedarf fest	… »da besteht Handlungsbedarf«
Rechte bzw. Regelungen	Beförderungsverfahren	Die Intransparenz des Verfahrens wurde als Problematik festgehalten und die Frage nach einem Zusammenhang zu den »hierarchischen Positionen« gestellt	

Schritt 7: Ziele formulieren, Maßnahmen entwerfen und umsetzen

Ist ein Handlungsbedarf festgestellt, werden lang-, mittel- oder kurzfristige Ziele formuliert, die in einer bestimmten Zeit erreicht werden sollen.

Dazu sind plausible Maßnahmen zu entwerfen und umzusetzen.

Das möchten wir erreichen

Beispiel

Ziel

Die Ursachen für die geringere Motivation der Frauen seien zu ergründen und schrittweise zu beseitigen.

Maßnahmen

Frauen und Männer wurden zu einem extern moderierten Seminartag eingeladen, wo diese Ursachen ergründet und der vollständig anwesenden Geschäftsleitung konkret dargelegt werden sollten.
Bei hoher Beteiligung wurden 37 Hürden identifiziert und anschließend priorisiert. Die Geschäftsleitung entschied daraufhin über einen Maßnahmenplan, der in Umsetzung ist.

Aktiv werden

Nach einer angemessenen Zeit wird wieder eine 4R Gender Analyse durchgeführt und beobachtet, ob und wie sich das Geschlechterverhältnis entwickelt hat.

Durch eine nächste 4R Gender Analyse Entwicklungen beobachten

Arbeitsblatt downloaden

Freuen Sie sich auf Ihre erste 4R Gender Analyse. Beachten Sie die folgenden Hinweise:

- Nehmen Sie sich eine halbe Stunde Zeit.
- Holen Sie sich mindestens 1, maximal 4 weitere Personen dazu. Sie muss bzw. müssen nicht Expert/in bzw. Expert/innen sein, weder in Genderfragen noch in dem Bereich, in dem Sie die Analyse machen möchten. Der Dialog wird Ihnen die Arbeit außerordentlich erleichtern.
- Laden Sie sich das leere Formular als Download herunter (www.springer.com/978-3-540-75419-0) und nehmen Sie sich ein leeres Blatt zusätzlich zur Seite.
- Beginnen Sie mit dem Durcharbeiten der Schritte.
- Schreiben Sie alle interessanten Gedanken, die Ihnen einfallen, sich aber nicht auf Ihre Zielgruppe beziehen, auf das weiße Blatt. Dieses Blatt wird für Sie sehr wertvoll.
- Lassen Sie sich nicht aufhalten, wenn Ihnen spontan nicht ganz klar ist, wie sich das Geschlechterverhältnis bei Repräsentation oder einer bestimmten Ressource darstellt. Stellen Sie einfach großzügige Vermutungen an. Wichtig ist, dass Ihnen bewusst ist, dass es sich um eine Vermutung handelt.
- Freuen Sie sich über die positiven Seiten, die Sie aufdecken.
- Gehen Sie – gestärkt durch die positiven Seiten – an die Verschönerung der Punkte, in denen Sie Handlungsbedarf identifizieren.

Viel Vergnügen und viel Erfolg!

16

Gleichstellungscontrolling

17.1 Grundsätzliche Überlegungen

Ein professionelles Gender Equality Management zeigt sich in einer aktiven Steuerung und Gestaltung der Geschlechterverhältnisse. Es braucht damit ein gezieltes Gleichstellungscontrolling: ein überschaubares Set an Indikatoren, das den Stand der Gleichstellung anzeigt, verschiedene Bereiche vergleichbar und die Entwicklung beobacht- und steuerbar macht.

Rahmen und Zielvorgaben

Das Controlling koordiniert und verknüpft alle Teilsysteme bzw. arbeitsteilig wahrgenommenen Führungsfunktionen miteinander und richtet sie auf die unternehmensweiten Ziele aus. Jede Führungskraft leistet dazu ihren Beitrag anhand von klaren Rahmen und Zielvorgaben. Dazu ist wichtig, den aktuellen Status quo zu kennen, die Entwicklungsmöglichkeiten zu antizipieren, für einen bestimmten Zeitraum in konkrete Zielvorgaben zu verwandeln und dann die Zielerreichung entsprechend zu prüfen.

Dabei werden unterschiedliche Voraussetzungen und Rahmenbedingungen verschiedener Bereiche berücksichtigt, um auf dieser Basis ein sowohl realistisches als auch ehrgeiziges Zielszenario zu entwickeln. Jede Abteilung trägt dann das ihre bei, um die unternehmensweiten Ziele zu erreichen.

Leistungsmessung – Indikatoren

Unter einem Indikator werden Messgrößen verstanden, die Aussagen über die Entwicklung oder die Bewertung einer Situation in einem bestimmten Bereich erlauben. Sie dienen der Visualisierung von Dynamiken und Veränderungen und werden v. a. dort benötigt, wo eine verdichtete Form der Darstellung hilfreich ist für die Gestaltung einer Situation in eine beabsichtigte Richtung.

Ganz allgemein formuliert ist die ausgewogene Teilhabe und Teilnahme von Frauen und Männern in allen Bereichen und auf allen Ebenen das Ziel jedes Gleichstellungsprozesses.

Dynamiken sichtbar machen

Misst Controlling i. Allg. die Zielerreichung des Unternehmens, so ist die wichtige Frage bezogen auf die Gleichstellungsperformance, welche Indikatoren diese angemessen abbilden. Wir gehen davon aus, dass sich eine entsprechende »Gleichstellungsleistung« in einem Bereich anhand ausgewählter Kennzahlen errechnen und damit darstellen lässt.

Das Geschlechterverhältnis im Blick

Die hier von uns vorgeschlagenen Indikatoren zur Beschreibung der Gleichstellung gehen alle von der Darstellung der Geschlechterverhältnisse aus und nicht von Frauen- bzw. Männeranteilen. Wir entsprechen damit unserer Definition, wonach das ausgewogene Geschlechterverhältnis eines der wesentlichen Ziele darstellt. Darüber hinaus erfüllt die Berechnung des Geschlechterverhältnisses die Vorstellung, dass Gleichstellung kein Frauenthema ist, sondern für beide Geschlechter relevant.

Die Darstellung des Geschlechterverhältnisses bildet auf einen Blick beide Geschlechter ab und lenkt daher auch nicht von vornherein in die eine oder andere Richtung. Sie öffnet den Blick auf das Ganze und spricht alle an.

Zwei Perspektiven

Unser Vorschlag für das Gleichstellungscontrolling gibt 2 Perspektiven wieder:

- Horizontale Gleichstellung: Die konkreten Indikatoren beschreiben das Geschlechterverhältnis in ausgewählten Bereichen auf derselben Ebene.
- Vertikale Gleichstellung: Indikatoren beschreiben das Geschlechterverhältnis im Verlauf der beruflichen Karriere und geben Hinweise auf die gläsernen Decken im Unternehmen.

17.2 Die Gleichstellungsindikatoren

Bei unseren Überlegungen zur Entwicklung eines Sets an Gleichstellungsindikatoren (◘ Tab. 17.1) waren verschiedene Kriterien wichtig. Das Instrument sollte

- einfach und übersichtlich sein,
- nur wenige ausgewählte Indikatoren beinhalten und
- aus Basispersonaldaten und damit ohne erheblichen Mehraufwand zu errechnen sein.

Echte Ausgewogenheit

Die Kennzahlen im Überblick

◘ Tab. 17.1. Die Gleichstellungsindikatoren

Horizontale Ebene	
1. Gender Index GI	GI=F/M
2. Segregationsindex SI	SI=100*½*Σi|Fi/F–Mi/M|
Vertikale Ebene	
3. Gläserne Decke GDI	GDI = Gender Index der Grundgesamtheit / Gender Index auf der Hierarchieebene
3.1 Karriereverlauf	Darstellung der Gender Indices entlang der Karrierestufen
3.2 Management-auswahlverfahren	Darstellung der Gender Indices im Verlauf der Managementauswahlverfahren

17.2.1 Der Gender Index GI

Der Gender Index stellt das Geschlechterverhältnis in ausgewählten Bereichen dar. Er ist der einfachste der Indikatoren und bildet die Basis zur Darstellung der Gleichstellungsperformance im Betrieb.

GI=F/M
F ist die Anzahl der Frauen, M die Anzahl der Männer im ausgewählten Bereich

Die Berechnung ergibt einen Indikator von Null oder größer Null.

Idealzustand. »GI=1« zeigt ein vollkommen ausgewogenes Geschlechterverhältnis an, d. h. im ausgewählten Bereich gibt es exakt gleich viele

Frauen und Männer. Nun entspricht die betriebliche Wirklichkeit ja nicht mathematischen Berechnungen vom Idealzustand und so stellt sich die Frage, wie der Idealbereich breiter definiert werden kann. In den meisten Fällen wird davon ausgegangen, dass ein Verhältnis der Geschlechter von 40/60 (d. h. ein Geschlecht hat jeweils einen Anteil an der Gesamtheit von 40–60%) noch ein ausgewogenes Geschlechterverhältnis abbildet. In Bereichen, in denen Frauen z. B. unterrepräsentiert sind, wird oft die 40%-Marke als Ziel definiert. Vereinbarungen, wie z. B. die positive Diskriminierung von Frauen in diesem Bereich, gelten so lange, bis Frauen den 40%-Anteil erreicht haben. Rechnen wir dieses Verhältnis für den Gender Index um, so ergibt das einen »Idealbereich« zwischen 0,67 und 1,5. Ein Index in diesem Bereich repräsentiert somit ein ausgewogenes Geschlechterverhältnis.

ausgewogenes Geschlechterverhältnis: 0,67 < GI < 1,5

Mehrheiten. Ein GI kleiner 1 bis 0 verweist auf eine Mehrheit an Männern, ein GI größer als 1 auf eine Mehrheit an Frauen.

Sonderfall keine Frauen. Der GI ergibt genau Null: »100% Männer«.

Sonderfall keine Männer. Der GI ist nicht berechenbar (Division durch Null) und wird durch die Aussage »100% Frauen« ersetzt.

GI<0,43 = Männerdominanz, GI>2,32 = Frauendominanz

Frauen- bzw. männerdominierte Bereiche. In der Forschung wird ein Bereich als frauen- bzw. männerdominiert bezeichnet, wenn der Anteil der Frauen bzw. Männer mehr als 70% ausmacht. Als Geschlechterverhältnis ausgedrückt zeigt ein GI größer als 2,32 einen frauendominierten Bereich an, während ein GI kleiner 0,43 auf einen männerdominierten Bereich verweist.

Die ausgewählten Bereiche

Der Gender Index lässt sich für jeden Bereich berechnen. Dies kann in einer großen Detailliertheit interessant sein, ist aber meist für ein regelmäßiges Controlling nicht zielführend. Vielmehr sollten genau jene Bereiche ausgewählt werden, die – bezogen auf eine Gleichstellungsperspektive – als besonders wichtig betrachtet werden. Die Definition dieser Bereiche kann z. B. Ergebnis einer internen Diskussion im GEM Team sein, das der Unternehmensleitung zur Entscheidung vorgelegt wird.

Relevante Bereiche

Typische Bereiche, die mit einem Gender Index dargestellt werden sollten, sind:
- Beschäftigte (Gesamt),
- Beschäftigte in den verschiedenen hierarchischen Ebenen (oberste Hierarchieebene ist die 1. Ebene; je nach Unternehmensgröße werden jedenfalls alle Ebenen mit Personalverantwortung dargestellt),
- Beschäftigte nach Qualifikation (höchste abgeschlossenen Ausbildung).

Darüber hinaus kann der Gender Index für folgende Bereiche einen zusätzlichen Erkenntnisgewinn herstellen:
- Vollzeit- bzw. Teilzeitbeschäftigte,
- Beschäftigte in Sonderfunktionen (z. B. Projektleitung),

17

- Beschäftigte in den zentralen Bereichen des Betriebs (z. B. Produktion und Verwaltung, Forschung und Lehre, Verwaltung und Verkauf),
- Beschäftigte in den verschiedenen Entgeltstufen
  - Bruttojahreseinkommen,
  - Bruttostundenlohn,
  - Zusatzentgeltbestandteile.

Köpfe oder Vollzeitäquivalente?

Eine wichtige Frage bei der Wahl von Personaldaten ist die nach »Köpfen« oder »Vollzeitäquivalenten«: Werden die Beschäftigten z. B. nach Köpfen dargestellt, so wird der Arbeitszeitumfang ihrer Beschäftigungsverhältnisse nicht berücksichtigt. Werden hingegen Vollzeitäquivalente verwendet, so werden Teilzeitverhältnisse nur ihrem Anteil nach berücksichtigt. Zwei halbzeitbeschäftigte Personen ergeben im ersten Fall 2 Beschäftigte, im zweiten Fall nur eine angestellte Person. Dies ist besonders im Hinblick auf die Darstellung der Geschlechterverhältnisse wichtig. In allen Unternehmen, die wir bisher beraten und untersucht haben, ist aufgrund des hohen Frauenanteils bei den Teilzeitbeschäftigten das Geschlechterverhältnis nach Vollzeitäquivalenten deutlich unausgewogener als nach Köpfen. So kann es sein, dass der Blick auf die Köpfe einen Gender Index ergibt, der noch im ausgewogenen Bereich liegt, während die Berechnung auf der Basis von Vollzeitäquivalenten ein deutlich unausgewogenes Geschlechterverhältnis (mit einer Mehrheit an Männern) und damit Veränderungsbedarf anzeigt.

Bei der Darstellung der Beschäftigten nach Bruttojahreseinkommen ist es wichtig, die Einkommen der Teilzeitbeschäftigten auf Vollzeitäquivalente hochzurechnen, um sie mit den anderen Daten wirklich vergleichbar zu machen. Entweder es existieren in Ihrem Unternehmen klare Entgeltstufen oder Sie definieren zumindest einen oberen, mittleren und unteren Lohnbereich und stellen hier das jeweilige Geschlechterverhältnis dar. Während die Frage nach Köpfen oder Vollzeitäquivalenten in den obigen Beispielen einen deutlichen Einfluss auf den Gender Index haben kann, ist diese Frage im Bereich der Qualifikation weniger relevant. Hier geht es v. a. um den grundsätzlichen Blick auf die vorhandenen Humanressourcen und weniger um den arbeitszeitlichen Umfang.

Bei Einkommen Vollzeitäquivalente

Die Frage nach Köpfen oder Vollzeitäquivalenten ist nicht nur eine inhaltliche Frage; es müssen auch die entsprechenden technischen Voraussetzungen geschaffen sein, um die adäquaten Hochrechnungen durchzuführen. Sollte der Aufwand hier noch viel zu groß sein, ergeben auch die Kopfzahlen eine erste wichtige Annäherung an die Darstellung der Gleichstellungsperformance.

Wie auch immer Sie sich entscheiden: Ihre Wahl muss transparent beschrieben sein, damit die Ergebnisse korrekt interpretiert werden können.

17.2.2 Der Segregationsindex SI

Die geschlechterbezogene Segregation (horizontal wie vertikal) wird meist aus der Perspektive des gesamten Arbeitsmarktes diskutiert und vielfältig

Segregation auf Betriebsebene

kritisiert. Sie wird als einer der wesentlichen Gründe für die Einkommensschere zwischen den Geschlechtern angesehen. Es ist daher nahe liegend, die Segregation auch auf betrieblicher Ebene zu analysieren, dort also, wo sie im Wesentlichen mit hergestellt wird. Organisationen jeder Art sind die zentralen Akteurinnen des Arbeitsmarkts. Sie steuern die Auswahl und Zuordnung von Frauen und Männern auf bestimmte Arbeitsplätze und bei Bedarf auch den Abbau. Sie ermöglichen oder verhindern berufliche Entwicklungs- und Karrieremöglichkeiten. Sie bestimmen auch den finanziellen Ausgleich für erbrachte Arbeitsleistungen (und die damit verbundenen – unterschiedlichen – Bewertungen von Leistungen) und gestalten die Rahmenbedingungen für eine entsprechende Lifebalance.

Die Messung der Segregation

Segregation
der Geschlechter

Während der Gender Index das Geschlechterverhältnis beschreibt, stellt der SI die Segregation der Geschlechter im Verhältnis zur jeweiligen Grundgesamtheit dar. Als ursprünglich demografische Kennzahl (»Duncan Index of Dissimilarity«, Duncan 1955) misst der SI die Gleichmäßigkeit, mit der 2 sich gegenseitig ausschließende Bevölkerungsgruppen über die geografischen Teilbereiche verteilt sind, die eine größere geografische Einheit darstellen. So wird z. B. die Gleichmäßigkeit der Verteilung von Inländer/innen und Ausländer/innen über die verschiedenen politischen Bezirke einer Stadt gemessen.

Verschiedene Bereiche
im Blick

Wird der Index auf Frauen und Männer und Beschäftigungsbereiche bzw. Betriebe umgelegt (s. auch Hinz u. Schübel 2001; Europäische Kommission 2003, 2006), so gibt der SI darüber Auskunft, wie sich die berufliche Segregation der Geschlechter innerhalb des Betriebs über die verschiedenen Beschäftigungsbereiche hin (bezogen auf das Geschlechterverhältnis in der gesamten Belegschaft) darstellt.

Der SI ist eine theoretische Größe, die den Prozentsatz an Frauen und Männern im Betrieb wiedergibt, die ihren Beschäftigungsbereich wechseln müssten, um sicherzustellen, dass das Geschlechterverhältnis in allen Bereichen das gleiche ist. Folglich kann der SI als hypothetische Abweichung von einer ausgewogenen Verteilung der Geschlechter interpretiert werden, basierend auf dem Geschlechterverhältnis der übergeordneten Einheit, sprich Ihrem Betrieb.

Die Formel für die Berechnung des Segregationsindex eines Unternehmens ist:

$$SI = 100 * \tfrac{1}{2} * \Sigma_i |F^i/F - M^i/M|$$

i   bezeichnet die Anzahl der Beschäftigungsbereiche, Abteilungen bzw. Standorte usw. des Betriebs

F^i ist die Anzahl der Frauen im i-ten Beschäftigungsbereich, in der i-ten Abteilung bzw. im i-ten Standort

M^i ist die Anzahl der Männer im i-ten Beschäftigungsbereich, in der i-ten Abteilung bzw. im i-ten Standort

F   ist die Gesamtzahl der Frauen im Betrieb, für den der Segregationsindex berechnet wird

M   ist die Gesamtzahl der Männer im Betrieb, für den der Segregationsindex berechnet wird

|| zeigt an, dass für die Summenbildung die absoluten Beträge der Differenzen der Geschlechterverteilungen genommen werden

Der Segregationsindex liegt zwischen 0 und 100%.

Idealzustand. Nimmt der SI einen Wert von 0% an, bedeutet dies, dass das Geschlechterverhältnis in den Teilbereichen dem des Gesamtbereichs entspricht. Anders ausgedrückt: Die Chancen, in den verschiedenen Standorten oder Bereichen zu arbeiten, ist für Frauen und Männer identisch.

Segregation. Ein Maximalwert des SI von 100% bedeutet, dass in jedem Beschäftigungsbereich ausschließlich Frauen oder Männer arbeiten. Insgesamt gilt, je höher der Indexwert, desto stärker die Segregation innerhalb des Betriebs.

> je höher der Indexwert, desto stärker die innerbetriebliche Segregation

Beispiel

Das in ◻ Tab. 17.2 beschriebene Unternehmen ist ein Betrieb mit einem Gender Index von 0,71 und damit einem relativ ausgewogenen Geschlechterverhältnis. Der Segregationsindex prüft nun die Abweichung von diesem Verhältnis innerhalb der Abteilungen. In einer Frage ausgedrückt: Wieviel Prozent der Frauen und Männer müssten die Abteilung wechseln, damit das Geschlechterverhältnis in den 3 Abteilungen dem des gesamten Unternehmens entspricht? In unserem Fall müssten 26,66% der Mitarbeiterinnen und Mitarbeiter die Abteilung wechseln, um ein Geschlechterverhältnis von 0,71 in jedem Bereich herzustellen.

◻ Tab. 17.2. Segregationsindex in verschiedenen Abteilungen eines Unternehmens

Abteilungen	Frauen	Männer	Verteilung Frauen Fi/F	Verteilung Männer Mi/M	SI (%)
Abteilung A	75	54	0,54	0,28	13,33
Abteilung B	18	43	0,13	0,22	4,5
Abteilung C	45	98	0,33	0,50	8,82
Gesamt	138	195			26,66

Der Segregationsindex ist besonders bei größeren Einheiten, die sich aus mehreren Teilbereichen zusammensetzen, eine wichtige Ergänzung zum Gender Index. Auch wenn der Gender Index für den Betrieb z. B. unauffällig ist und keinen Handlungsbedarf anzeigt, wie im oben gezeigten Beispiel, kann der Segregationsindex auf relevante Abweichungen zwischen den verschiedenen Abteilungen hinweisen. Dort existieren offensichtlich wesentliche Entwicklungspotenziale. Er zeigt damit auf, ob die Zugangschancen zu allen Bereichen des Unternehmens für beide Geschlechter gleich sind.

Mögliche Variationen

Der Segregationsindex kann getrennt nach Arbeitszeit berechnet werden: Es wird ein Index für Vollzeitbeschäftigte und ein Index für alle Teilzeitbeschäftigten errechnet. Dabei könnten sich interessante Unterschiede ergeben. So fanden z. B. Hinz und Schübel (2001) in einer Untersuchung der

> Einbeziehung Arbeitszeit

Geschlechtersegregation in deutschen Betrieben heraus, dass im Bereich der Vollzeitbeschäftigung Frauen kaum Zugang zu männerdominierten Berufen finden, während Männer durchaus auch in Frauenberufen tätig sind. Wenn Frauen den Zugang zu Männerberufen finden, dann v. a. über Teilzeitbeschäftigung.

Einbeziehung Qualifikation oder Einkommen

Für die Berechnung des SI können auch Qualifikations- oder z. B. Einkommensdaten herangezogen werden, um die geschlechterbezogenen Segregationen in diesen Bereichen sichtbar zu machen.

17.2.3 Der Gläserne Decke Index GDI

Zeigt uns der Gender Index das Geschlechterverhältnis auf den verschiedenen Hierarchieebenen an, so berechnet der Gläserne Decke Index die Durchlässigkeit der verschiedenen Hierarchieebenen für das eine oder andere Geschlecht. Der GDI misst die relative Chance von Frauen im Vergleich zu Männern, eine Top-Position in Ihrem Unternehmen zu erreichen.

Nicht Frauenanteil, sondern Geschlechterverhältnis

Unserem weiter oben dargelegten Konzept folgend, berechnen wir den GDI mit den Indikatoren für die Geschlechterverhältnisse (Gender Indices der verschiedenen Ebenen). Diese Berechnung unterscheidet sich damit von der sonst üblichen Herangehensweise, bei der die Frauenanteile in Relation zueinander gesetzt werden. Die Ergebnisse unterscheiden sich damit einzig in den Größen, nicht in der inhaltlichen Aussage.

Die Formel für die Berechnung des Gläsernen Decke Index:

> **GDI = Gender Index von der Grundgesamtheit /
> Gender Index auf der Hierarchieebene**

Bei der Berechnung des GDI wird das Geschlechterverhältnis in der Grundgesamtheit in Relation gesetzt zum Geschlechterverhältnis auf der jeweiligen Hierarchieebene, die im Blickwinkel ist.

Der Gläserne Decke Index ergibt einen Wert zwischen 0 und unendlich.

Ein GDI von 1 bedeutet: keinerlei geschlechterbezogene Hindernisse

Der Idealfall. Ein GDI von 1 bedeutet, es gibt keinerlei geschlechterbezogenen Hindernisse, um die oberste Hierarchieebene zu erreichen. Das Geschlechterverhältnis in der Führungsspitze entspricht dem aller Mitarbeiterinnen und Mitarbeiter.

Gläserne Decke für Männer. Ist der Wert kleiner 1, so besteht eine gläserne Decke für Männer. Der Männeranteil in den Führungsebenen ist deutlich geringer als an der Basis. Je kleiner der GDI, desto dicker die gläserne Decke und desto schwieriger ist es für Männer, in Führungspositionen zu gelangen.

Gläserne Decke für Frauen. Ist der GDI größer 1, so besteht eine gläserne Decke für Frauen. Der Frauenanteil in Führungspositionen ist deutlich geringer als an der Basis. Je größer der Wert, desto dicker die gläserne Decke und desto unwahrscheinlicher ist es für Frauen, eine Führungsposition zu besetzen.

Grundgesamtheit und Führungsebene

Der Index für die Gläserne Decke wird immer auf die gleiche Weise berechnet: Geschlechterverhältnis Grundgesamtheit / Geschlechterverhältnis Führungsebene. Allerdings ist wichtig zu klären, wer die Grundgesamtheit darstellt und welche Führungsebene bzw. -ebenen im Blickwinkel sein soll bzw. sollen. Denn je nach Wahl unterscheiden sich auch die entsprechenden Interpretationsmöglichkeiten.

die gläsernen Decken aufspüren

Welche Führungsebene? Nehmen wir an, Ihr Unternehmen ist in 4 Hierarchieebenen strukturiert. Das Geschlechterverhältnis bei den Beschäftigten insgesamt ist ausgewogen, je höher die Führungsposition, desto unausgewogener, sprich männerdominierter das Geschlechterverhältnis (Sie wären damit keine Ausnahme). Sie wollen beurteilen, ob und ab welcher Ebene eine gläserne Decke existiert und wie massiv sie ist. Eine erste Berechnung könnte sich auf den grundsätzlichen Zugang zu Führungspositionen beziehen. Der Gläserne Decke Index wäre dann:

GDI = Gender Index Beschäftigte Gesamt /
Gender Index Führungspositionen Gesamt

Beispiel

Ein Dienstleistungsunternehmen hat 1527 Beschäftigte, davon sind 802 Frauen und 725 Männer. Der Gender Index für die Beschäftigten Gesamt beträgt 1,11. Er beschreibt ein ausgewogenes Geschlechterverhältnis mit einer leichten Mehrheit an Frauen. Die Führungsebenen sind besetzt, wie in ❏ Tab. 17.3 aufgeführt.

erschwerter Zugang für Frauen zu Führungspositionen

❏ **Tab. 17.3.** Führungspositionen in einem Dienstleistungsunternehmen

Hierarchieebene	Frauen	Männer	Gender Index
Geschäftsführung	0	2	0,00
Landesgeschäftsführung	1	9	0,11
Abteilungsleitung	27	48	0,56
Geschäftsstellenleitung	42	70	0,60
Führungspositionen Gesamt	70	129	0,54
Beschäftigte Gesamt	802	725	1,11

Insgesamt sind damit 70 Frauen und 129 Männer in Führungspositionen. Der GDI, der den Zugang zu den Führungspositionen insgesamt misst, beträgt 2,04 (=1,11/0,54).

Durch den GDI wird sichtbar, dass es einen erschwerten Zugang für Frauen zu Führungspositionen gibt. Nun würden Sie gern genauer wissen, wie sich dies in den verschiedenen Ebenen konkret darstellt, wie dick die gläserne Decke jeweils wirklich ist. So berechnen Sie den GDI für jede Ebene. Plötzlich erkennen Sie im Detail, dass die große Hürde v. a. zwischen dritter und zweiter Führungsebene besteht: Während auf den beiden unteren Ebenen noch verhältnismäßig viele Frauen sind, fehlen sie in den beiden obersten Ebenen praktisch vollständig.

Beispiel

Der GDI für jede Führungsebene

Der GDI für den Zugang zur Geschäftsstellenleitung beträgt 1,84.
Der GDI für den Zugang zur Abteilungsleitung beträgt 1,97.
Der GDI für den Zugang zur Landesgeschäftsleitung beträgt 9,96.
Der GDI für den Zugang zur Geschäftsführung ist »unendlich«, da in der obersten Führungsebene keine Frauen repräsentiert sind, und dadurch im Rechenmodell eine Division durch 0 entsteht. Verbinden wir die beiden obersten Ebenen zu einer gemeinsamen Zahl (1 Frau, 11 Männer), so ergibt sich ein GDI für das Top-Management von 12,17 (◘ Abb. 17.1).

Analyse der Gründe

Unterschiede zwischen Abteilungen?

Aufgrund der genauen Daten können nun die Gründe für diese Ergebnisse näher untersucht und entsprechend gegengesteuert werden. Ein Jahr später kann die Entwicklung hoffentlich an verbesserten Zahlen abgelesen werden.

Möglicherweise unterscheiden sich die GDIs in Ihrem Betrieb auch stark nach Abteilung, Bereich oder Standort. Dann liegen darin wichtige Informationen für eine Klärung und eine Verbesserung der Situation.

Die Lage in Ihrem Betrieb kann sich aber auch anders darstellen: Sie wissen bereits aufgrund der Übersichtlichkeit Ihrer Führungsstrukturen,

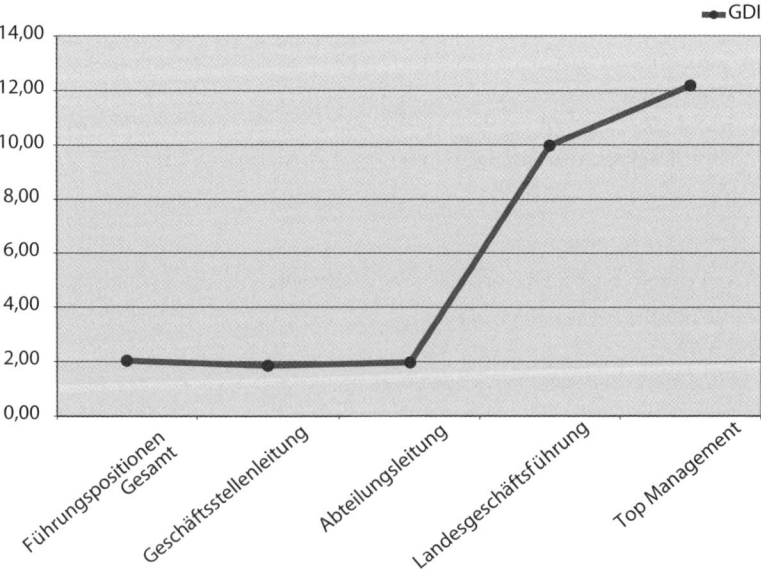

◘ **Abb. 17.1.** Der Gläserne Decke Index (GDI) auf den verschiedenen Hierarchieebenen eines Betriebs

dass eine gläserne Decke existiert, speziell für die Top-Ebenen. Sie entwickeln und beschließen Maßnahmen und Strategien, um dies zu ändern, und prüfen jährlich mit dem GDI über die Top-Ebenen, ob die gläserne Decke dünner und dünner wird und sich schließlich auflöst.

Welche Grundgesamtheit? Nehmen wir an, in Ihrem Unternehmen können ausschließlich Personen mit einem akademischen Abschluss eine Führungsposition erreichen. Einer hochqualifizierten Technikerin ohne Hochschulabschluss wäre der Zugang zu Führungspositionen damit z. B. grundsätzlich verwehrt. Hier ist es sinnvoll, für die Grundgesamtheit bei der Berechnung des GDI das Geschlechterverhältnis unter den Beschäftigten mit akademischem Abschluss heranzuziehen. Denn nur sie stellen schließlich das echte Potenzial für Führungspositionen dar. Der GDI zeigt dann an, ob der Zugang zur beruflichen Karriere (im Sinn der Hierarchie) für Akademikerinnen und Akademiker gleich ist.

> 🛈 Möglicherweise besteht in Ihrem Unternehmen bereits eine geschlechterbezogene Segregation im Bereich der Qualifikationen. Das könnte sich z. B. so darstellen, dass das Geschlechterverhältnis unter allen Beschäftigten zwar ausgewogen ist, Sie aber viel mehr Akademiker als Akademikerinnen angestellt haben. Der Gender Index bezogen auf die Qualifikationen der Beschäftigten und der Segregationsindex geben hier also wichtige ergänzende Informationen für eine korrekte Interpretation der Ergebnisse.

Vergleichsgrößen klären

17.2.4 Vertiefender Blick zur vertikalen Gleichstellung

Der GDI kann Ihr Interesse geweckt haben, die Verläufe rund um die berufliche Entwicklung von Frauen und Männern im Unternehmen noch genauer zu untersuchen, um entsprechend gezielte Maßnahmen ergreifen zu können. Die Darstellung der innerbetrieblichen Karriereverläufe sowie der Auswahlverfahren können Ihnen dabei zusätzliche wichtige Informationen und Erkenntnisse liefern.

Karriereverlauf von Frauen und Männern

Wie sieht ein typischer Karriereverlauf in Ihrem Unternehmen aus? Welche Positionen und Stufen werden dabei durchlaufen? Auch wenn nicht jede Person den gesamten beruflichen Werdegang innerhalb eines Unternehmens durchläuft, so gibt es doch vermutlich typische Meilensteine auf dem Weg der beruflichen Karriere. Die Abbildung der sich wandelnden Geschlechterverhältnisse entlang des innerbetrieblichen Karriereverlaufs bietet Ihnen eine weitere Möglichkeit, geschlechterbezogene Segregationsprozesse im Unternehmen darzustellen und wahrzunehmen.

Innerbetriebliche Laufbahn

Nehmen wir an, Sie sind ein großes Unternehmen mit vielen Verkaufsstandorten. Sie legen großen Wert auf Mitarbeiter/innenbindung und schätzen es, wenn sie möglichst lange im Betrieb bleiben. So ist es nicht untypisch, dass eine Mitarbeiterin oder ein Mitarbeiter als Auszubildende/r beginnt und dann über viele Jahre (manche bis zur Pensionierung) dem Unternehmen erhalten bleiben.

Ein typischer Karriereverlauf ist: Lehrling – Verkauf – interne Verkaufsmanagementausbildung – Abteilungsleitung in einem Standort – Standortleitung Stellvertretung – Standortleitung– Bereichsleitung Zentrale – Geschäftsführung Gesamt.

Für die Darstellung des Karriereverlaufs braucht es die Gender Indices der jeweiligen Karriereebenen, die dann in einem Bild wie dem folgenden zusammengefasst werden können.

Brüche feststellen

> **Beispiel**
>
> Der in ◻ Abb. 17.2 dargestellte Karriereverlauf zeigt einen sehr deutlichen Bruch in der beruflichen Entwicklung: Während im Bereich der Auszubildenden und im Verkauf das Geschlechterverhältnis ausgewogen ist mit einem leichten Überhang an Frauen, ist bereits der nächste Karriereschritt, die Ausbildung im Bereich Verkaufsmanagement, männerdominiert. Diese Tendenz verstärkt sich bis zur Geschäftsführung, in der keine Frauen mehr zu finden sind. Konkrete Maßnahmen zur Veränderung können sich nun z. B. auf die Frage konzentrieren, wie die Zuweisung zur Managementausbildung gehandhabt wird. Offensichtlich wird Frauen diese Möglichkeit sehr viel seltener eröffnet, weil sie weniger als Potenzialträgerinnen erkannt werden. Die konkrete Praxis sollte untersucht werden. Durch Zielvorgaben für das Geschlechterverhältnis in der Ausbildung und entsprechende Schulungen für Führungskräfte soll die Praxis verändert werden.

Frauen werden nicht als Potenzialträgerinnen erkannt

17

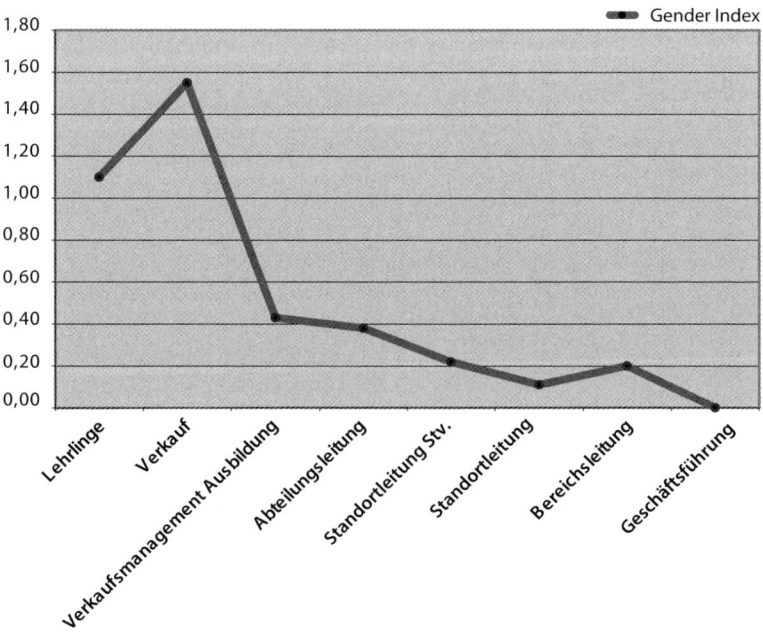

◻ **Abb. 17.2.** Darstellung des beruflichen Karriereverlaufs mit Hilfe des Gender Index

Auswahlverfahren für Führungspositionen

Ein entscheidender Punkt bei der Frage der Besetzung von Führungspositionen ist die Art, wie das Auswahlverfahren gestaltet wird: der gesamte Prozess von der Ausschreibung der entsprechenden Stelle über die persönliche Einladung geeigneter Personen (Männer **und** Frauen) aus dem Unternehmen oder von außen bis zur Behandlung der Bewerbungen, Einladung zu einem Assessment (o. Ä.) und Auswahl der Kriterien für die Auswahl bis zur Entscheidung.

geschlechterbezogene Dokumentation

Wenn es in Ihrem Unternehmen einen transparenten Standard für den Auswahlprozess gibt, dann kann er entsprechend dokumentiert und aus einer Gleichstellungsperspektive dargestellt werden.

Möglicherweise unterscheiden sich die Verfahren je nach Position. In diesen Fällen kann für jedes Verfahren eine eigene Darstellung gewählt werden.

> **Beispiel**
>
> Die Unternehmensleitung will die Auswahlprozesse auf den ersten 3 Führungsebenen genauer untersuchen und vergleichen. Die Verfahren sind standardisiert und die wesentlichen Auswahlschritte sind: schriftliche Bewerbung – Einladung zu einem Auswahl Assessment-Center (unterschiedlich gestaltet je nach Führungsposition) – Einladung der aussichtsreichsten TeilnehmerInnen des ACs zu einem Bewerbungsgespräch mit der Unternehmensleitung – Auswahl bzw. Entscheidung für eine Person.
> Nach Auswertung der Daten entsteht das Bild in ◘ Abb. 17.3.
> Die 3 Kurven verlaufen mit kleinen Abweichungen parallel und eindeutig zu Ungunsten der Frauen. Dazu gibt es mehrer interessante Aspekte:
>
> **Entwicklung des GI innerhalb eines Verfahrens.** Das Geschlechterverhältnis, das bei den Bewerbungen noch ausgewogen ist, verschiebt sich bei jedem Schritt in Richtung Männerdominanz. Dies ist auch bei den beiden Führungsebenen der Fall, bei denen unter den Bewerbungen noch eine leichte Mehrheit an Frauen repräsentiert war. Spätestens bei der Einladung zum Bewerbungsgespräch nach dem Assessment Center entsteht ein mindestens leichter Überhang an Männern, der schließlich bei der Auswahl auf allen 3 Führungsebenen in einer klaren Dominanz der Männer endet. Hier findet eindeutig ein geschlechterbezogener Ausscheidungsprozess statt, dessen Hintergründe untersucht werden sollten.
>
> **Vergleich der Verfahren.** Interessant ist auch der Vergleich der Verfahren für die unterschiedlichen Führungsebenen. Dies beginnt bereits bei den Bewerbungen, die sich bzgl. des Geschlechterverhältnisses deutlich unterscheiden. Bei der ersten Führungsebene ist das Geschlechterverhältnis bei den Bewerbungen an der unteren Grenze zur Ausgewogenheit (übrigens ein herausragend guter Wert im Vergleich zu vielen anderen Unternehmen). Bei den beiden anderen Führungsebenen ist sogar ein leichter Überhang an Frauen bei den Bewerbungen feststellbar. Worin

GI beobachten

Bewerbungsprozedere vergleichen

Richtet sich die Aus-
schreibung gezielt an
beide Geschlechter?

liegt dieser Unterschied begründet? Welche Signale werden für die erste
Hierarchieebene ausgesendet? Welche Anforderungen und Auswahlkriterien werden implizit angenommen? Richtet sich die Ausschreibung
gezielt an beide Geschlechter?

Die Parallelität der Auswahlprozesse kann auch ein Hinweis auf ein kul-
turelles Selbstverständnis im Unternehmen sein: Vielleicht ist die Vorstellung von Frauen in Führungspositionen noch weniger etabliert? Oder die
Bewertung der Kandidatinnen und Kandidaten erfolgt mit geschlechterbezogen unterschiedlichen Maßen, weil die entsprechende Gender Kompetenz bei den Führungskräften (noch) nicht vorhanden ist?

Die Beschreibung der Auswahlprozesse gibt jedenfalls ausreichend
Hinweise auf mehr oder weniger bewusste Segregationsprozesse, die
letztlich dazu führen, dass nicht alle Potenziale in vollem Umfang für das
Unternehmen genutzt werden und damit eine Verschwendung von Ressourcen darstellen. Handeln ist angesagt.

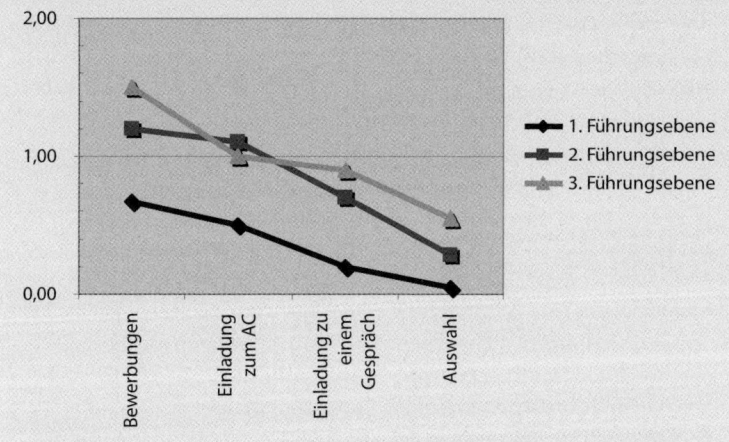

weibliche Potenziale
werden für das Unter-
nehmen nicht genutzt

◻ **Abb. 17.3.** Entwicklung des Geschlechterverhältnisses (Darstellung Gender Index)
im Verlauf eines Auswahlverfahrens

Zusammenfassung

Unser Vorschlag für ein Gleichstellungscontrolling beinhaltet im Wesentlichen 3 Indikatoren:

- Der Gender Index GI stellt das Geschlechterverhältnis in ausgewählten
  relevanten Bereichen dar.
- Der Segregationsindex SI zeigt innerbetriebliche Segregationsprozesse
  auf und damit die Chancen von Frauen und Männern, in den verschiedenen Bereichen des Unternehmens Fuß zu fassen.
- Der Gläserne Decke Index GDI beschreibt die Durchlässigkeit der
  beruflich hierarchischen Karriere im Unternehmen und ob dabei Unterschiede für Frauen und Männer bestehen.

– Die Abbildung des Karriereverlaufs gibt Hinweise auf inhomogene Entwicklungen des Geschlechterverhältnisses.
– Die Darstellung der Auswahlverfahren gibt Aufschlüsse über geschlechterbezogene Ausschlussprozesse.

Gemeinsam geben Ihnen die Indikatoren die Möglichkeit, ein konkretes Bild der Gleichstellung zu beschreiben und in ihrer Analyse wichtige Hinweise für Entwicklungsprozesse zu erhalten. Auch der Vergleich verschiedener Unternehmensbereiche ist wertvoll, um gezielt dort ansetzen zu können, wo auch tatsächlich Handlungsbedarf besteht.

Handlungsbedarf feststellen

Die Gleichstellungsperformance ihres Unternehmens und seiner Teilbereiche wird mit der Etablierung von Gleichstellungsindikatoren mess- und damit darstellbar. Sie geben damit den Führungskräften der verschiedenen Ebenen die Unterstützung, die sie brauchen, um in ihren jeweiligen Verantwortungsbereichen Gender Equality Management gezielt umsetzen zu können.

❗ Das hier beschriebene Set an Gleichstellungsindikatoren versteht sich nicht als allgemein gültige und einzige Lösung für die Aufgabe, Gleichstellung beobacht- und messbar zu machen.
Sehen Sie unseren Vorschlag als Inspiration für Ihre maßgeschneiderte Lösung. Übernehmen Sie einen Teil, adaptieren Sie Details bzw. ergänzen Sie das Set mit zusätzlichen Indikatoren.

17.3 Spezielles Beispiel Hochschule bzw. Universität

Universitäten – als Expert/innenorganisationen – zeichnen sich u. a. durch ein deutliches Führungsmanko aus. Führungspositionen (sprich Professuren) werden v. a. auf der Basis von bisherigen wissenschaftlichen Leistungen besetzt, weniger aufgrund herausragender Führungsqualitäten. Organisationen mit einer wenig ausgeprägten Führungskultur fehlt auch das entsprechende Gleichstellungsmanagement.

Unterschiede Universitäten – Wirtschaft

Hinzu kommt, dass die Universität 2 Laufbahnmöglichkeiten bietet, die – wenn auch nicht vollständig unabhängig voneinander – getrennt voneinander zu betrachten sind. Diese Karrieremöglichkeiten sind einerseits die wissenschaftliche Karriere und andererseits die Managementlaufbahn.

Wir haben für eine österreichische Universität ein konkretes Controllingkonzept entwickelt, das dem oben dargestellten entspricht und gleichzeitig einige Spezialitäten aufweist. Wir möchten es im Folgenden konkret darstellen.

17.3.1 Der Gender Index

Die Auswahl der relevanten Bereiche zur Darstellung des Geschlechterverhältnisses wurde in einem GEM Team (Universitätsleitung, interne Gleichstellungsexpertinnen, interne Controllingexpertin, externe Beratung) ausführlich diskutiert. Einerseits mussten die wichtigsten Bereiche dargestellt werden und andererseits sollten es nicht zu viele Bereiche sein.

Relevante Bereiche definieren

Darüber hinaus war die Vorgabe, dass sämtliche Daten, die zur Berechnung herangezogen werden, bereits an der Universität erhoben werden und die Kategorien auf die bereits etablierten inneruniversitären Kategorien abgestimmt werden.

Fokus auf Forschung und Lehre

In einem ersten Schritt wurde entschieden, dass der Fokus auf den wissenschaftlichen Forschungs- und Lehrbetrieb gelegt wird und nicht auf den Verwaltungsbereich der Universität.

Da im wissenschaftlichen Bereich viele Beschäftigungsformen existieren, wurde in einem zweiten Schritt das Hauptaugenmerk auf das hauptberufliche Personal gerichtet und dort noch entsprechend der Finanzierungsquellen unterschieden.

Folgende Bereiche wurden schließlich für die Berechnung der Gender Indices ausgewählt:

Hauptberufliches Personal ohne Drittmittel

Da die Berechnung der Vollzeitäquivalente zur Zeit der Festlegung einen sehr hohen Aufwand darstellte, entschied sich das GEM Team für die Darstellung nach Köpfen. In späteren Auswertungen könnten auch Vollzeitäquivalente integriert werden.

Gesamt: Darstellung des Geschlechterverhältnisses bei den Beschäftigten auf der gesamten Universität und auf den einzelnen Fakultäten.

> **Beispiel**
>
> Grundsätzlich unterscheidet sich das Geschlechterverhältnis deutlich zwischen administrativem und wissenschaftlichem Bereich (◘ Abb. 17.4). Die Administration weist ein ausgewogenes Verhältnis mit leichter Mehrheit an Frauen auf. Das wissenschaftliche Personal Gesamt ist knapp unter der Grenze der Ausgewogenheit. Der Gender Index von 9 Fakultäten befindet sich im Bereich zwischen 0,67 und 1,5, den wir als ausgeglichen definiert haben, wobei hier nur an einer Fakultät eine leichte Mehrheit an Frauen zu erkennen ist, alle anderen weisen einen höheren Männeranteil auf. Während eine Fakultät eine klare Mehrheit an weiblichen Mitarbeiterinnen aufweist, sind es 5 Fakultäten, die als männerdominiert beschrieben werden können.

EU-Standard für die Darstellung der wissenschaftlichen Karrierestufen

Die **Kategorien A, B, C und D** repräsentieren nach einem EU-weiten Standard die wissenschaftlichen Karrierestufen (Europäische Kommission 2006 ◘ Tab. 17.4):

- A: die allerhöchste wissenschaftliche Position,
- B: Wissenschafter/innen, die nicht in der obersten Position (A) arbeiten, aber in einer höheren Position als neu promovierte Kolleg/innen,
- C: die erste Position, in der neu promovierte Wissenschafter/innen (ISCED6) normalerweise zu arbeiten beginnen,
- D: entweder Doktorand/innen, die noch nicht promoviert sind (ISCED6) und als Wissenschafter/innen beschäftigt sind, oder Wissenschafter/innen, die in Positionen arbeiten, in denen eine Promotion nicht gefordert ist.

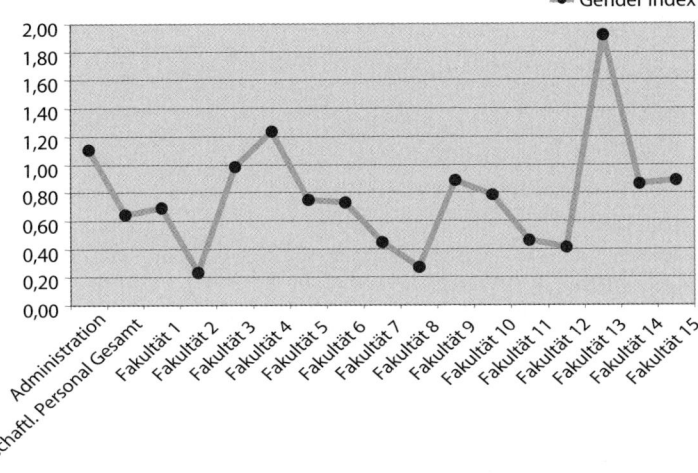

Abb. 17.4. Geschlechterverhältnis in den verschiedenen Teilbereichen der Universität

Stellen Sie sich vor,

6 von 100 Professorinnen an der Uni Zürich sind Männer.

Umdenken öffnet Horizonte!

Büro für die Gleichstellung von Frau und Mann
der Stadt Zürich

Kampagne der Fachstelle für Gleichstellung, Stadt Zürich

▢ **Tab. 17.4.** Entsprechung der Kategorien A, B, C und D in den deutschsprachigen Ländern. (Europäische Kommission 2006)

Land	Kategorie A	Kategorie B	Kategorie C	Kategorie D
D	C4 an allen Hochschularten	C3 an allen Hochschularten	Hochschulassistent/innen, C1, H2, BAT Ia–IIa	Wissensch. und künstl. Mitarbeiter/innen im Angestelltenverhältnis. BAT I–IVb, Va, AT, Vergütung entsprechend A13
	W3 an allen Hochschularten	C2 auf Dauer an allen Hochschularten	Wissenschaftliche und künstlerische Assistent/innen, C1, H1, A13–A14, BAT Ib, IIa	Ärzt/innen im Praktikum, Tarif für AIP
		C2 auf Zeit an allen Hochschularten	Akademische (Ober-)Rät/innen auf Zeit, A13, A14	Wissensch. Mitarbeiter/innen im unbefristeten Arbeitsverhältnis 7, WM 2–6, BAT I–IIa
		Hochschuldozent/innen, R1, C2, C3, A9-A15, BAT I–IIa, III, AT	Akademische Rät/innen, Oberrät/innen und Direktor/innen, A13–A16, C1–C3, R1, R2, H1–H3, BAT I–IIa, AT	Studienrät/innen, -direktor/innen im Hochschuldienst, A–3–A16, BAT I–IIb
		Universitätsdozent/innen, H1-H3, BAT Ia, Ib, AT	W1 (Juniorprofessuren)	Fach-, Techn. Lehrer/innen, A9–A13, AT
		Oberassistent/innen, C2, H1, H2, A14, BAT Ia–IIa		Lektor/innen, A13–A14, BAT I–II, AT
		Oberingenieur/innen, C2, H1, H2, A14, BAT Ib		Sonstige Lehrkräfte für besondere Aufgaben, A9-A13, BAT I–Vc, Kr. VIII–XIII, AT
		W2		Lektor/innen, WM 3, BAT IIa und Lehrer/innen im Hochschuldienst, WM 4–6, BAT IIa, IIb
A	Ordentliche/r Univ.professor/in	Universitätsdozent/in; im öffentlich-rechtlichen Dienstverhältnis zum Bund; Amtstitel: Ao.Univ.Prof.	Assistenzprofessor/in	Bundeslehrer/in und Vertragslehrer/in
	Vertragsprofessor/in	Vertragsdozent/in, im privatrechtlichen Dienstverhältnis zum Bund; Funktionsbezeichnung: Ao.Univ.Prof.	Univ.assistent/in	Beamt/in/er und Vertragsbedienstete/r des wissenschaftlichen Dienstes
	Stiftungsprofessor/in		Assistent/in; Universitätsassistent/in, Assistenzarzt bzw. -ärztin	Studienassistent/in
	Gastprofessor/in mit Tätigkeit in Forschung und Entwicklung		Vertragsassistent/in	Sonstiges wissenschaftliches Personal
	Emeritierte/r Professor/in mit F&E Tätigkeit		Wissenschaftliche (künstlerische) Mitarbeiter/in (in Ausbildung)	
			Oberarzt, Oberärztin	
CH	Professor/innen – SHIS Kategorie I und II	Übrige Dozierende - SHIS Kategorie III–VI	Promovierte assistierende und wissenschaftliche Mitarbeiter/innen – SHIS Kategorie VII–IX	Hilfsassistent/innen, Assistierende ohne akademischen Grad – SHIS Kategorie X

Hauptberufliches Personal Drittmittel Gesamt

Personal (nach Köpfen), das über Drittmittel finanziert wird, entzieht sich den standardisierten Aufnahmeprozessen der Universität. Daher ist besonders interessant, wie sich das Geschlechterverhältnis in diesem Bereich darstellt; auch im Vergleich zu den anderen Bereichen.

Das über Drittmittel finanzierte Personal wird sowohl für die gesamte Universität als auch für die verschiedenen Fakultäten in Form von Gender Indices dargestellt.

Drittmittel-Personal entzieht sich den standardisierten Aufnahmeprozessen

Student/innen

Da die wissenschaftliche Karriere letztlich mit der Erstzulassung an einer Universität beginnt, hat sich das GEM Team entschieden, die wesentlichen Meilensteine der Hochschulausbildung ebenfalls als Gender Indices zu berechnen. Diese Daten werden dann auch später nochmals für die Darstellung der Karriereverläufe genutzt. Folgende Meilensteine wurden für die Darstellung ausgewählt:

Meilensteine der Hochschulausbildung

- Erstzulassungen,
- ordentlich Studierende,
- Erstabschluss,
- Promotionsstudium,
- Abschluss Promotion.

17.3.2 Der Segregationsindex SI

Die Universität in unserem Beispiel ist so strukturiert, dass die verschiedenen Studienrichtungen in insgesamt 15 Fakultäten zusammengefasst sind. Jeder Fakultät steht ein Dekan bzw. eine Dekanin vor. Die Dekan/innen bilden damit die verbindende Führungsebene zwischen Universitätsleitung und Institutsleiter/innen.

Die Fakultäten umfassen zwischen 2 und 9 wissenschaftliche Institute, an denen insgesamt 2474 Personen hauptberuflich beschäftigt sind. Der Gender Index beträgt beim wissenschaftlichen Personal insgesamt 0,64.

Interessant ist hier für die Universitätsleitung, die Universität hinsichtlich ihrer geschlechterbezogenen Segregation quer über die Fakultäten und die Fakultäten bezogen auf ihre Institute zu untersuchen. Ein SI von 0% würde bedeuten, dass sich das Geschlechterverhältnis an den Fakultäten ebenso darstellt wie beim gesamten wissenschaftlichen Personal.

$$SI = 100 * \frac{1}{2} * \Sigma_i |F^i/F - M^i/M|$$

Die Berechnung des Segregationsindex für die Universität ergibt einen Wert von 24,34%. Das bedeutet, dass knapp ein Viertel der Wissenschaftler und Wissenschaftlerinnen ihre jeweilige Fakultät wechseln müssten, um an allen Fakultäten einen GI von 0,64 herzustellen.

ideales Geschlechter-
verhältnis als Bezugsgröße
für Segregation

> **!** Eine zweite Möglichkeit, den Segregationsindex zu berechnen, besteht darin, dass nicht die Gesamtheit der Beschäftigten den Grundbezug (F, M) zur Berechnung darstellen. Eine Alternative wäre z. B. ein ideales ausgewogenes Geschlechterverhältnis oder eine andere argumentierbare Bezugsgröße, die z. B. das Mitarbeiter/innenpotenzial darstellt. In unserem Fall könnten das die Absolvent/innen der Universität sein.

17.3.3 Vertikale Gleichstellung – Gläserne Decke Index

An der Universität interessieren wir uns sowohl für die Durchlässigkeit der wissenschaftlichen als auch für die der Managementkarrieren.

Gläserne Decke in der wissenschaftlichen Karriere

Der Gläserne Decken Index (GDI), der vom GEM Team als relevant ausgewählt wurde, ist der für die Erreichung der Professur, der höchsten wissenschaftlichen Position. Professuren sind nach wie vor eine ausgesprochene Männerdomäne. Darauf gilt es besonderes Augenmerk zu werfen, damit mit geeigneten und nachhaltigen Maßnahmen die Barrieren für Frauen aufgelöst werden können.

> GDI = Gender Index Wissenschaftliches Personal (der Kategorien A, B, C) / Gender Index Kategorie A

Dieser GDI wird sowohl für die gesamte Universität als auch für die einzelnen Fakultäten berechnet. Im Vergleich wird deutlich, wo der größte Handlungsbedarf besteht. So können gezielt Strategien und Maßnahmen entwickelt und umgesetzt werden.

gezielte Strategien für
mittelfristige Verbesserung

Beispiel

An einer Universität ist das Verhältnis von Professorinnen und Professoren sehr unausgewogen. Es gibt eine Fakultät mit ausschließlich männlichen Professoren, an anderen Fakultäten gibt es vereinzelt Professorinnen. Da das Durchschnittsalter der Professor/innen sehr hoch ist, sind in den kommenden 5 bis 10 Jahren sehr viele Emeritierungen zu erwarten. Um das Geschlechterverhältnis auch auf dieser Ebene ausgewogener zu gestalten, wird ein Entwicklungsplan erarbeitet, der festlegt, wie viele der betroffenen Professuren mit Frauen zu besetzen sind.

Der Zeitraum von 5 bis 10 Jahren gibt Gelegenheit, mittelfristig sowohl intern entsprechende Kandidatinnen aufzubauen als auch extern solche zu suchen und anzusprechen. Eine erfolgreiche Akquisitionsstrategie kann hier in wenigen Jahren das Geschlechterverhältnis deutlich verbessern.

17

Vertiefender Blick auf die vertikale Gleichstellung

Karriereverlauf im wissenschaftlichen Bereich:

Wir betrachten den Karriereverlauf aus 2 verschiedenen Perspektiven. Das eine Mal entlang der Qualifikationsstufen, das andere Mal entlang der oben definierten Kategorien der wissenschaftlichen Karriere im Forschungs- und Lehrbetrieb.

▬ Der **Karriereverlauf entlang den Qualifikationsstufen**: Erstzulassungen – ordentlich Studierende –Erstabschlüsse – Promotionsstudien – Promotionsabschlüsse – Habilitationen; ein entsprechender Verlauf könnte z. B. wie ◘ Abb. 17.5 aussehen.

Qualifikationsstufen beschreiben Karriereverlauf

Beispiel

Das Beispiel (◘ Abb. 17.5) zeigt eine klare Veränderung zwischen dem Erstabschluss und dem Promotionsstudium. Während bis zum Erstabschluss das Geschlechterverhältnis noch völlig ausgewogen ist, beginnen deutlich weniger Frauen ein Promotionsstudium und noch weniger schließen dieses auch ab. Die Promotionsabschlüsse sind in diesem Bereich bereits eine Männerdomäne. Bei den Habilitationen sind Frauen nur mehr minimal vertreten.

▬ Der **Karriereverlauf entlang der Verwendungskategorien A, B, C und D**: eine Abbildung könnte z. B. wie ◘ Abb. 17.6 aussehen.

Beispiel

Die ◘ Abb. 17.6 zeigt, dass bereits bei der Aufnahme in den wissenschaftlichen Betrieb eine deutliche Segregation stattfindet: Potenzielle Zielgruppen für diesen Bereich sind Menschen mit einem Erstabschluss und Doktorand/innen. Entsprechend der Abbildung der Qualifikationsstufen liegt in diesen Bereichen der GI bei 1 bzw. knapp 0,6. In der Kategorie D nimmt der GI allerdings nur mehr einen Wert von 0,4 an. Dieser Wert sinkt stetig bei den weiteren Kategorien.

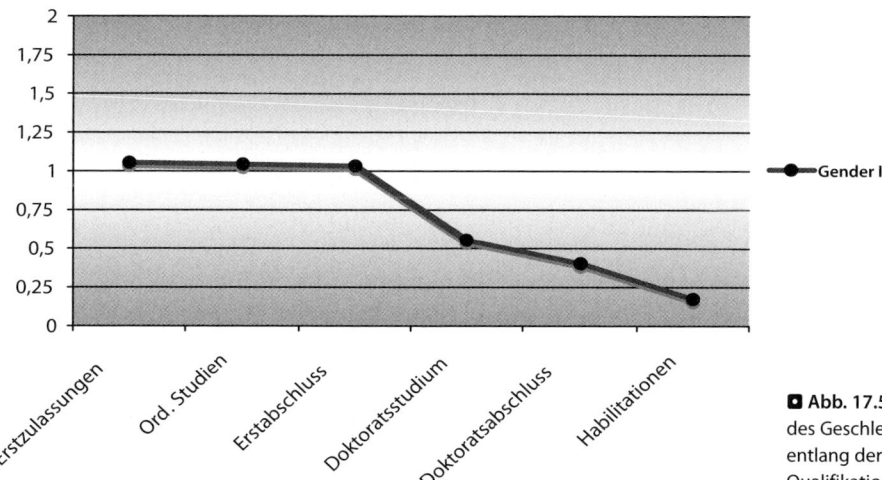

◘ **Abb. 17.5.** Die Darstellung des Geschlechterverhältnisses entlang der wissenschaftlichen Qualifikationsstufen

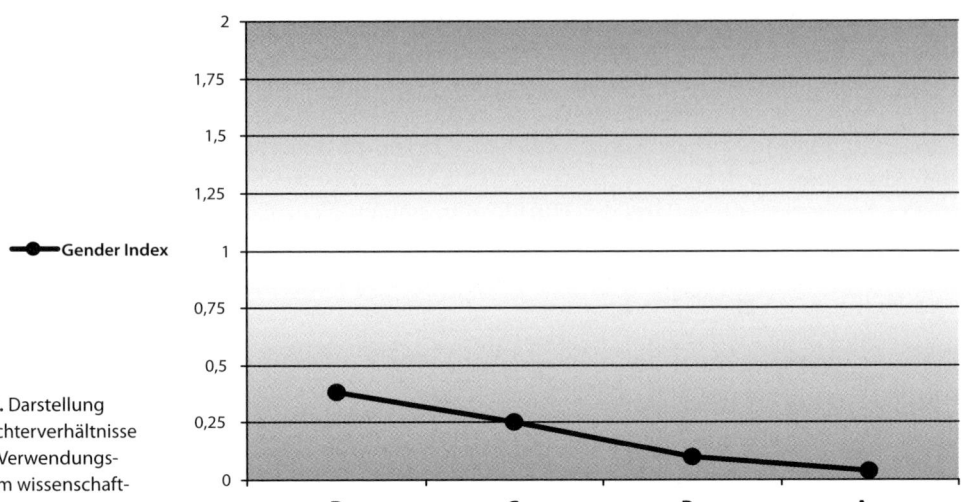

Abb. 17.6. Darstellung der Geschlechterverhältnisse entlang der Verwendungskategorien im wissenschaftlichen Bereich

Das Beispiel zeigt: Beide Darstellungen schärfen den Blick auf die aktuelle Situation und drängen auf vertiefende Untersuchungen der gezeigten Phänomene.

Auswahl durch Berufungsverfahren für Professuren

■ **Darstellung Auswahlverfahren: Berufungsverfahren für Professuren** Berufungsverfahren verlaufen gemäß einem gesetzlich vorgeschriebenen Ablauf. Die Universitätsleitung ist interessiert an einer Darstellung der Verläufe in den verschiedenen Fakultäten, um diese in ihrer Gleichstellungsperformance vergleichen zu können.

> **Beispiel**
>
> Das Berufungsverfahren durchläuft im Wesentlichen die folgenden Schritte: Bewerbungen – Berufungsvorträge – Dreiervorschlag – Berufungen. Eine Darstellung des Vergleichs dreier Fakultäten könnte z. B. wie in ■ Abb. 17.7 aussehen.
> Auch wenn im Bereich der Bewerbungen die Geschlechterverhältnisse recht unterschiedlich sind, befinden sich doch alle im Bereich der Ausgewogenheit. Die Entwicklung verläuft dann wieder sehr parallel: Das Verhältnis verschiebt sich deutlich in Richtung Männer – in 2 Fakultäten sind die erfolgten Berufungen im Beobachtungszeitraum eindeutig von Männern dominiert.

Gläserne Decke im Management

An der Universität ergeben sich folgende Managementebenen im Wissenschaftlichen Bereich:

■ erste Führungsebene: Universitätsleitung (Rektor/in, Vizerektor/innen und Senatsvorsitzend/e/r);
■ zweite Führungsebene: Dekan/innen, also Leiter/innen der Fakultäten;
■ dritte Führungsebene: Institutsleiter/innen.

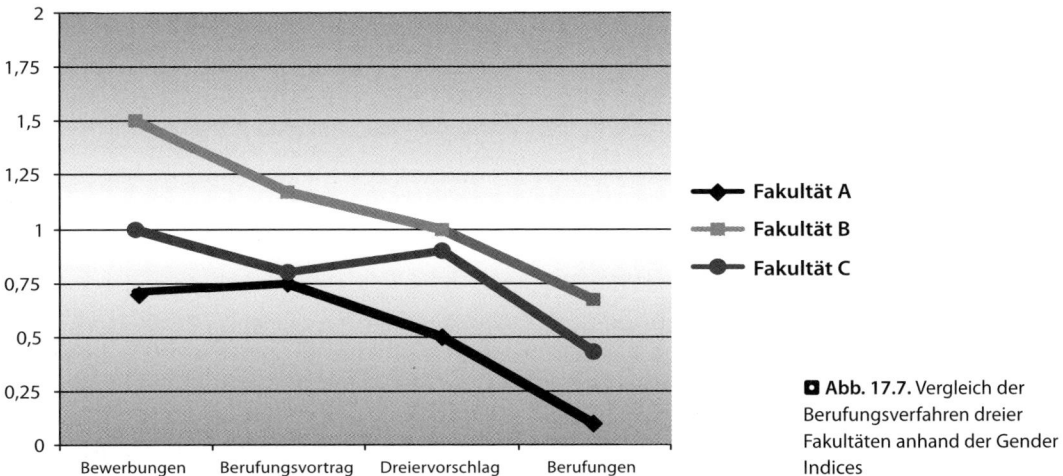

Bewerbungen   Berufungsvortrag   Dreiervorschlag   Berufungen

Fakultät A
Fakultät B
Fakultät C

Abb. 17.7. Vergleich der Berufungsverfahren dreier Fakultäten anhand der Gender Indices

GDI für die Universitätsleitung. Hier wird das Geschlechterverhältnis aller Beschäftigten (inkl. Verwaltung, denn die Universitätsleitung steht sowohl dem wissenschaftlichen als auch dem administrativen Bereich vor) dem in der Universitätsleitung gegenübergestellt:

GDI = Gender Index Beschäftigte Gesamt /
Gender Index Universitätsleitung

Beispiel

Das Geschlechterverhältnis beim gesamten Personal der Universität ist ausgewogen. In der obersten Führungsebene sind 1 Frau und 4 Männer. Der Gläserne Decke Index beträgt 4,00.

GDI für die 2. Führungsebene. Der GDI für diese Ebene setzt das Geschlechterverhältnis des wissenschaftlichen Personals mit dem der Dekan/innen in Beziehung:

GDI = Gender Index wissenschaftliches Personal Gesamt /
Gender Index Dekan/innen

Beispiel

Männerdomäne
Wissenschaft

Das Geschlechterverhältnis beim wissenschaftlichen Personal beträgt 27 : 73, der GI ist also 0,37 (Männerdomäne). Unter den 15 Dekan/innen gibt es 1 Frau (GI=0,07).
Der GDI beträgt 5,55 und liegt damit höher als für die erste Führungsebene. Dies liegt u. a. an der geringen Zahl an Personen in der Universitätsleitung. Eine Frau bei 5 Personen insgesamt verbessert das Geschlechterverhältnis deutlich. In manchen Fällen kann es daher sinnvoll sein, erste und zweite Führungsebene gemeinsam zu betrachten.

GDI für die 3. Führungsebene. Für die dritte Führungsebene wird das Geschlechterverhältnis des wissenschaftlichen Personals der Fakultät mit dem Geschlechterverhältnis der Institutsleiter/innen in Beziehung gesetzt.

GDI = Gender Index wissenschaftliches Personal der Fakultät^i / Gender Index Institutsleiter/innen der Fakultät^i

Beispiel

An einer rechtswissenschaftlichen Fakultät beträgt der Gender Index beim hauptberuflichen wissenschaftlichen Personal 0,87. Unter den elf Institutsvorständ/innen ist eine Frau.
Der GDI für die dritte Führungsebene ergibt an dieser Fakultät einen Wert von 8,67.

17.4   Die Vorgehensweise

das Geschlechterverhältnis gezielt steuern

Sie wollen Gleichstellung in Zukunft messen und die Entwicklung beobachten, um gezielt das Geschlechterverhältnis in Ihrem Unternehmen zu gestalten und zu steuern. Das Gleichstellungscontrolling kann dabei für Sie ein wertvolles Steuerungsinstrument darstellen.

17.4.1   Was und wer?

Welche Bereiche werden geprüft?

Idealerweise wird das Gleichstellungscontrolling für das gesamte Unternehmen eingeführt und sämtliche Indikatoren werden jedenfalls auch unternehmensweit berechnet. Empfehlenswert ist, – abhängig von der Betriebsgröße – nach mindestens 2 Ebenen zu differenzieren und die Indikatoren sowohl für das gesamte Unternehmen als auch spezifisch für die relevanten Bereiche zu berechnen.

Welche Einteilung hier sinnvoll ist, muss professionell diskutiert und bewertet werden. Die vorhandenen Verantwortungsstrukturen geben dafür den Rahmen vor.

Differenzierung entlang der vorhandenen Verantwortungsstrukturen

Bei größeren Betrieben kann eine weitere Differenzierung in Teilbereiche – und damit nächste Hierarchieebenen – Nutzen und Wirkung des Controllings steigern.

Wer ist beteiligt?

Controlling ist eine klare Managementaufgabe. Damit sind die Führungskräfte der geprüften Bereiche die wesentlichen Akteur/innen bei der Umsetzung. Die Auswertung der Indikatoren wird in die bestehenden Leitungsstrukturen integriert.

17

Unterstützt wird das Management durch GEM Expert/innen, die v. a. bei der Analyse der Indikatoren und der Entwicklung von gezielten Maßnahmen und Strategien beraten.

Das GEM Team (▶ Kap. 6) ist als internes Kompetenzteam zum Thema Gleichstellung wesentlich bei der Entwicklung der maßgeschneiderten Konzeption und der Bewertung ihrer Umsetzung beteiligt.

Sollte es in Ihrem Unternehmen kein etabliertes GEM Team geben, so wird ein entsprechendes Team gebildet.

Kompetenzteam für maßgeschneiderte Konzeption

17.4.2 Das Wie

Wir empfehlen Ihnen die folgende Vorgehensweise:

Schritt 1. Grundsatzentscheidung treffen

Die Unternehmensleitung beschließt, dass die Gleichstellungsperformance in die bestehenden Controllingprozesse integriert wird. Das GEM Team wird beauftragt, einen entsprechenden Vorschlag für Indikatoren und Einbettung in das Managementsystem zu entwickeln.

Schritt 2. Maßgeschneidertes Konzept entwickeln

Das GEM Team erarbeitet einen Vorschlag für ein System an Indikatoren, die die Gleichstellung im Betrieb messen sollen. Der hier dargestellte Vorschlag kann Ihnen dabei als Vorlage dienen. Möglicherweise können Sie die Indikatoren genau so übernehmen. In diesem Fall definieren Sie die Details wie beschrieben. Vielleicht wollen Sie zusätzliche Indikatoren ergänzen und das System spezifischer auf Ihre Organisation anpassen? Jedenfalls wird genau festgelegt, auf welche relevanten Bereiche und Ebenen sich die Indikatoren beziehen werden und wie die Kennzahlen und ihre Analyse z. B. in das Berichtssystem des Managements eingebettet werden. Wichtig ist, dass die Indikatoren nicht nur analysiert werden, sondern auf ihrer Basis konkrete Maßnahmen und Strategien zur Verbesserung der Gleichstellung in der jeweiligen Abteilung, am jeweiligen Standort bzw. im gesamten Unternehmen entwickelt und umgesetzt werden.

Einbettung in das Managementsystem

Eine erste Testerhebung mit den vorgeschlagenen Kennzahlen wird durchgeführt und ausgewertet, das Konzept gemeinsam mit den ersten Ergebnissen der Unternehmensleitung präsentiert.

Schritt 3. Konzept umsetzen

Die Unternehmensleitung trifft die Entscheidung zur Einführung des Controllingkonzepts. Es wird den Führungskräften präsentiert und sie werden in ihre neuen Aufgaben eingeführt. Empfehlenswert ist hier der Aufbau bzw. die Weiterentwicklung ihrer GEM Kompetenz, welche die konkrete Handhabung des Controllinginstruments beinhaltet. Die erste vollständige Berechnung der Indikatoren wird durchgeführt und auf den verschiedenen

Führungsebenen analysiert. Maßnahmen und Strategien werden entwickelt und aufeinander abgestimmt, unternehmensweit oder bereichsspezifisch umgesetzt. Die Ergebnisse sind Teil der Jahresberichte und werden damit in die Erfolgsbewertung des Unternehmens (bzw. des Teilbereichs) integriert.

Schritt 4. Umsetzung prüfen

Nach einer ersten vollständigen Berechnungs- und Analyserunde werden die Ergebnisse und getroffenen Maßnahmen sowie der gesamte Controllingprozess vom GEM Team analysiert und bewertet. Falls notwendig, werden die Indikatoren bzw. deren Einbettung in das Management des Unternehmens adaptiert. Die Ergebnisse dieser Prüfung werden der Unternehmensleitung präsentiert. Diese trifft die entsprechenden Entscheidungen zur Weiterführung des Gleichstellungscontrollings.

Evaluation nach der ersten Vollerhebung

Entwicklung beobachten. Durch die wiederholte Durchführung gewinnt das Instrument an Wert: Nun gibt es Referenzgrößen, es ist möglich, Entwicklungen zu beschreiben und die Wirkung von Maßnahmen und Strategien zu beurteilen. Gewünschte Ergebnisse können abgesichert, bei unerwünschten Entwicklungen kann sofort gegengesteuert werden. Auch der Vergleich zwischen verschiedenen Bereichen kann nützliche Informationen für die Verbesserung der Gleichstellungsperformance liefern. Ein internes Benchmarking hilft, Wissen und Erfahrungen für alle Bereiche nutzbar zu machen.

Vollständige Integration. Zu Beginn der Umsetzung empfehlen wir, die Führungskräfte bei der Analyse der Indikatoren und der Entwicklung weiterführender Maßnahmen zu beraten (interne/r GEM Beauftragte/r, externe Berater/in). Mit der regelmäßigen Durchführung der Controllingzyklen wird das Gleichstellungscontrolling zu einem selbstverständlichen Teil der Unternehmenssteuerung und -gestaltung.

Gleichstellung wird zu selbstverständlichem Unternehmensziel

❶ Pilotprojekt

Wenn eine Entscheidung für die Einführung des Gleichstellungscontrollings im gesamten Unternehmen (noch) nicht herbeiführbar ist oder Ihr Unternehmen groß ist, empfiehlt sich die Durchführung eines Pilotprojekts in ausgewählten Bereichen. Diese Bereiche sollten im Betrieb wichtig und repräsentativ sein, so dass Erfahrungen und Ergebnisse aus einem Pilotprojekt auf den gesamten Betrieb übertragbar sind.

Die hier skizzierten Schritte erfolgen im Pilotprojekt analog. Die Konzeption ist mit Blick auf das gesamte Unternehmen durchzuführen. Die Prüfung der Umsetzung ergibt zusätzlich, ob und wie die unternehmensweite Einführung erfolgen kann.

Ein erfolgreiches Pilotprojekt wirkt überzeugend – sowohl in Richtung Unternehmensleitung (für die unternehmensweite Umsetzung) als auch in Richtung Management insgesamt.

Ausgewogenes Geschlechterverhältnis in Führungspositionen

Die ausgewogene Teilnahme von Frauen und Männern an Verantwortung und Entscheidung ist in den meisten Betrieben noch lange nicht erreicht. Im aktuellen Bericht zur Gleichstellung der Europäischen Kommission (2007) ergibt sich für Deutschland und Österreich folgendes Bild: ◘ Abb. 18.1.

In beiden Ländern wie auch im EU-Durchschnitt nehmen Frauen ungefähr ein Drittel aller Führungspositionen ein. Wenngleich dieser Wert gar nicht so niedrig wirkt, ist doch wichtig zu sehen, dass eine Differenzierung nach Hierarchieebenen das Bild deutlich verändern würde: Je höher die Position, desto weniger Frauen. Oder wie es vor Jahren eine deutsche Tageszeitung ausgedrückt hat: »Es ist wahrscheinlicher, dass eine Frau vom Blitz getroffen wird, als dass Sie sich im Vorstand eines deutschen Unternehmens befindet«.

Handeln ist also angesagt. Wir stellen Ihnen in diesem Zusammenhang 2 Instrumente vor. Das eine – Mentoring – ist mittlerweile sehr bekannt (wenn es auch sehr unterschiedlich eingesetzt wird), das andere – Die Gute Nachrede® – ist noch ein Geheimtipp und ein originelles Tool.

18.1 Mentoring

optimale Ressourcen-
entwicklung

Eines der wesentlichen Ziele des Gender Equality Managements ist die optimale Ressourcenentwicklung durch eine gleichstellungsorientierte Personal- und Unternehmensführung. Begabungen, Fähigkeiten und Qualitäten von Männern **und** Frauen werden wahrgenommen, gefördert und entsprechend eingesetzt. Eine gleichberechtigte Teilhabe an Verantwortung, Information, Honorierung und Bildung gehört zu den Grundsätzen der Führungspolitik.

Frauen in Führungs-
positionen: Tendenz
sinkend (in D und A)

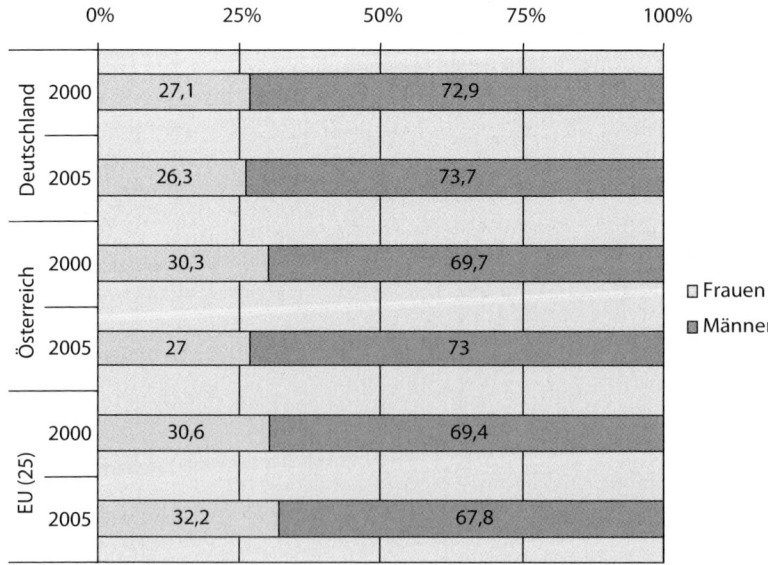

◘ Abb. 18.1. Das aktuelle Geschlechterverhältnis in Führungspositionen

Mentoring eignet sich in diesem Zusammenhang besonders gut, wenn es darum geht, das Geschlechterverhältnis in den Führungspositionen ausgewogen zu gestalten.

Begriffsklärung

Der Begriff Mentoring hat seinen Ursprung in der griechischen Mythologie: Bevor Odysseus in den Trojanischen Krieg zog, beauftragte er einen Vertrauten, er hieß Mentor, während seiner Abwesenheit auf seinen Sohn Telemach zu achten, ihn zu erziehen und in die Gesellschaft einzuführen. Damit würde er die Rolle des Beraters und väterlichen Freundes für seinen Sohn übernehmen. Seit dieser ersten Mentoringbeziehung hat sich das Konzept in vielerlei Hinsicht geändert, dennoch ist der Grundgedanke erhalten geblieben.

Die Tür zur Top-Ebene

18.1.1 Was ist Mentoring?

Kernstück des Mentoring ist eine bewusste **Partnerschaft** zwischen 2 Individuen, einer Mentorin bzw. einem Mentor und einer Mentee, die außerhalb der etablierten Vorgesetzten-Mitarbeiterin-Beziehung stattfindet. Der bzw. die Mentor/in ist eine etablierte Führungskraft mit gelebter Personalverantwortung, die bereit ist, an ihrem Wissen und ihren Erfahrungen teilhaben zu lassen. Die Mentee ist eine junge Mitarbeiterin mit erkennbarem Potenzial für Führungsaufgaben und ausgewiesenem Karrierewillen.

gleichwertige Partnerschaft

Sie arbeiten zusammen, um vereinbarte Ziele zu erreichen, die ihrer **beruflichen und persönlichen Entwicklung** dienen. Die Partnerschaft ist dabei nicht einseitig, beide lernen voneinander. Der Mentor bzw. die Mentorin fungiert als Coach und unterstützt die Mentee sowohl in fachlicher Hinsicht als auch bei persönlichen und privaten Fragen rund um Arbeit, Karriere und Lifebalance. Die zuständige Person kann auch bei Entscheidungen als erfahrener Ratgeber bzw. erfahrene Ratgeberin zur Seite stehen. Die Mentee stellt ihr offenes und »frisches« Feedback zu Arbeit und Wirken der Mentorin bzw. des Mentors zur Verfügung. Oft ist sie wichtige Gesprächspartnerin für die Vorbereitung der Einführung neuer Maßnahmen oder Umsetzung von Vorgaben im Verantwortungsbereich der entsprechenden Person.

beide Seiten lernen

Der **Dialog und Austausch von Wissen, Know-how und Erfahrung**, der zwischen Mentor/in und Mentee stattfindet, basiert auf Gleichwertigkeit, so dass beide voneinander lernen. Der Mentor bzw. die Mentorin gibt einen unverfälschten Einblick in den Arbeitsalltag einer Führungskraft, in sein bzw. ihr Wissen, Know-how und Erfahrungen. Die entsprechende Person schafft einen Zugang für die Mentee zu firmeninternen Netzwerken und vermittelt ihr Einsichten in etablierte Strukturen. Die Mentee gibt einen Einblick in ihre (weibliche) Arbeitsrealität und Erfahrungen mit dem Unternehmen.

Eine gelingende Mentoringpartnerschaft braucht ein nicht geringes Maß an Mut in der persönlichen Auseinandersetzung zwischen Mentor/in und Mentee, eine gewisse Lust an der Unterschiedlichkeit der Personen, ihrer Lebensorientierungen und Handlungsmuster und keine Furcht vor Konflikten.

> **Die Schlüsselrollen des Mentors bzw. der Mentorin**
> — Coaching: aktive Beratung und Begleitung der Mentee bei der Entwicklung von wichtigen Fähigkeiten und Einstellungen für die persönliche und berufliche Zukunftsgestaltung,
> — Ratgeben: Hilfestellung bei der Lösung von Problemen und Entscheidungsfindung,
> — Netzwerkarbeit: Einführung in die bestehenden formellen und informellen Netzwerke und Anleitung zum Aufbau und zur Nutzung bzw. Stärkung der eigenen bestehenden Kontakte der Mentee.

18.1.2 Die Zielgruppen

Mentor/innen

Mentor/innen investieren…

Mentor/innen sind in der Regel erfahrene, möglichst einflussreiche Kolleg/innen, die im Unternehmen bekannt, respektiert und integer sind. Sie sichern den meist jüngeren Mentees für einen bestimmten Zeitraum ihre Unterstützung zu und stellen ihre Erfahrungen und ihr Wissen zur Verfügung. Sie stehen bei Entscheidungen zur Seite, verschaffen Zugang zu wichtigen firmeninternen Netzwerken, vermitteln Einsicht in etablierte Strukturen und begleiten sie ein Stück auf ihrem Weg.

Lili Segermann-Peck (amerikanische Buchautorin und Mentoringexpertin) hat die bzw. den Mentor/in heutiger Prägung so beschrieben:

> »Your mentor is your guardian angel. Someone who is knowledgeable, helpful, wise, prepared to help you along the path of your career, take you by the hand to help you puddles in the road, catch you when you fall, and eventually give you wings to fly alone.«

…und erhalten viel zurück

Mentor/innen sind nicht nur Gebende: Für sie ergibt sich in dieser Mentoringpartnerschaft die Möglichkeit zu einer ehrlichen, direkten Rückmeldung und die Chance, die jeweiligen Themen auch einmal aus einem anderen Blickwinkel kennen zu lernen: Was erlebt eine Frau in diesem Unternehmen, wenn sie Karriere machen will? Mit welchen Barrieren und Hemmnissen hat sie zu tun? Wie stellt sich in diesem Zusammenhang das Thema Vereinbarkeit von Privatleben und Beruf dar? usw.

Aus dieser Perspektive finden wir es besonders wertvoll, wenn männliche Führungskräfte Mentees begleiten. Sie lernen damit vieles und vermutlich Neues über die »weibliche Wirklichkeit« im Unternehmen.

18

> Mentor/innen sind
> — Manager/innen der oberen Führungsebenen
>   – mit erkennbar gelebter Personalverantwortung;
> — Menschen mit Visionen und Macht,
>   – die bereit sind, teilhaben zu lassen.

Mentees

Mentees stehen in der Regel am Anfang ihrer beruflichen Karriere oder haben einen bedeutenden Schritt vor sich. Sie sind Potenzialträgerinnen, Frauen mit Mut, Risikobereitschaft, besonderen Talenten hinsichtlich Personalführung, Controlling, Marketing-Vertrieb-Service – Frauen in verantwortlichen Positionen in Fachlaufbahnen mit erkennbarem Talent für Führungsaufgaben und ausgewiesenem Karrierewillen.

Vorgesetzte der Mentee

Die Einbindung der Vorgesetzten der Mentees ist ein wichtiges Kriterium für ein gelingendes Mentoring. Sie unterstützen diese Personalentwicklungsmaßnahme in vollem Umfang und sind bereit, von ihrer Seite aus das Mentoring optimal zu begleiten.

Einbindung der Vorgesetzten

Ziele und Nutzen von Mentoring

- Erkennen, Sichtbarmachen und Nutzen des vorhandenen weiblichen Potenzials,
- aktives Wissensmanagement und Organisationsentwicklung durch Austausch und Weitergabe von implizitem Wissen zwischen Top-Management und Potenzialträgerinnen,
- Verbesserung der Kommunikation zwischen Hierarchien, Generationen und Geschlechtern,
- Förderung der Potenzialträgerinnen,
- fachliche und karrierebezogene Unterstützung,
- gezielte Personalentwicklung im Kontext der Entwicklung von High Potentials,
- Motivationsschub für Mitarbeiterinnen,
- Beitrag zu einem ausgewogenen Geschlechterverhältnis in Führungspositionen (und im Pool für Nachwuchsführungskräfte).
- Mentoring soll dazu beitragen, klassische Rollenzuteilungen und -klischees aufzubrechen.

18.1.3 Auswahl und Matching

Die Gestaltung des Auswahl- und Matching-Prozesses kann vielfältige Formen annehmen. Wir bevorzugen die folgende Vorgehensweise:

Bewerbung

Die Auswahl der Mentees findet aufgrund ihrer Bewerbung statt. Voraussetzungen für die Bewerbung sind eine positive Einschätzung und Zustimmung des bzw. der direkten Vorgesetzten, eine Betriebszugehörigkeit von 1–2 Jahren (abhängig von der Unternehmenskultur) sowie der Wunsch zur beruflichen Weiterentwicklung (z. B. Erweiterung der Aufgaben und Verantwortung, Führungsverantwortung übernehmen, Spezialistin werden).

Anforderungen an Mentees...

… und Mentor/innen

Auch die Mentor/innen müssen sich für das Programm bewerben. Eine Ausschreibung geht an alle Führungskräfte (Hierarchiestufen und Anforderungsprofil definieren), eine Bewerbung (in Form eines Fragebogens) mit kurzer persönlicher Beschreibung (Werdegang und jetzige Position, Motivation und Erwartungen an das Mentoringprogramm, Angebote an die Mentee, persönliches Führungsverständnis usw.) ist nötig.

Matching

Das Matching ist ein wichtiger Baustein im Mentoring und abhängig von der jeweiligen Einbettung ins Unternehmen und dessen Kultur. Es gibt dazu viele Möglichkeiten. Manche Betriebe bevorzugen das Matching durch die für das Mentoring verantwortliche Person, die aufgrund der eingegangenen Bewerbungen Vorschläge für Partnerschaften erarbeitet. Wir bevorzugen eine selbstbestimmte Bildung von Partnerschaften in einer moderierten Veranstaltung, die gleichzeitig die beteiligten Personen in das Mentoringprogramm einführt.

18.1.4 Inhalt und Zeitrahmen

Klares Programm

Ein Zeitrahmen von 12 (bis 18) Monaten hat sich bei bisherigen Mentoringprojekten besonders bewährt. Der Zeitrahmen ist auch abhängig von den Unternehmenszyklen und wird sinnvoll darauf abgestimmt.

Die Inhalte der Mentoringpartnerschaft können vielfältig sein, je nach individueller Bereitschaft und Möglichkeit:

- Im Mittelpunkt steht das **regelmäßige persönliche Gespräch** zwischen Mentor/in und Mentee (mindestens 1-mal pro Monat; ca. 1–2 h). Themen dieser Gespräche sind die Erarbeitung einer persönlichen Entwicklungsstrategie und Karriereplanung, der Austausch über die momentanen Erfahrungen im jeweiligen Berufsfeld, Feedback zu den Stärken und Chancen aber auch Entwicklungsfeldern und »Gefahren«. Insgesamt ein Dialog über die berufliche **und** persönliche Situation jetzt und ihre Gestaltungsmöglichkeiten für die Zukunft.
- Durchführung einer **Projektarbeit** (Thema in Abstimmung mit direkt vorgesetzter Person und Mentor/in) unter Begleitung der Mentorin bzw. des Mentors. Die Inhalte der Mentoringbeziehung sind persönlich und unterliegen der Verschwiegenheit. Deshalb empfehlen wir die Projektarbeit ganz besonders, weil sie eine Möglichkeit bietet, die Mentees mit ihrer Fachkompetenz im Unternehmen sichtbar zu machen.

Darüber hinaus könnte der Mentor bzw. die Mentorin noch Folgendes anbieten:

- eine Hotline, also den direkten telefonischen Zugang zum Mentor bzw. zur Mentorin,
- die Teilnahme an internen Sitzungen,
- bei Personalgesprächen dabei sein,
- in informelle Netzwerke einführen usw.

Das Mentoringprogramm besteht idealerweise nicht »nur« aus der eigentlichen Mentoringpartnerschaft, sondern enthält noch weitere unterstützende und wesentliche Elemente:

- Qualifizierung der beteiligten Manager/innen zur Mentorin bzw. zum Mentor: Teil dieser Qualifizierung ist der Aufbau von GEM Kompetenz, die sicherstellt, dass die strukturellen geschlechterbezogenen Barrieren im Entwicklungsprozess erkannt werden;
- organisierter Erfahrungsaustausch zwischen Mentor/innen: Dieser Erfahrungsaustausch hat noch einen zusätzlichen Nutzen für die Mentor/innen: Er stärkt die interne Netzwerkbildung;
- begleitendes Coaching für die Mentor/innen;
- Weiterbildungsangebote für die Mentees im Bereich der Persönlichkeitsentwicklung und Führungskompetenzen;
- organisierter Erfahrungsaustausch für Mentees;
- um den Wirkungsgrad des Programms zu erhöhen, engagiert sich jeweils ein Mitglied des Vorstandes bzw. der Geschäftsführung als Pate für eine Gruppe von Mentees, d. h., das jeweilige Vorstandsmitglied kümmert sich persönlich um die Laufbahn der Frauen;
- moderierte Halbzeitbilanz und
- Abschlussveranstaltung zur Auswertung der Ergebnisse: Hier präsentieren die Mentees ihre Projektarbeiten – und sich selbst – einem großen Kreis an Führungskräften.

weitere unterstützende Elemente eines Mentoringprogramms

Begleitet werden die Mentoringpartnerschaften von der internen Projektleitung, die für Fragen und Probleme Ansprechperson ist.

Zusammenfassung

Mentoring ist ein hervorragendes Instrument zur Verbesserung des Geschlechterverhältnisses in Entscheidungspositionen. Für den Erfolg sind jedoch ein maßgeschneiderter Aufbau, begleitende Maßnahmen wie die Qualifizierung der Führungskräfte und eine Einbettung in die bestehenden Unternehmensstrukturen ausschlaggebend. Mentoring soll nicht nur Kompetenzen bei allen Beteiligten weiterentwickeln, sondern auch zu den entsprechenden Veränderungen im Geschlechterverhältnis in der Hierarchie führen.

professionelle Gestaltung für Erfolg ausschlaggebend

> ❯❯ In unserer Organisation gibt es 2/3 weibliche Mitarbeiterinnen. Dank Equality Management ist es uns gelungen, mehr als die Hälfte aller Führungspositionen mit Frauen zu besetzen. Führung ist bei uns keine männliche Domäne mehr, dies spiegelt sich auch im differenzierten Sprachgebrauch wieder. ❮❮
> Barbara Gschwandtner, Personalleiterin pro mente Oberösterrreich

18.2   Die Gute Nachrede ®

Frauen fehlen …

Kommt Ihnen das folgende Szenario bekannt vor? Auf der obersten Ebene Ihres Unternehmens finden sich (fast) keine Frauen. Diese Zusammensetzung wird nicht als optimal bewertet und eine Veränderung ist erwünscht. Ist ein personeller Wechsel aktuell, stehen keine Frauen als Kandidatinnen zur Verfügung. So wird regelmäßig ein Mann wieder durch einen Mann ersetzt.

… und werden nicht gesehen

Das kann verschiedene Ursachen haben. Meistens werden sie bei den Frauen gesucht: Die Qualifizierung ist nicht exakt die gesuchte, die Erfahrung ist noch zu kurz usw. Dies kann immer auch noch sein. Eine andere Ursache liegt bei den bisherigen Führungskräften: Männer sehen das Potenzial der Frauen kaum.

Erfahrung mit Kooperation mit Frauen schaffen

Wenn sie an eine Nachfolge denken, fallen ihnen nur Männer ein. Erklärt wird dies durch ihre eigene Laufbahn, die ebenfalls durch andere Männer gefördert und ermöglicht wird, und die (fehlende) Erfahrung mit Kooperationen mit Frauen auf der gleichen Ebene. Diese Erfahrung ist neu zu schaffen, indem Frauen tatsächlich in Führungspositionen kommen und sich in der Praxis bewähren können.

Um hier einen Schritt weiter zu kommen, hat Zita Küng das Tool der Guten Nachrede ® entwickelt und als Marke eingetragen.

> **Das bringt Ihnen die Gute Nachrede ®**
> - Aktivitäten stimmen mit den inhaltlichen Vorstellungen überein und stützen damit eine entsprechende Grundlage für die Betriebskultur,
> - Glaubwürdigkeit in dieser Frage wird nach innen und außen größer,
> - Ihr Unternehmen bzw. Ihre Organisation erhöht die Attraktivität für aktuelle und künftige Mitarbeiterinnen und Mitarbeiter – speziell für Frauen,
> - Wertschöpfung wird verbessert durch optimale Nutzung der Potenziale (innen wie außen),
> - Erweiterung der Suchperspektive,
> - Verbesserung des Wissensmanagements,
> - neue Kommunikationsqualität nach innen und außen,
> - Übung der Wertschätzung der Leistungen von Frauen durch die Gute Nachrede ®; verändert den professionellen Zugang der Männer zu den Frauen und ermöglicht eine adäquate Kommunikation und Kooperation zwischen den Geschlechtern auf den Führungsebenen; Frauen haben dadurch erhöhte Chancen, zu reüssieren und mittelfristig zu bleiben,
> - Innovationssteigerung,
> - Steigerung der Konfliktlösungsfähigkeit,
> - Veränderung der Betriebskultur in Richtung zu mehr Offenheit, Vielfalt, Wertschätzung der Unterschiedlichkeit, Wertschätzung von Fähigkeiten, Motivation, Identifikation mit dem Betrieb.

18

18.2.1 Zielsetzung der Guten Nachrede ®

Ihre Organisation schafft und erhält sich die Kultur, Frauen und Männer mit ihren vollen Potenzialen wahrzunehmen, entsprechend anzusprechen und zu fördern. Das Klima in der Organisation und das Verhalten der Verantwortlichen zeigt nachweislich, dass Frauen in Führungspositionen ebenso willkommen sind wie Männer.

Kulturentwicklung einleiten

Diese Kultur unterscheidet sich von der aktuellen – es ist deshalb ein Entwicklungsprozess in Gang zu bringen. Mittelfristig wird sich die veränderte Kultur auch zahlenmäßig auf das Geschlechterverhältnis in den Führungspositionen auswirken.

Dieses Ziel wird angestrebt, indem die Führungskräfte ihre persönliche Fähigkeit, Recherchen über entsprechende Frauen anzustellen und die Ergebnisse in einer wertschätzenden Art mündlich zu präsentieren, erweitert wird. Da ausschließlich positiv von den – abwesenden – Frauen gesprochen wird, wird ihnen »gut nachgeredet«. Wenn wir uns bewusst machen, wie wirkungsvoll die »üble Nachrede« ist, dürfen wir optimistisch annehmen, dass auch »gut nachreden« nicht ohne Wirkung bleibt.

Fähigkeiten erweitern

18.2.2 Wie funktioniert Die Gute Nachrede ®?

Nachdem die Entscheidung gefallen ist, dass mit der Guten Nachrede ® gestartet werden soll, wird sie auf die Tagesordnung jedes Treffens der Führung gesetzt. Sie wird bei jeder Sitzung durchgeführt. Reihum wird verabredet, wer jeweils präsentiert. Dabei wird festgelegt:

Jede und jeder kommt an die Reihe

- wie viele Frauen recherchiert werden sollen (maximal 3),
- welchen fachlichen Hintergrund die Frau bzw. die Frauen haben sollen,
- in welchem geografischen Umkreis gesucht wird,
- ob Frauen in Positionen recherchiert werden oder potenzielle Anwärterinnen und
- ob intern oder bei vergleichbaren Unternehmen recherchiert wird.

Die mündliche Präsentation (ohne Abgabe von schriftlichem Material und Bildern) dauert pro Frau höchstens 3 Minuten. Der Tagesordnungspunkt verlängert also die Sitzungen nicht erheblich.

Kurze mündliche Präsentation

Die Namen der Frauen, denen gut nachgeredet wurde, werden auf eine Liste übertragen. Diese wird in sehr kurzer Zeit eindrücklich lang und gehaltvoll.

Durch die mündliche Präsentation kommt weibliche professionelle Kompetenz in den Raum, alle hören davon und können sich ein Bild machen. Dieser Vorgang macht denkbar, dass Frauen in absehbarer Zeit tatsächlich als Kollegin auf der gleichen Ebene einsteigen und als professionelle Partnerinnen mit hohen Kompetenzen verstanden und akzeptiert werden.

Künftige Zusammenarbeit mit Frauen auf gleicher Ebene wird denkbar

18.2.3 Die Zielgruppe: Führungskräfte auf der Top-Ebene

Frauen recherchieren

Alle Mitglieder der obersten Ebene, Männer und Frauen, übernehmen die Aufgabe, gut nachzureden, wenn sie an der Reihe sind. Sie werden also überlegen, wie sie an die Beschreibung der Laufbahn entsprechender Frauen kommen: Sie suchen in ihren bestehenden Geschäftsbeziehungen, in ihren ausgetauschten Visitenkarten von vergangenen Veranstaltungen, sie fragen Kollegen und Kolleginnen, sie blättern in Fachzeitschriften, sie surfen im Internet und einschlägigen Datenbanken, immer mit dem gesuchten Profil vor dem geistigen Auge.

*Gute Nachrede ®
vorbereiten*

Ist eine Frau identifiziert, werden die wichtigsten Daten zusammengestellt. Bei dem Treffen wird die Frau mündlich und ausschließlich positiv eingebettet vorgestellt. Im Anschluss daran wird sie z. B. per E-mail darüber informiert, dass ihr gut nachgeredet wurde.

*Frau bzw. Frauen
informieren*

Diese Schleife ist wichtig, stellt sie doch eine gezielte Öffentlichkeit her, dass das Unternehmen an Frauen auf der Top-Ebene interessiert ist und die Führungskräfte sich auch ernsthaft darauf einstellen. Die Rückmeldungen dieser Frauen sind weitere wichtige Informationen.

18.2.4 Durchführung und Auswertung

*Erfahrungen
zusammentragen*

Wenn jedes Mitglied der Top-Ebene einmal die Gute Nachrede ® inkl. Information der entsprechenden Frau bzw. Frauen praktiziert hat, wird eine erste Zwischenbilanz gezogen. Die Erfahrungen mit der Recherche, die Erfahrung, Frauen gut nachzureden und der Kurzkontakt mit diesen Frauen sollen gemeinsam besprochen werden.

Weiter wird die Liste der besprochenen Frauen konsultiert. Welche Potenziale wurden damit bekannt? Wo war es besonders schwierig, Vertreterinnen zu finden? Was waren erfolgreiche oder eher schwierige Suchmethoden?

Neue Profile festlegen

Für eine nächste Runde wird wieder verabredet, welche Profile von Frauen interessieren. Wird mittelfristig ein Wechsel aktuell, wird die Suche nach einem Ersatz mit der Personalleitung besprochen und die Chance gewahrt, eine Frau einzustellen.

Es lohnt sich, die Methode der Guten Nachrede ® mit einer externen Beratung einzuführen und allenfalls auch für die Auswertungsrunde eine außenstehende Einschätzung miteinzubeziehen.

Zusammenfassung

*Kleiner Aufwand –
nachhaltige Wirkung*

Die Gute Nachrede ® bietet einen Einstieg, mit geringem Aufwand Bewegung in das Thema »ausgewogenes Geschlechterverhältnis auf der Top-Ebene« zu bringen. Mit der Steigerung der Kompetenz, weibliche Fähigkeiten wahrzunehmen, steigen auch die Chancen des Unternehmens, für Frauen interessant zu werden. Zusätzlich kann auch das Vertrauen von Frauen wachsen, auf der Führungsebene erfolgreich zu sein. Die Gute Nachrede ® kann nicht wirksame Nachwuchsförderung und kluge Personalauswahl ersetzen. Sie bringt aber klar eine neue Atmosphäre und einen entspannteren Umgang mit dem Thema.

18

GEM Leitfaden für Projekte

Eine praktische Anleitung zur Implementierung von Gender Mainstreaming in Projekten

Projekte sind eine besonders gute Möglichkeit, das Thema Gleichstellung sowohl in der Projektstruktur als auch in den Inhalten und Maßnahmen mit einzubeziehen: Projekte werden neu aufgebaut, quer zur bestehenden Hierarchie organisiert, Verantwortung wird neu verteilt, Inhalte werden neu entwickelt. Der folgende Leitfaden bietet Ihnen die Möglichkeit, bestehende oder neu aufzubauende Projekte bezogen auf das Thema Gleichstellung zu analysieren und ggf. zu verändern.

Wir richten unsere Aufmerksamkeit dabei auf folgende Aspekte: Die Projektstruktur und die Projektinhalte.

Projektstruktur

Mit Projekten auch die Gleichstellung fördern

Die Frage der Teilhabe und Teilnahme von Frauen und Männern an Entscheidungsprozessen und Verantwortung ist gerade auch bei Projekten relevant. Projekte sind eine hervorragende Gelegenheit, die Gleichstellung und Ausgewogenheit der Geschlechterverhältnisse voranzutreiben. Die Übernahme der Projektleitung eröffnet besonders Frauen die Möglichkeit, Führungserfahrung zu sammeln und ihre diesbezüglichen Kompetenzen zu zeigen und zu erweitern. Die Entsendung und Mitarbeit von Frauen als Expertinnen für ein bestimmtes Thema macht deren Expertise und Knowhow zudem im Unternehmen (und möglicherweise auch nach außen) deutlicher sichtbar.

Projektinhalte

Projektthema inklusive Gleichstellung

Die Gleichstellung von Frauen und Männern wird in alle Analysen, Konzepte, Maßnahmen und Controllingschritte integriert. Das bedeutet, der gesamte Projektentwicklungsprozess und seine Umsetzung werden mit dem Ziel durchgeführt, mit dem Projekt einen Beitrag zur Verbesserung des Geschlechterverhältnisses zu leisten (oder mindestens dafür Sorge zu tragen, dass das Projekt neutral auf Frauen und Männer wirkt und die Situation nicht verschlechtert).

Die ersten wichtigen Frage in der Projektentwicklung sind: Worum geht es bei diesem Projekt? Und **was bedeutet Gleichstellung in diesem Zusammenhang?** Der Projektinhalt wird eingebettet in einen Gleichstellungszusammenhang, die Antwort auf diese Frage bildet die Grundlage zur Festlegung der konkreten Gleichstellungsziele. Als Inspiration können hier die von uns allgemein definierten Ziele der Gleichstellung dienen (▶ Kap. 1), die auf den jeweiligen Projektkontext heruntergebrochen werden.

Die Gleichstellungsperspektive wird idealerweise in allen Projektphasen als fester Bestandteil integriert:

- **Der Projektauftrag** legt den klaren Rahmen für das Projekt fest und beinhaltet eine gleichstellungsorientierte Vorgehensweise als Vorgabe oder mindestens Möglichkeit. Im Idealfall sind die Equality Standards verbindliche Richtlinien für das Projekt.
- **Die Projektdefinition:**
  - Herausforderungen und Potenziale werden ausführlich untersucht. Die Analyse der Ausgangssituation erfolgt grundsätzlich geschlech-

terbezogen überall dort, wo Menschen im Mittelpunkt stehen oder von den Projektmaßnahmen betroffen sind.

– Die Projektziele beinhalten gleichstellungsorientierte Wirkungen.

– Zu den Projektstandards gehört auch, dass sämtliche Kommunikationsmaßnahmen inkl. der Aufbereitung der Projektergebnisse entsprechend dem Equality Standard für eine geschlechtergerechte Sprache gestaltet werden. Alle Daten, die sich auf Menschen beziehen, werden geschlechterbezogen aufbereitet und ausgewertet.

Equality Standards umsetzen

▬ **Die Projektplanung:** Die gesamte Konzeption des Projekts ist entsprechend auf diese Ziele ausgerichtet und berücksichtigt die geschlechterbezogenen Erkenntnisse aus der Gender Analyse. Vom Aufbau des Projektteams über die Verteilung der Aufgaben, Festlegung von Ressourcen, Abläufen und Terminen, die Wahl von Instrumenten bis zur Planung der Kommunikation und Vorbereitung der Umsetzung wird auf eine gleichstellungsorientierte Gestaltung und Wirkung geachtet.

▬ **Die Projektdurchführung:** In dieser Phase stehen die eigentliche Durchführung und Steuerung des Projekts selbst sowie die Kontrolle des Projektverlaufs im Mittelpunkt. Die Sicherstellung der Erreichung der Projektziele, Messung des Projektfortschritts und der Abweichungen von geplanten Ereignissen oder Wirkungen, die sich während der Projektumsetzung ergeben, sind wesentliche Elemente des Projektmanagements in dieser Phase. Erkenntnisse aus dem Steuerungsprozess können zu Planungsänderungen und korrigierenden Maßnahmen führen. Fortschritt und Abweichungen sind v. a. auch aus einer geschlechterbezogenen Perspektive zu analysieren, um ggf. gezielt gegen- bzw. nachsteuern zu können. Das Controlling des Projekterfolgs beinhaltet Indikatoren zur Prüfung der geschlechterbezogenen Ziele und Auswertung der Projektergebnisse aus der Gleichstellungsperspektive.

gleichstellungsorientiertes Projektmanagement

▬ **Der Projektabschluss:** Die Projektergebnisse werden präsentiert und schriftlich dokumentiert. Gerade auch die Wirkungen auf die Gleichstellung der Geschlechter werden prominent genannt. Die Projektleitung und das -team werden entlastet und das Projekt abgeschlossen. Projektergebnisse und neue Erkenntnisse können zu Folgeprojekten führen, die den gesamten Projektprozess von vorne durchlaufen.

Wir haben einen GEM Leitfaden entwickelt, der Sie in Ihrem Projektmanagement bestmöglich unterstützen soll (◘ Tab. 19.1). Das Arbeitsblatt finden Sie zum Download auf www.springer.com/978-3-540-75419-0.

Arbeitsblatt downloaden

19.1   **Das Instrument**

◻ **Tab. 19.1.** GEM Leitfaden für Projekte

Projektphase	Fragestellungen
1. AUFTRAGSKLÄRUNG	▬ Worum geht es beim beauftragten Projekt? ▬ Ist bereits eine Gleichstellungsorientierung vorhanden? ▬ Ist der Projektrahmen so festgelegt, dass das Projekt, was Struktur und Inhalt betrifft, gleichstellungsorientiert gestaltet werden kann? ▬ Gibt es seitens der Auftraggeber/innen verbindliche Richtlinien zur Umsetzung von Gleichstellung im Projekt (z. B. Equality Standards)?
2. PROJEKTDEFINITION	**Projektinhalte** ▬ Was sind die Inhalte des Projekts? ▬ **Was bedeutet Gleichstellung in diesem Zusammenhang?** ▬ Wie können die Projektinhalte und konkreten Maßnahmen im Sinn der Verbesserung der Gleichstellung definiert und gestaltet werden? (Wie wird sichergestellt, dass durch das Projekt keine Ungleichheiten reproduziert werden?) **Ausgangssituation** ▬ Wie lässt sich die Ausgangssituation für das Projekt beschreiben? ▬ Bestehen Unterschiede (bzgl. Ressourcen, Rechte, Positionen, Erfahrungen, Rahmenbedingungen usw.) zwischen Frauen und Männern in dem Bereich, den das Projekt betrifft? Tipp: An dieser Stelle kann zur Vertiefung die 4R-Gender Analyse angewendet werden (▶ Kap.16) ▬ Wenn ja, welche Unterschiede ergeben sich? Was sind die Ursachen und mögliche Einflussfaktoren dafür? Sind diese Unterschiede beabsichtigt und erwünscht? ▬ Beobachten Sie Widerstände bei den Beteiligten, können Sie an dieser Stelle mit dem Instrument in ▶ Kap. 21 arbeiten **Projektziele** ▬ Welche Ziele verfolgen Sie mit diesem Projekt? ▬ Welche Gleichstellungsziele haben Sie bezogen auf das Projekt? ▬ Wie können Sie diese in die Projektziele integrieren? ▬ Welchen Beitrag leistet das Projekt zu mehr Gleichstellung zwischen den Geschlechtern bzw. zum Abbau von Ungleichheiten? **Zielgruppen** ▬ Wer sind die (direkten und indirekten) Zielgruppen Ihres Projekts? ▬ Wem nützt das Projekt, wer soll es in Anspruch nehmen? ▬ Welche unterschiedlichen Probleme, Bedürfnisse und Erfahrungen gibt es bei den Frauen und Männern der Zielgruppen? ▬ Wie kann das Projekt den unterschiedlichen Voraussetzungen und Bedürfnissen gerecht werden? ▬ Wie wird sichergestellt, dass Frauen und Männer die gleichen Nutzungs- bzw. Teilhabemöglichkeiten haben?

Projektphase	Fragestellungen

3. PROJEKTPLANUNG	**Projektleitung und -mitarbeit**
	■ Sind Männer wie Frauen gleichermaßen in der Projektgruppe vertreten?
	■ Wird die Teilnahme von Frauen in »nicht traditionell weiblichen« Bereichen (bzw. die von Männern in frauendominierten Bereichen) aktiv forciert?
	■ Wie sind die jeweiligen Projektfunktionen verteilt? Wo sind Frauen und Männer zu finden?
	  – Auftraggeber/in
	  – Projektleitung
	  – Moderation
	  – Protokollführung
	  – Arbeitsgruppenleitung
	  – Expert/in
	  – Mitarbeit
	■ Haben Frauen wie Männer die gleichen Chancen der Beteiligung und Entscheidungsfindung?

	Projektkommunikation
	■ Welche Kommunikationsstrategien nach innen und außen sind für das Projekt vorgesehen?
	■ Wie wird bei Plakaten, PR, Sprache und Bildern auf Gleichstellung und evtl. geschlechterbezogene Unterschiede in der Zielgruppe Rücksicht genommen?
	■ Wie werden Frauen und Männer in Wort und Bild dargestellt? Werden traditionelle Rollenzuschreibungen und Ungleichstellungen vermieden?
	■ Wie ist die interne Projektkommunikation gestaltet?
	  – Protokolle
	  – Intranet
	  – Plakate
	  – Mitarbeiter/innenzeitung
	  – Anderes

	Budget ■ Wie groß ist das Projekt-Budget? ■ Welche Ausgaben kommen Männern bzw. Frauen zugute? ■ Wie interpretieren Sie die Daten? Sind sie ein Ausdruck von Gleichstellung?
4. PROJEKTDURCH-FÜHRUNG	**Controlling** ■ Mit welchen konkreten Messgrößen messen Sie Projektfortschritt und Erreichung Ihrer Gleichstellungsziele? ■ Wie stellen Sie sicher, dass Ihnen dafür die entsprechenden Daten zur Verfügung stehen? ■ Werden Fortschritt und Abweichungen regelmäßig aus einer geschlechterbezogenen Perspektive analysiert? ■ Dienen Planungsänderungen auch den Gleichstellungszielen? ■ Wie können die Ergebnisse und Erkenntnisse in kommende Projekte einfließen?
5. PROJEKTABSCHLUSS	■ Wer präsentiert die Projektergebnisse? Werden hier sowohl Frauen als auch Männer aus dem Projektteam sichtbar? ■ Werden die Ergebnisse geschlechterbezogen dargestellt und analysiert? ■ Werden Wirkungen in Richtung Gleichstellung entsprechend prominent dargestellt?

19.2   Das Verfahren

19.2.1 Was und wer

Welches Projekt wollen Sie »gendern«?

Der GEM Leitfaden für Projekte kann für verschiedene Zwecke eingesetzt werden:

unterschiedliche Anwendungsmöglichkeiten

- zur Prüfung eines bestehenden Projekts oder Projektkonzepts nach Gleichstellungskriterien (z. B. für die Bewertung der Qualität verschiedener Projekte, wobei die Gleichstellungsorientierung ein wichtiges Qualitätsmerkmal ausmacht – oder zur Analyse, ob bestehende Projekte sich positiv auf das Geschlechterverhältnis auswirken),
- zur Überarbeitung eines bestehenden Projekts oder Projektkonzepts (z. B. wurde die Gleichstellungsorientierung anfangs nicht berücksichtigt und soll nun aber integriert werden),
- bei der Neuentwicklung eines Projekts: Von Anfang an sind auch das Geschlechterverhältnis und die Wirkungen durch das Projekt darauf im Blick.

Wer kann mit dem GEM Leitfaden arbeiten?

Egal, ob z. B. das Projektentwicklungs-, das Leitungs- oder das GEM Team (▶ Kap. 6) mit dem GEM Leitfaden arbeitet: Wichtig ist, das nicht nur Fachkompetenz aus dem jeweiligen Bereich, sondern auch GEM Kompetenz im Team präsent ist. Es ist der Dialog zwischen den unterschiedlichen Expertisen, der zu wirklich guten Ergebnissen führt. Ist GEM Kompetenz (noch) nicht vertreten, ist es ratsam, eine interne (oder externe) Expertin oder einen Experten hinzuzuziehen.

Dialog zwischen den unterschiedlichen Expert/innen als Erfolgskriterium

❗ Bei der Arbeit mit dem GEM Leitfaden können sich wertvolle Erkenntnisse entwickeln, die auch für andere Projekte relevant sind. Möglicherweise lassen sich maßgeschneiderte Equality Standards ableiten für den Aufbau und die Durchführung von Projekten in Ihrem Unternehmen. Das erworbene Wissen kann in die Weiterbildung von Führungskräften und Mitarbeiter/innen integriert werden. So muss das Rad nicht immer wieder neu erfunden werden.

19.2.2 Wie

Das Verfahren ist schlicht: Gehen Sie die jeweiligen Fragen im Team durch und finden Sie gemeinsame Antworten. Versuchen Sie, entsprechende Daten für die Analyse zu organisieren. Dort, wo Wissen oder Daten fehlen, schätzen Sie die Situation aufgrund Ihrer Erfahrungen möglichst genau ein. Dort, wo Sie mehr in die Tiefe gehen wollen, kreieren Sie ergänzende Fragen.

Im Folgenden ein Beispiel für eine mögliche konkrete Anwendung (⬛ Tab. 19.2). Wir führen die Fragen zur Auftragsklärung und Definition der Ausgangssituation näher aus, um Ihnen einen Eindruck vom Einstieg in die Arbeit mit dem GEM Leitfaden zu geben.

Konkretes Beispiel

19

◻ **Tab. 19.2.** Projekt: Einführung Mitarbeiter/innengespräch (MAG) in einem Betrieb

Fragestellungen	
1. AUFTRAGSKLÄRUNG	
Worum geht es beim beauftragten Projekt?	Das MAG soll als Personalführungs- und -entwicklungsinstrument eingeführt werden; das Projektteam, dem auch die bzw. der interne GEM Beauftragte angehört, wird extern beraten von einem Experten bzw. einer Expertin für MAGs
Ist bereits eine Gleichstellungsorientierung vorhanden?	Die Unternehmensleitung hat vor 2 Jahren einen Frauenförderungsplan beschlossen, der in seiner Umsetzung jedoch nicht kontrolliert wird. Darin sind ein grundsätzliches Bekenntnis zur Gleichstellung von Frauen und Männern sowie allgemeine Gleichstellungsziele formuliert; bezogen auf dieses Projekt gibt es keine speziellen Vorgaben bzgl. Gleichstellung
Ist der Projektrahmen so festgelegt, dass das Projekt, was Struktur und Inhalt betrifft, gleichstellungsorientiert gestaltet werden kann?	Auch wenn es keine dezidierten Vorgaben für Gleichstellung gibt, so bietet der Auftrag viele Möglichkeiten, um gleichstellungsorientiert vorzugehen
Gibt es seitens der Auftraggeber/innen verbindliche Richtlinien zur Umsetzung von Gleichstellung im Projekt (z. B. Equality Standards)?	Solche Richtlinien existieren nicht; der Frauenförderplan kann aber als Rahmen für diese Maßnahmen herangezogen werden
2. PROJEKTDEFINITION	
Projektinhalte	
Was sind die Inhalte des Projekts?	Das Team soll einen maßgeschneiderten MAG-Fragebogen und ein geeignetes Prozedere für die Einführung, Qualifizierung der Führungskräfte und Durchführung erarbeiten
Was bedeutet Gleichstellung in diesem Zusammenhang?	Das MAG macht gezielt gleichermaßen Potenziale von Frauen wie von Männern sichtbar
	Das Geschlechterverhältnis in der Belegschaft spiegelt sich in den vereinbarten Personalentwicklungsmaßnahmen wider
	Wahrgenommene Hindernisse für eine berufliche Laufbahn (wie z. B. Vereinbaren von familiären mit beruflichen Verpflichtungen) werden erhoben, um sie möglichst mit Unterstützung des Unternehmens aufzulösen; dies gilt für Männer in gleichem Ausmaß wie für Frauen
	Frauen und Männer werden gezielt für Bereiche angesprochen, in denen das Geschlechterverhältnis sehr unausgewogen ist (z. B. Männer für Administration, Frauen für Führungspositionen)
	Die Qualifizierung der Führungskräfte für die Durchführung der MAGs legt großen Wert auf GEM Kompetenz; so sind sie in der Lage, geschlechterbezogene Disparitäten wahrzunehmen und ihnen gezielt entgegenzuwirken
	Die Auswertung der MAG-Ergebnisse erfolgt geschlechterbezogen, um prüfen zu können, ob sie den Gleichstellungszielen entsprechen
	Bei den verantwortlichen Führungskräften wird ebenfalls eine geschlechterbezogene Auswertung der Ergebnisse vorgenommen (z. B.: entspricht das Geschlechterverhältnis bei den vereinbarten Weiterbildungsmaßnahmen dem Verhältnis im Verantwortungsbereich? Gibt es geschlechterbezogene Unterschiede in Inhalt, Qualität, Kosten, Umfang bei der Entsendung zu Aus- und Weiterbildungsmaßnahmen?)

Fragestellungen	
Wie können die Projektinhalte und konkreten Maßnahmen im Sinn der Verbesserung der Gleichstellung definiert und gestaltet werden? (Wie wird sichergestellt, dass durch das Projekt keine Ungleichheiten reproduziert werden?)	Kompetenzaufbau Führungskräfte Klare Zielvorgaben für die Entsendung zu Weiterbildungen (vergleichbar in Inhalt, Qualität, Kosten, Umfang und Karriererelevanz) Geschlechterbezogene Auswertung der MAG-Ergebnisse
Ausgangssituation	
Wie lässt sich die Ausgangssituation für das Projekt beschreiben?	Geschlechterverhältnis in der Belegschaft ist ausgewogen Führungspositionen sind männerdominiert Personalentwicklung ist ein wichtiger Bestandteil der Mitarbeiter/innenführung Bisherige Herangehensweise ist wenig systematisch und stark von Personen abhängig (manche Führungskräfte entsenden viele Mitarbeiter/innen (Männer und Frauen ausgewogen) zu Weiterbildungen; andere wiederum stark männerlastig: Frauen gehen in EDV-Kurse, Männer in die Führungskräftetrainings; wiederum andere entsenden kaum jemanden)
Bestehen Unterschiede (bzgl. Ressourcen, Rechten, Positionen, Erfahrungen, Rahmenbedingungen usw.) zwischen Frauen und Männern in dem Bereich, den das Projekt betrifft?	Zeit: Viele Frauen arbeiten in Teilzeit; fast alle Männer sind vollzeitbeschäftigt; der Zugang zur Weiterbildung ist für Teilzeitbeschäftigte eingeschränkt Mobilität: Weiterbildung wird oft blockweise und außerhalb des Betriebs durchgeführt: Eine mehrtägige Abwesenheit von zuhause ist erforderlich; es gibt keine begleitenden Kinderbetreuungsangebote
Wenn ja, welche Unterschiede ergeben sich? Was sind die Ursachen und mögliche Einflussfaktoren dafür? Sind diese Unterschiede beabsichtigt und erwünscht?	Unterschiede sind nicht beabsichtigt Ursachen liegen in der privaten Arbeitsteilung; das Unternehmen hat sich bisher darum wenig gekümmert
Beobachten Sie Widerstände bei den Beteiligten, können Sie an dieser Stelle mit dem Instrument in ▶ Kap. 21 arbeiten	Keine direkten Widerstände sind zu beobachten; es herrscht eher die Haltung vor, die Frauen bzw. Männer müssten das selber regeln

Nicht alle Fragen sind bei jedem Projekt relevant. Wählen Sie aus, was Ihnen ermöglicht, das Projekt entsprechend den Gleichstellungszielen zu gestalten.

Die Ergebnisse fließen in den jeweiligen Phasen in die Projektentwicklung und -umsetzung ein.

Produkt- und Leistungsentwicklung

Gleichstellung wichtig für
Produkte und Leistungen

Lange Zeit war der Gleichstellungsblick v. a. auf innerbetriebliche Themen wie z. B. Beschäftigung, Personalentwicklung und Vereinbarkeit von Privatleben und Beruf gerichtet. Mit der gezielten Erweiterung der Handlungsfelder des Gender Equality Management auf die Produkte und Leistungen eines Unternehmens erweitern wir nicht nur die Handlungs- und Wirkungsmöglichkeiten, sondern auch die Reichweite gezielter Gleichstellungsmaßnahmen und -strategien.

Unter Produkten verstehen wir alle Güter und (Dienst-)Leistungen, die gekauft und verkauft werden oder auch – wie z. B. im Bereich der Behörden oder Non-Profit-Organisationen – angeboten und in Anspruch genommen werden können. Noch allgemeiner ausgedrückt: alles, das am Markt angeboten werden kann und ein Bedürfnis oder eine Nachfrage erfüllt.

Viel Potenzial

Produkte und Leistungen stellen eines der wesentlichen 8 Handlungsfelder des Gender Equality Management dar. In diesem Bereich gibt es noch sehr viel ungenütztes Potenzial für eine gleichstellungsorientierte Gestaltung. Entsprechende Produkte und Leistungen erfüllen nicht nur um vieles besser die Bedürfnisse und Wünsche der Kunden **und** Kundinnen, sondern nützen auch der Organisation, die das Produkt bzw. die Leistung anbietet: Ausgereiftere, weil geschlechterbezogen und damit zielgruppengenauer gestaltete Produkte und Leistungen führen zu verbesserter Qualität, zu höherer Attraktivität und Zufriedenheit der Kund/innen und damit zu mehr Absatz und Gewinn für beide Seiten.

Wir stellen Ihnen im Folgenden 3 Instrumente vor, die Sie bei der gleichstellungsorientierten Gestaltung Ihrer Produkte und Leistungen unterstützen. Alle 3 wurden in der praktischen Beratungsarbeit mit und für Unternehmen entwickelt. Sie unterscheiden sich in ihrem Aufbau und dem Bezugsrahmen, für den sie entwickelt wurden. Für Sie könnte das einzige Kriterium für die Anwendung des einen oder anderen Instruments Ihr Gefallen an der jeweiligen Herangehensweise sein.

Mit geschärftem Blick

> **Die Instrumente zur gleichstellungsorientierten Produkt- und Leistungsentwicklung**
>
> ▬ Der **GEM Leitfaden für Produkte** und Leistungen,
> ▬ **GEM Radar**: Implementierung von Gender Mainstreaming in den Qualitätsmanagementkreislauf,
> ▬ die maßgeschneiderte **GEM Checkliste** zur Integration der Gleichstellungsperspektive in den **New Public Management** Prozess.

20.1 Der GEM Leitfaden für Produkte und Leistungen

Hierbei handelt es sich um einen praktischen Leitfaden zur Implementierung von Gender Mainstreaming in die Entwicklung und Vermarktung von Produkten und Leistungen (◘ Tab. 20.1). Das Arbeitsblatt finden Sie zum Download auf www.springer.com/978-3-540-75419-0.

20.1.1 Das Instrument

◘ **Tab. 20.1.** GEM Leitfaden für Produkte und Leistungen

Fragen	Antworten
Erstellen Sie eine Übersicht über die **Produkte bzw. Leistungen** in Ihrer Abteilung bzw. Ihrem Betrieb:	Unsere Produkte bzw. Leistungen:
Wählen Sie ein Angebot (Produkt, Leistung) aus und führen Sie die folgende **Gender Analyse** durch	Dieses Produkt bzw. diese Leistung möchten wir aus einer Gleichstellungsperspektive analysieren:
1. Vorüberlegung: **Was verstehen Sie unter Gleichstellung bezogen auf Ihr Produkt bzw. Ihre Leistung?** Welche Gleichstellungsziele (▶ Kap. 1) könnten dabei relevant sein? Wie können sie auf die Ebene Ihres Produkts bzw. Ihrer Dienstleistung heruntergebrochen werden? Bitte definieren Sie konkrete Gleichstellungsziele:	
2. Beschreiben Sie **Ihr Produkt bzw. Ihre Leistung** konkret: Wer ist die Zielgruppe für dieses Angebot? (möglichst präzise definiert: z. B. Eltern von Kleinkindern, Menschen in Pension)	
3. Bestehen **Unterschiede** (bzgl. Ressourcen, Voraussetzungen, Positionen, Erfahrungen, Rahmenbedingungen usw.) zwischen Frauen und Männern Ihrer Zielgruppen? Wenn ja, welche Unterschiede ergeben sich? Was sind die Ursachen dafür und mögliche Einflussfaktoren? Sind diese Unterschiede beabsichtigt und erwünscht?	

Falls es mehrere Zielgruppen gibt: Beantworten Sie diese Fragen bitte für jede Zielgruppe extra Tipp: Vertiefend kann an dieser Stelle auch die 4R Gender Analyse angewendet werden (▶ Kap. 16)	
4. **Kund/innen:** In welchem Verhältnis wird das Produkt bzw. die Leistung von Frauen und Männern gekauft oder in Anspruch genommen? Hat das Produkt bzw. die Leistung unterschiedliche Wirkungen auf Frauen und Männer? Was sind die Ursachen dafür und mögliche Einflussfaktoren? Sind diese Unterschiede beabsichtigt?	
Folgende Frage stellt sich v. a. für Leistungen im öffentlichen Bereich (z. B. Behörden, Verwaltung, Schulen, Universitäten): 5. Welches Bild ergibt sich, wenn Sie Ihr **Budget** nach Geschlecht und Alter aufgliedern? Welche Ausgaben kommen Männern bzw. Frauen in welchen Altersgruppen zugute? Wie interpretieren Sie die Daten? Sind sie ein Ausdruck von Gleichstellung?	
6. **Resümee:** Welche **Erkenntnisse** ziehen Sie aus dieser umfassenden Gender Analyse ▬ bezogen auf die **Gestaltung** Ihres Produkts bzw. Ihrer Leistung? ▬ bezogen auf die **Ziele und Wirkungen**, die Sie mit dem Produkt bzw. der Leistung erreichen wollen? ▬ Welche **konkrete**n **Änderungen** möchten Sie vornehmen? ▬ Wie können Sie gute Analyseergebnisse nachhaltig sichern?	
7. **Umsetzung** ▬ Welche Voraussetzungen sind notwendig, um die geplanten Änderungen vorzunehmen? ▬ Welche Maßnahmen sind zu treffen? ▬ Wer (Personen, Abteilungen) muss in die Änderungen miteinbezogen werden? ▬ In welchem Zeitrahmen können die Änderungen vorgenommen werden?	
8. **Controlling** ▬ Wie können wir die Erreichung unserer Equality Ziele prüfen? ▬ Stehen uns dazu geschlechterbezogene Daten zur Verfügung (z. B. Verkaufsdaten, Zufriedenheit der Kund/innen, Wirkungsdaten usw.)? ▬ Wie können die Ergebnisse dieser Analyse in kommende Planungen (Produkt- bzw. Leistungsentwicklung) einfließen?	

20.1.2 Das Verfahren

Im GEM Leitfaden für Produkte und Leistungen finden Sie eine Anleitung, um das Angebot in Ihrer Abteilung, Ihrer Organisation bzw. Ihrem Betrieb bezogen auf das Ziel der Gleichstellung zu analysieren und Ihre Produkte und Leistungen ggf. darauf hinzuentwickeln bzw. anzupassen.

20

Ähnlich wie der GEM Leitfaden für Projekte, kann das Instrument für die Produkt- und Leistungsentwicklung ebenso wie für die Prüfung bestehender Angebote genutzt werden. Die Anleitung selbst ist unmittelbar verständlich. Lassen Sie sich Schritt für Schritt durch die Fragen leiten oder wählen Sie genau jene aus, die Sie in Ihren üblichen Entwicklungsprozess integrieren wollen, um gleichstellungsorientiert zu gestalten.

In einem Beispiel zu geschlechterbezogenen Aspekten in der Produktgestaltung haben wir Ihnen erzählt, dass Airbags am Beginn ihrer Einführung für Frauen lebensgefährlich waren (▶ Kap. 4). Die Entwickler hatten als Modell für die Nutzer/innen den durchschnittlichen Mann im Blick. Erlauben Sie uns ein Gedankenexperiment: Stellen Sie sich vor, das Entwicklungsteam hätte unseren Leitfaden bei der Produktentwicklung benutzt. Kaum vorstellbar, dass dann ein für Frauen lebensgefährliches Produkt auf den Markt hätte kommen können.

Unser Beispiel zeigt Ihnen mögliche Antworten des Teams auf einige ausgewählte Fragen: ◻ Tab. 20.2.

Airbag als Beispiel

◻ **Tab. 20.2.** Die Entwicklung eines Airbags: ausgewählte Fragestellungen aus dem GEM Leitfaden

Fragen	Antworten
Wählen Sie ein Angebot (Produkt, Leistung) aus und führen Sie die folgende **Gender Analyse** durch	Airbag
1. Vorüberlegung: **Was verstehen Sie unter Gleichstellung bezogen auf Ihr Produkt?**	
Bitte definieren Sie konkrete Gleichstellungsziele:	Der Airbag hat für Frauen und Männer die gleiche schützende Wirkung Dies soll auch für Frauen in der Schwangerschaft und ihr ungeborenes Kind gelten Der Airbag soll in jedem Auto, unabhängig von Größe usw., eingebaut werden können
2. Beschreiben Sie **Ihr Produkt/ Ihre Leistung** konkret: Wer ist die Zielgruppe für dieses Angebot?	Männer und Frauen, die als Fahrer/in oder Beifahrer/in im Auto sitzen
3. Bestehen **Unterschiede** (bzgl. Ressourcen, Voraussetzungen, Positionen, Erfahrungen, Rahmenbedingungen usw.) zwischen Frauen und Männern Ihrer Zielgruppen? Wenn ja, welche Unterschiede ergeben sich?	**Voraussetzung Körper:** unterschiedlicher Körperbau, Gewicht und Größe **Schwangerschaft als Spezialfall** **Ressource Auto:** Frauen fahren durchschnittlich kleinere und günstigere Autos als Männer
4. **Kund/innen:** Hat das Produkt unterschiedliche Wirkungen auf Frauen und Männer? Was sind die Ursachen dafür und mögliche Einflussfaktoren? Sind diese Unterschiede beabsichtigt?	Das Produkt sollte für Frauen und Männer den gleichen Schutz bieten; dies muss in Tests klar erwiesen sein; Unterschiede in der schützenden Wirkung darf es hier keine geben
5. **Resümee:** Welche **Erkenntnisse** ziehen Sie aus dieser umfassenden Gender Analyse ━ bezogen auf die **Gestaltung** Ihres Produkts?	Das Produkt muss den unterschiedlichen anatomischen Voraussetzungen gerecht werden Tests müssen mit unterschiedlichen Dummies durchgeführt werden, die Männer **und** Frauen repräsentieren Testergebnisse müssen gleichwertig sein

20.2 Die GEM Radarlogik: Implementierung von Gender Mainstreaming in den Qualitätsmanagementkreislauf

Das EFQM(European Foundation for Quality Management)-Modell für Exzellenz ist internationale Richtlinie und Zielsystem für die Einführung von Total Quality Management. Es liefert Bewertungskriterien und Themenschwerpunkte, um eine optimale Qualität in allen Bereichen und Ebenen des Unternehmens zu erreichen. Kernstück des Modells ist die sog. Radar Logik. Sie stellt einen Qualitätsmanagementkreislauf dar, der aus 4 Schritten besteht:

Die 4 Schritte der Radarlogik des EFQM
- Results – Ergebnisse festlegen,
- Approach – Vorgehen planen,
- Deployment – Systematisch und vollständig umsetzen,
- Assessment (bewerten) und Review (prüfen).

Gewünschte Ergebnisse stehen am Anfang

Das Konzept besagt, dass jeder Planungsprozess mit der Festlegung der gewünschten Ergebnisse beginnt: Schritt 1. Darauf folgt (Schritt 2) die Planung der fundierten Vorgehensweise/n, um die gewünschten Ergebnisse zu erzielen. Die geplante Vorgehensweise ist in einem dritten Schritt systematisch und vollständig umzusetzen. Die dabei erzielten Ergebnisse werden in einem vierten Schritt bewertet und überprüft und mit den gewünschten Zielen in Relation gesetzt. Diese Prüfung kann zu einer Änderung der gewünschten Ergebnisse bzw. Vorgehensweise führen. Verbesserungspotenziale sind ggf. ausfindig zu machen und Änderungen zu implementieren. Dies geschieht in einem neuerlichen Kreislauf: Ergebnisse (neu) festlegen, Vorgehen (geändert) planen, umsetzen und wieder bewerten und prüfen.

GEM Radarlogik

Unterwegs konstant nach Gleichstellung fragen

Die GEM Radarlogik integriert nun die Gleichstellungsorientierung in den gesamten Qualitätsmanagementkreislauf. Gezielte Fragen unterstützen Sie dabei, die Gestaltung des Geschlechterverhältnisses nicht aus den Augen zu verlieren. Im Bereich der Planung wird der Blick auf die geschlechterbezogene Zielgruppenanalyse als Vorbereitung zur adäquaten Planung des Vorgehens ergänzt. Dies hilft, die bestehenden Unterschiede und Gemeinsamkeiten der Geschlechter wahrzunehmen und entsprechend in der Produkt- und Leistungsgestaltung zu berücksichtigen.

20

Results – Bestimmung der gewünschten Ergebnisse. Ausgangspunkt des Planungsprozesses ist auch hier die Frage, was Gleichstellung von Frauen und Männern bezogen auf das Produkt bzw. die Leistung bedeutet. Der dazu entstehende Dialog hilft, die gewünschten, konkreten und gleichstellungsorientierten Ergebnisse zu definieren. Die Festlegung von geschlechterbezogenen Messgrößen zur Prüfung der Zielerreichung schließt diesen Schritt ab.

Analysis and Approach – Zielgruppenanalyse und Planung des Vorgehens. Die Gender Analyse der Zielgruppe/n ermöglicht erst eine angemessene Planung des Vorgehens. Hier werden die relevanten Unterschiede sichtbar gemacht, die es in der Gestaltung zu berücksichtigen gilt. Die aus dieser Analyse abgeleiteten Erkenntnisse werden in die Planung des Vorgehens umfassend integriert.

relevante Unterschiede sichtbar machen

> » Heute heißt Chancengleichheit bei uns Diversity Management. Da gerade die Vielfalt unserer ca. 500.000 Beschäftigten, ihre Kreativität und ihre unterschiedlichen Denk- und Lebensweisen zum Erfolg von Deutsche Post World Net beitragen. «
> Susanna Nezmeskal-Berggötz, Diversity Management, Deutsche Post World Net

Deployment – Umsetzung. Die Umsetzung erfolgt systematisch und vollständig, damit Ergebnisse später angemessen ausgewertet werden können.

Assessment and Review – Bewertung und Prüfung. Anhand der früher definierten Indikatoren kann der Erfolg des Vorgehens beurteilt werden. Wurden die gewünschten Ergebnisse erzielt? Gibt es geschlechterbezogene Unterschiede bei den Ergebnissen? Was sind die Gründe für Erfolg oder Misserfolg? Inwieweit ist Gleichstellung erreicht? Die Bewertung und Prüfung der Ergebnisse führt zu klaren Erkenntnissen, die für den kommenden Planungskreislauf die Basis bilden. Gute Ergebnisse müssen gesichert, Zielabweichungen entsprechend im neuen Radar berücksichtig werden. Konsequenzen können unterschiedlich sein: Möglicherweise müssen sie die gewünschten Ergebnisse adaptieren (sie waren zu ehrgeizig oder zu wenig ambitioniert), die Messgrößen verfeinern, die Zielgruppenanalyse vertiefen bzw. das Vorgehen verändern. Der Kreislauf schließt sich und beginnt damit wieder von vorne (🖸 Abb. 20.1)

Was sind die Gründe für Erfolg/Misserfolg?

Die Anleitung entlang der EFQM Radarlogik eignet sich v. a. für Unternehmen, die bereits ein Qualitätsmangementsystem etabliert haben. Sie bietet ein beispielhaftes Vorgehen an, das in die bestehenden Prozesse als Standard integriert werden kann.

Integration in das bestehende QM-System

Results

Die gewünschten Ergebnisse bestimmen:
- Was heißt Gleichstellung von Frauen und Männern bezogen auf unser Produkt bzw. unsere Leistung?
- Welche konkreten (gleichstellungsorientierten) Ergebnisse wollen wir erzielen?
- Mit welchen Messgrößen wollen wir die Zielerreichung kontrollieren (z. B. geschlechterbezogene Indikatoren)?

Analysis & Approach

- Welche Zielgruppen unterscheiden wir?

Gender Analyse (für jede Zielgruppe extra):
- Wie sind Frauen und Männer innerhalb der potenziellen Zielgruppe verteilt?
- Gibt es geschlechtsspezifische Unterschiede bezogen auf die Voraussetzungen, unser Angebot in Anspruch zu nehmen (z. B. Zugang zu Information, Geld, Zeit, physischer Raum, Bildung, Sprachkompetenz, Mobilität, Sozialkontakte, Infrastruktur, Rahmenbedingungen usw.)?
- Wer nimmt unser Angebot real in Anspruch? (Verteilung Frauen/Männer, Vergleich zu potenzieller Zielgruppe)
- Erleben Frauen und Männer unser Angebot unterschiedlich? Gibt es geschlechtsspezifische Evaluationsdaten zur Qualität unseres Angebots, zur Zufriedenheit der Kund/innen usw.?
- Welche Regelungen und Rechte sind hier von Bedeutung? Wirken sie für Frauen und Männer (un)gleich?
- **Resümee:** Welche Erkenntnisse gewinnen wir aufgrund der Gender Analyse? Wie integrieren wir diese in die gewünschten Ergebnisse und in das konkrete Vorgehen und dessen Umsetzung (Entwicklung von Optionen)?

Assessment & Review

Umsetzung bewerten und überprüfen:
- Wurden die gewünschten Ergebnisse erzielt (Analyse der Gründe für Erfolg bzw. Misserfolg)?
- Inwieweit ist Gleichstellung erreicht?
- Wie können wir gute Ergebnisse nachhaltig sichern?
- Was bedeuten diese Erkenntnisse für den kommenden Planungskreis?

Vorgehen und dessen Umsetzung planen und erarbeiten
Die gewünschten Ergebnisse und die Erkenntnisse aus der Gender Analyse bilden die wesentlichen Grundlagen dafür.

Deployment

Vorgehen systematisch und vollständig **umsetzen**

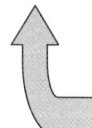

❏ **Abb. 20.1.** Die GEM Radarlogik

Geschlechtergerechtes Bauen – Kriterienkatalog von St. Gallen

Im Rahmen eines europäischen Gender Mainstreaming Projekts (»3 LänderGender«) hat das Hochbauamt des Kantons St. Gallen einen Kriterienkatalog für geschlechtergerechtes Bauen entwickelt:

Bedürfnisgerechtes Bauen ist gendergerechtes Bauen

»Wir bauen für Menschen« ist die vermeintliche Geschlechterneutralität der Projektplanung. Diese Sichtweise ignoriert, dass Männer und Frauen unterschiedliche Bedürfnisse haben, wenn es um öffentlichen Verkehr, Kinderbetreuung, Wohnsituation, Bürostandort, Gebäudegestaltung oder Ausstattung geht. Gendergerechtes Bauen bezieht daher geschlechterspezifische Bedürfnisse bei der Projektorganisation, Planung und Realisierung mit ein. Die Architektur soll auf geschlechterspezifische Rahmenbedingungen und geschlechtersensible Möglichkeiten der Gestaltung

Rücksicht nehmen. Qualitätskriterien für ein geschlechtergerechtes Bauen sollen sowohl im Wohn- und Freizeit- als auch im Arbeitsbereich beachtet werden.

Gendergerechtes Bauen bedeutet eine neue Strategie der Qualitätssicherung und -entwicklung für die Planung und eröffnet die Chance, den bisher vernachlässigten Themenbereich der gesellschaftlich, sozial und kulturell geprägten Geschlechterrollen von Frauen und Männern aufzugreifen.«

Bestehende Bauten wurden aus einer Geschlechterperspektive analysiert. Folgende Themenbereiche wurden als genderrelevant ausfindig gemacht: Männer und Frauen zeigen darin tendenziell deutlich unterschiedliche Ansätze:

- Sicherheit,
- kurze Wege,
- Orientierung,
- Wohlgefühl,
- Ergonomie und
- soziale Kontakte.

Details s. http://www.hochbau.sg.ch/home/gender.html und http://www.hochbau.sg.ch/home/gender/download.html

20.3 Das konkrete Beispiel aus der Verwaltung

Nun folgt die GEM Checkliste zur Implementierung einer Gleichstellungsperspektive in den New Public Management Prozess.

Das Konzept des New Public Management (NPM) bringt eine neue Perspektive in das Selbstverständnis der Verwaltung: Die Orientierung auf die Kundinnen und Kunden wird zentral. Und dort, wo es Kundinnen und Kunden gibt, gibt es auch Produkte und Leistungen. Dies ist zu Anfang meist eine ungewöhnliche Sicht in diesem Kontext.

NPM und GEM weisen auffällige Parallelen auf: Auch GEM zielt darauf ab, die Qualität der öffentlichen Dienstleistung zu verbessern. NPM versteht sich als grundsätzliche Neuorganisation der Verwaltung. Die wesentlichen Module des NPM Prozesses sind ideal geeignet, die Strategie des Gender Mainstreaming anzuwenden und damit die Perspektive der Gleichstellung in allen Phasen und allen Bereichen zu verankern. Die Ergebnisse des NPM Prozesses erhalten durch die Integration des GEM eine verbesserte Tiefenschärfe: Die Wirkungen des Staates werden dadurch transparenter und ausdifferenzierter, präziser, weil zielgruppengenauer.

Kund/innenorientierung mit Gleichstellung koppeln

Das konkrete Beispiel

Wir wurden als externe Beraterinnen eingeladen, für eine Schweizer Stadtverwaltung eine Verknüpfung von NPM und Gender Mainstreaming herzustellen. Das hier dargestellte Beispiel ist maßgeschneidert auf die vor Ort angewandte NPM Systematik, die hier nicht im Detail ausgeführt werden kann. Das System baut auf einer Differenzierung der folgenden Ebenen auf:

- Departments bzw. Scherpunkt-/ Politikbereiche,
- Aufgaben bzw. Ressourcenfelder,
- Produktgruppen und
- Produkte.

Die generelle Ausrichtung des Denkens im Sinn von GEM und NPM kann wie folgt beschrieben werden:

Wie können Sie Gleichstellung im Rahmen Ihres Departments bzw. Schwerpunkt-/ Politikbereichs, des Aufgaben bzw. Ressourcenfelds, der Produktgruppe und des Produkts fördern und bewirken und zu welchen Kosten?

Die Integration von GEM in das NPM

Unser Vorschlag für die Integration von Gender Mainstreaming in den New Public Management Prozess besteht aus 3 Elementen, die auch als einzelne Schritte zur Implementierung verstanden werden können:

Integration in drei Schritten

- Die **GEM Standards** definieren die grundsätzlichen Anforderungen an die Integration von GEM in den NPM Prozess (▶ Kap. 5),
- die **Gender Analyse** der Zielgruppe bildet die Grundlage für die Einschätzung der aktuellen Geschlechterverhältnisse und zeigt nötigen Handlungsbedarf auf (▶ Kap. 16),
- die **GEM Checkliste** hilft, die Erkenntnisse aus der Gender Analyse in die verschiedenen NPM Ebenen zu integrieren.

Die GEM Checkliste

Die GEM Checkliste leitet durch den gesamten Definitionszirkel des NPM Prozesses. Sie dient einerseits zur Orientierung und andererseits zur Überprüfung, wie in allen Phasen die geschlechterbezogenen Erkenntnisse umgesetzt werden. Sie bezieht sich auf den Produktdefinitionszirkel (Ebene Produkt und Produktgruppe), auf die Leitideen und Ziele in einem Aufgaben- bzw. Ressourcenfeld, auf die Maximen, Leitideen und übergeordneten Ziele eines Schwerpunkts, Politikbereichs oder Departements.

20.3.1 GEM Checkliste für die Ebene Produkte

Zielgruppe bzw. Leistungsempfänger/innen

Gibt es aus der Gender Analyse relevante Unterschiede zwischen den Geschlechtern (Repräsentation, Ressourcen, Realitäten, Rechte bzw. Regelungen)? Ergeben sich daraus ergänzend spezifische Zielgruppen, die geschlechterbezogen zu differenzieren sind (z. B. Unternehmerinnen, junge Männer in Pflegeberufen)?

Umschreibung des Produkts

Wie haben Sie die Erkenntnisse der Gender Analyse bei der Umschreibung des Produkts integriert?

Beispiel

Produkt Informationslogistik

»Durch die Dienstleistungen der Informationslogistik soll die Basis für die Berücksichtigung von Gleichstellungsaspekten verbessert werden.«

Produkt Statistiken

»Aspekte, welche zur Beurteilung wichtiger Ziele wie Gleichstellung, Stadtentwicklung, Standortförderung usw. beitragen, werden bei der Konzeption von Erhebungen berücksichtigt.«

Rechtsgrundlagen

Zeigen die Ergebnisse aus Ihrer Gender Analyse bezogen auf Rechte und Regelungen Handlungsbedarf auf?

Leistungsziele

Wie finden sich die Gleichstellungswirkungen in den Leistungszielen wieder?

Beispiel

Produkt Lehraufsicht

»Der Zugang von Frauen, insbesondere von Migrantinnen, zur Berufsbildung wird gefördert.«

Leistungsindikatoren

Mit welchen Indikatoren können Sie die Verbesserung der Gleichstellung messen? Sind die Sollwerte sowohl ehrgeizig und anspruchsvoll als auch realistisch?

Beispiel

Produkt Lehraufsicht

Indikator: Prozentanteil Lehrverträge mit jungen Frauen, Migrantinnen; Sollwert: Frauen >40%; Migrantinnen >10%

Produkt Arbeitsmarktliche Maßnahmen

Indikator: Verhältnis Frauen : Männer in den Maßnahmen bezogen auf das Verhältnis bei allen Erwerbslosen; Sollwert: 0,9–1,1

Leistungsziele, die Gleichstellung nicht explizit enthalten: Wie können Sie die dazugehörigen Indikatoren geschlechterbezogen messen und auswerten? Ergeben sich daraus (im Sinn der Gleichstellung) Sollwerte, die geschlechterspezifisch differenziert sein sollten?

GEM Standards

Sind die GEM Standards bezogen auf Sprache und Bilder, Daten und Verständnis von Chancengleichheit in der Beschreibung der Produktgruppe berücksichtigt?

20.3.2 GEM Checkliste für die Ebene Produktgruppen

Umschreibung der Produktgruppe

Wie haben Sie die Erkenntnisse der Gender Analyse bei der Umschreibung der Produktgruppe integriert?

Wirkungen

Gleichstellungswirkungen

Welche Gleichstellungswirkungen wollen Sie mit der Produktgruppe erzielen?

Beispiel

Produktgruppe Eingliederung in den Arbeitsmarkt

Umschreibung: »Die Produktgruppe umfasst alle Maßnahmen, welche direkt oder indirekt einer raschen Wiedereingliederung in eine Erwerbsarbeit auf dem ersten Arbeitsmarkt dienen. Dazu zählen neben der Personalberatung und Stellenvermittlung auch die Maßnahmen, welche zu verbesserter Arbeitsmarktfähigkeit beitragen....Dies unter Berücksichtung soziodemografischer Merkmale, insbesondere des Geschlechtes, des Alters, der Nationalität und der Bildung.«

Wirkung: »Rasche und dauerhafte Aufnahme einer existenzsichernden Erwerbstätigkeit, unabhängig von Geschlecht, Alter und Nationalität, allenfalls nach einer Überbrückungsmaßnahme, resp. definitives oder temporäres Ausscheiden aus dem primären arbeitsmarktlichen Integrationsprozess.«

Rechtsgrundlagen

Zeigen die Ergebnisse aus Ihrer Gender Analyse bezogen auf Rechte und Regelungen Handlungsbedarf auf?

Liste der Produkte

(werden separat aufgeführt)

Leistungsempfänger/innen

Gibt es relevante Unterschiede zwischen den Geschlechtern aus der Gender Analyse (Repräsentation, Ressourcen, Realitäten, Rechte bzw. Regelungen)? Ergeben sich daraus ergänzend Zielgruppen, die geschlechterspezifisch zu differenzieren sind (z. B. Frauen bzw. Männer mit Betreuungspflichten, junge Frauen bzw. Männer in Technik- bzw. Pflegeberufen)?

Wirkungsziele

Wie finden sich die Gleichstellungswirkungen in den Wirkungszielen wieder?

20

Wirkungsindikatoren bzw. Sollwerte

Mit welchen Indikatoren können Sie die Gleichstellungswirkungen messen? Sind die Sollwerte sowohl ehrgeizig und anspruchsvoll als auch realistisch?

Beispiel

Produktgruppe Informationsvermittlung

Wirkungsziele: »Einwohnerinnen und Einwohner partizipieren intensiver und sachbezogener am öffentlichen Leben und sind in der Lage, ihre Lebenswelt aktiver zu gestalten.«

Wirkungsindikator: Entwicklung der Anzahl privater Nutzungen (Frauen, Männer, Organisationen)

Sollwert: Sollwert ≥ Vorjahr

Wirkungsziele

Wirkungsziele, die Chancengleichheit nicht explizit enthalten: Wie können Sie die dazugehörigen Indikatoren geschlechterbezogen messen und auswerten? Ergeben sich daraus (im Sinn der Gleichstellung) Sollwerte, die geschlechterbezogen sein sollten?

Leistungsziele

Wie finden sich die Gleichstellungswirkungen in den Leistungszielen wieder?

Leistungsindikatoren

Mit welchen Indikatoren können Sie die Verbesserung der Gleichstellung messen? Sind die Sollwerte sowohl ehrgeizig und anspruchsvoll als auch realistisch?

Leistungsziele, die Gleichstellung nicht explizit enthalten: Wie können Sie die dazugehörigen Indikatoren geschlechterbezogen messen und auswerten? Ergeben sich daraus (im Sinn der Gleichstellung) Sollwerte, die geschlechterbezogen sein sollten?

Beispiel

Produktgruppe Informationsvermittlung

Leistungsziel: Fachlich kompetente und termingerechte Erfassung und Befriedigung zielgruppenspezifischer Informationsbedürfnisse

Indikator: Prüfungsgrad gemäß interner Gleichstellungsrichtlinien

Sollwert: 100%

Leistungsziel

GEM Standards

Sind die GEM Standards bezogen auf Sprache und Bilder, Daten und Verständnis von Chancengleichheit in der Beschreibung der Produktgruppe berücksichtigt?

Diagnose von Abwehrmustern und ihre Auflösung

21.1 Das Instrument

Lesen Sie bitte Kapitel 9

Im Unterschied zu den anderen in diesem Teil vorgestellten Instrumenten ist die hier dargestellte »Diagnose existierender Abwehrmuster und ihre Auflösung« nicht selbsterklärend. Wir bitten Sie deshalb, noch einmal zu ► Kapitel 9 zu blättern und die Ausführungen zu lesen.

Alle haben gewisse Widerstände

Wenn Sie – bei sich selbst oder bei Mitakteur/innen – Widerstände beobachten, können Sie davon ausgehen, dass dies einerseits sehr häufig ist und andererseits Männer wie Frauen betrifft. Das Verfahren, das wir Ihnen hier vorschlagen, dient dazu, hinter mögliche Beweggründe zu kommen (Schritte 1–3). Dieses Nachspüren nennen wir »empathische Spekulation«: empathisch, weil es respektvoll einfühlsam sein soll, und Spekulation, damit wir uns immer bewusst sind, dass wir nicht wissen können, was in einer Person tatsächlich vorgeht. Auf dieser »empathischen Spekulation« bauen die Schritte 4–6 auf. Sie sollen in eine vertrauensvolle Zusammenarbeit münden (◘ Tab. 21.1).

21.2 Das Verfahren

»Empathische Spekulation«

Mit diesem Instrument werden Sie eingeladen, eine konkrete Situation zu benennen, in der eine Person es ablehnt, kooperativ in die Genderfrage einzusteigen. Zusätzlich zu korrekten inhaltlichen Argumenten empfehlen wir hier, das Abwehrmuster den angebotenen 7 Möglichkeiten zuzuordnen (► Kap. 9.1.1 bis 9.1.7) und – inspiriert von einer Liste von Bedürfnissen ► Übersicht Abschn. 9.2.1 – Vermutungen anzustellen, welches Bedürfnis zur Debatte steht. Dies nennen wir »empathische Spekulation«. Die Bedrohung dieses Bedürfnisses erlaubt es dieser Person nicht, ins Geschlechterthema einzusteigen. Das Arbeitsblatt finden Sie zum Download auf www.springer.com/978-3-540-75419-0.

◘ Tab. 21.1. Schritte zur Auflösung von Abwehrmustern	
Schritte	**Meine Beobachtungen und Ideen**
1 Zitieren Sie eine Hauptaussage, die sich gegen die Bearbeitung des Genderthemas richtet.	
2 Ordnen Sie diese Aussage einem der 7 Abwehrmuster zu.	
3 »Empathische Spekulation«: Welches Bedürfnis wird wohl (max. 3) bei dieser Person in Frage gestellt?	
4 Finden Sie Anknüpfungspunkte im Erfahrungsfeld der Person, die es ihr erlauben, das in Frage gestellte Bedürfnis anders zu erfüllen und die Genderfrage trotzdem zu sehen.	
5 Erarbeiten Sie gemeinsam Argumente, wie die Genderfrage in die Bedürfnisse der betreffenden Person eingebaut werden kann.	
6 Entwickeln Sie konkrete Genderfragen, die Sie gemeinsam angehen können.	

Wenn es Ihnen gelingt, für die Befriedigung dieses Bedürfnisses eine andere Lösung anzubieten, werden die Energien für das Geschlechterthema frei. Da ist Ihre kommunikative Kreativität gefragt. Jede Situation und jede Person ist einzigartig.

Bedürfnis anders befriedigen

21.2.1 Was und wer?

Selbstdiagnose: Dieses Instrument eignet sich dazu, sich zuerst eigene Widerstände bewusst zu machen. Durch die Sorgfalt, alle Schritte durchzugehen, bringen wir für uns selbst Verständnis auf und spenden uns die nötige Empathie, die dazu verhilft, die Hindergründe der Abwehr auszuloten und aufzulösen.

Eigene Widerstände bearbeiten

Diagnose für (potenzielle) Mitakteur/innen: Damit Sie wenig Energie verschwenden, lohnt es sich, den Eindruck, es werde Gleichstellungsthemen Widerstand entgegengebracht, ernst zu nehmen. Diese Eindrücke sind möglichst konkret zu fassen. »Allgemeine« Abwehr kann nicht gut bearbeitet werden. Auch in dieser Situation bietet es sich an, die 6 Schritte durchzugehen. Wenn sich die Gelegenheit bietet, diese Schritte in einer kollegialen Situation zu bearbeiten, kommen noch mehr Ideen zusammen.

Konkret, nicht allgemein

21.2.2 Wie?

Am besten laden Sie sich das Instrument aus dem Internet herunter (www.springer.com/978-3-540-75419-0) und gehen die Schritte 1–6 sorgfältig durch (❏ Tab. 21.2):

Arbeitsblatt downloaden

Schritt 1: Hier ist es wichtig, dass Sie sich die konkrete Situation in Erinnerung rufen und das Zitat, das Sie irritiert hat, möglichst genau fassen.

Schritt 2: Die Zuordnung zu einem der 7 Abwehrmuster (▶ Kap. 9) zeigt Ihnen, in welchen Gedankengängen sich die zitierte Person befinden kann.

Schritt 3: Durch Ihre »empathische Spekulation« versuchen Sie herauszuspüren, welches Bedürfnis wohl am meisten oder am ehesten zur Debatte steht. Wo fühlt sich die Person angegriffen oder missverstanden? Konsultieren Sie dazu die Bedürfnisübersicht (▶ Kap. 9). Versuchen Sie, ein einziges Bedürfnis zu finden. Ist es nicht eindeutig, nehmen Sie noch ein zweites dazu. Nur wenn Sie sich fokussieren, können auch Ihre weiteren Argumente zielführend sein. Falls Sie nicht mit Ihrem ersten Versuch erfolgreich sind, machen Sie einen zweiten Anlauf.

Schritt 4: Stellen Sich sich die Person konkret vor und entwickeln Sie Ideen, wie das als bedroht diagnostizierte Bedürfnis anders als durch das gezeigte Abwehrverhalten befriedigt werden könnte. Nutzen Sie Ihre Erfahrung mit dieser Person, gehen Sie auf ihre individuellen Besonderheiten ein. Wichtig ist, tatsächlich Verständnis für die Situation Ihres Gegenübers (oder falls Sie eine Selbstdiagnose stellen – für sich selbst) aufzubringen.

Sie können anschließend beobachten, ob Sie mit Ihrer »empathischen Spekulation« ins Schwarze getroffen haben. Wenn ja, entspannt sich Ihr Gegenüber und Sie können mit Schritt 5 weitermachen. Wenn nein, hören

Trifft Ihre Vermutung zu, entspannt sich Ihr Gegenüber

21

Geduld und Kreativität nötig

Sie noch einmal genau hin und gehen Sie die Schritte 1–4 noch einmal durch. Gehen Sie davon aus, dass Sie in diesen Zusammenhängen einen langen Atem und viel Kreativität brauchen werden. Sie lernen von diesen Überlegungen und Versuchen etwas über sich und Kommunikation, die nicht manipulativ vorgeht.

Schritt 5: Ist die Abwehr so weit aufgelöst, dass die Geschlechterfrage wieder bearbeitet werden kann, ist es sehr sinnvoll, gemeinsam herauszuarbeiten, wie die Geschlechterfrage, das Gleichstellungsthema bzw. die geplante Maßnahme verstanden wird. So kann auch eine gemeinsame Sprachregelung entwickelt werden. Dies ist nötig, damit Sie nicht die einzige Person sind, die im Thema formulieren: Sie gewinnen eine/n weitere/n Akteur/in, der oder die eigenständig ans Thema herangeht.

Vertrauen schaffen

Schritt 6: Hier gilt es nicht, im Triumph die eigenen Pläne einfach durchzudrücken, sondern die andere Person einzubeziehen. Gemeinsam entwickelte Maßnahmen sind optimal abgestützt. Sehr oft können mit entsprechenden Anpassungen auch zusätzliche Personen für das Thema gewonnen werden. Schließen Sie nicht aus, dass sich sogar die Maßnahmen verbessern können. Oft haben Sie nur eine/n Symptomträger/in vor sich, aber weitere Personen sind ebenfalls in Abwehrmuster verstrickt. Wenn diese beobachten können, wie wertschätzend und respektvoll Sie mit anderen umgehen, schöpfen diese ebenfalls Vertrauen.

◨ Tab. 21.2. Schritte zur Auflösung von Abwehrmustern

Schritte	Meine Beobachtungen und Ideen
1 Zitieren Sie eine Hauptaussage, die sich gegen die Bearbeitung des Genderthemas richtet.	»Mit der Mitarbeit im GEM Team werde ich als Emanze abgestempelt«, sagt eine Frau
2 Ordnen Sie diese Aussage einem der 7 Abwehrmuster zu.	Diese Frau befürchtet, dass sie abgewertet würde (Abwehrmuster 3) und dass eine Polarisierung entsteht (Abwehrmuster 6)
3 »Empathische Spekulation«: Welches Bedürfnis wird wohl (max. 3) bei dieser Person in Frage gestellt?	Es mangelt ihr an Respekt; sie fühlt sich nicht mehr gleich gut akzeptiert
4 Finden Sie Anknüpfungspunkte im Erfahrungsfeld der Person, die es ihr erlauben, das in Frage gestellte Bedürfnis anders zu erfüllen und die Genderfrage trotzdem zu sehen.	Ich frage mich, wer im Betrieb für diese Frau eine wichtige Stütze ist, wer sich auf ihre Kompetenz stützt, wer die Zusammenarbeit mit ihr schätzt; wenn ich solche Personen gefunden habe, bitte ich diese, mit der Frau zu sprechen und sie zu motivieren, ins GEM Team zu kommen; ich erwarte, dass sie damit spürt, dass sie als Fachperson nach wie vor ernst genommen wird – es klappt
5 Erarbeiten Sie gemeinsam Argumente, wie die Genderfrage in die Bedürfnisse der betreffenden Person eingebaut werden kann.	Im GEM Team wird besprochen, wie das Image der Mitglieder des GEM Teams hochgehalten werden kann. Bei allen Auftritten, bei denen sie persönlich dabei ist, oder in Publikationen mit Namen schauen alle sorgfältig, dass auch die Fachkompetenz mittransportiert wird
6 Entwickeln Sie konkrete Genderfragen, die Sie gemeinsam angehen können.	Die Frage »Was heißt es in unserem Unternehmen, sich für Gleichstellung zu engagieren?« wird aufgenommen; die Vielfalt der Möglichkeiten und Stile wird aufgezeigt; die Unternehmensführung bezieht positiv Stellung

Der Geschlechterdialog

22

Förderliches Arbeitsklima

Frauen und Männer wünschen sich am Arbeitsplatz eine Atmosphäre, in der sie sich wohl fühlen, respektiert und in ihren Leistungen anerkannt und wertgeschätzt werden. Sie wollen ihre Fähigkeiten und Kompetenzen weiterentwickeln und umfänglich in den Betrieb einbringen. Die Realität in den Betrieben sieht oft anders aus. Der Arbeitsplatz ist meist auch geprägt von der vorgegebenen Nähe zu anderen Menschen, von Hektik und Stress, Arbeitszeitrastern und zahlreichen körperlichen und psychischen Belastungen.

Kooperation Männer und Frauen im Blick

Das Arbeitsklima ist – ob bewusst oder unbewusst – immer auch geprägt vom Geschlechterverhältnis. Frauen und Männer finden sich in einem Netz vielfältiger Erwartungen, die geschlechterstereotypen Vorstellungen folgen bzw. genau dem Gegenteil davon gerecht werden sollen. Häufig sind es gerade die gut ausgebildeten Frauen, die mit hoher Sensibilität auf neue gesellschaftliche Entwicklungen reagieren und damit auch auf hemmende Betriebsstrukturen aufmerksam machen. Frauen, die besser ausgebildet sind als je zuvor in der Geschichte und die an die diversen „gläsernen Decken" stoßen, üben Druck auf die Unternehmen aus. Andererseits ändert sich auch das Selbstverständnis der Männer deutlich: Karriere um jeden Preis gehört nicht mehr zu ihren Visionen, wenn sie nicht mit Lebensqualität und Familienverantwortung vereinbar sind. All dies prägt nicht nur die privaten Beziehungen zwischen den Geschlechtern, sondern auch ihre Arbeitsbeziehungen. Das Unzufriedenheitspotenzial und die Fluktuation steigen.

Dem Geschlechterverhältnis die entsprechende Aufmerksamkeit zu widmen und es bewusst zu gestalten, heißt auch, die Chance zu nutzen, nicht nur das Potenzial von Frauen (und von Männern) im betrieblichen Alltag besser einzusetzen und das Wohlbefinden am Arbeitsplatz zu steigern, sondern auch die Blockaden einer guten Kommunikation unter den Beschäftigten besser und frühzeitiger zu erkennen.

Offene und bewusste Gestaltung

Eine offenere und bewusste Gestaltung des Geschlechterverhältnisses bedeutet auch gleichzeitig, dass transparentere Kommunikationsstrukturen geschaffen und vorhandene Konflikte offener ausgetragen werden können. Damit ist ein wichtiger Schritt zu einer offenen, partnerschaftlichen Unternehmenskultur möglich.

Bitte ordnen Sie zu: Wer von den beiden ist Mitglied des Vorstandes der Praxis-AG? Wer arbeitet in der IT-Abteilung?

Gezielte Maßnahmen zur Verbesserung des Arbeitsklimas richten sich immer auf die Entwicklung eines »Wir-Gefühls«. Ressourcen, Kompetenzen und Fähigkeiten der einzelnen Teammitglieder können am besten eingebracht, gefördert und genutzt werden, wenn dies in Verbundenheit mit den anderen Teammitgliedern geschieht. Sobald geschlechterbezogene Unterschiede benannt werden können, können Frauen und Männer von Konflikt und Konkurrenz zur Zusammenarbeit übergehen. Der respektvolle Dialog über Gemeinsamkeiten und Unterschiede führt zu einer Erhöhung des gegenseitigen Verständnisses und der Wertschätzung. Es entsteht ein Gefühl von Verbundenheit bei gleichzeitiger Erweiterung des individuellen Selbstverständnisses. Die Aufmerksamkeit verlagert sich von der Wahrnehmung der Unterschiede zu »Wie können wir unsere Gemeinsamkeiten und Unterschiede am besten für unsere Zusammenarbeit nutzen?«.

Weniger Sand im Getriebe

22.1 Das Instrument ist das Verfahren

22.1.1 Was und Wer?

Der Geschlechterdialog versteht sich als Teamentwicklungsinstrument, das als einmalige Intervention oder regelmäßiges Element in die Zusammenarbeit integriert werden kann. Jedenfalls bildet es eine in sich abgeschlossene Einheit, die auch im Zeitumfang sparsam (minimaler Zeitbedarf sind 3 Stunden) oder aufwändiger gestaltet werden kann. Der Dialog kann als Teil eines Teamentwicklungs-Workshops eingesetzt oder ganz eigenständig als Maßnahme umgesetzt werden. Er eignet sich auch als Intervention beim Aufbau einer neuen Projektgruppe.

Teamentwicklungs-instrument

Alle Mitglieder eines Teams sollten daran teilnehmen, unabhängig von Aufgaben und Funktionen.

Alle beteiligen

Es ist auch möglich, den Geschlechterdialog in einer Großgruppe durchzuführen. Auch wenn das Design entsprechend adaptiert werden muss, bleiben doch die grundsätzlichen Schritte dieselben.

22.1.1 Wie?

Ein wichtiges Erfolgskriterium für die Durchführung ist die aufmerksame und kompetente Moderation durch eine oder idealerweise 2 (ein Mann und eine Frau) Personen, die nicht Mitglieder des Teams sind.

Moderation beachten

Das Kernstück des Geschlecherdialogs bilden 3 Fragen:

Die 3 Fragen des Geschlechterdialogs

- Nennen Sie 3 Stärken, die das andere Geschlecht in Beziehungen einbringt.
- Was möchten Sie besonders gern über das andere Geschlecht wissen?
- Was sollte das andere Geschlecht auf alle Fälle über Sie wissen?

22

Schritt 1: Antworten in geschlechtergetrennten Gruppen

Der Geschlechterdialog und seine 3 Fragen werden dem Team vorgestellt. Danach werden Männer und Frauen getrennt und erhalten ausreichend Zeit (mindestens 60 Minuten), um in den homogenen Gruppen diese 3 Fragen zu beantworten.

- Nennen Sie 3 Stärken, die das andere Geschlecht in Beziehungen einbringt. (Meist empfinden Männer diese Frage am leichtesten, Frauen hingegen am schwierigsten.)
- Was möchten Sie besonders gern über das andere Geschlecht wissen? (Frauen finden diese Frage am leichtesten, Männer am schwierigsten.)
- Was sollte das andere Geschlecht auf alle Fälle über Sie wissen?

lustvolle Vorbereitung

Meist ist das gemeinsame Nachdenken über diese Fragen und deren Antworten ein sehr lustvoller Prozess, bei dem auch viel gelacht wird. Erfahrungen werden gegenseitig erzählt und verglichen, Wünsche und Erwartungen ausgetauscht. Während die erste Frage den Antwortumfang einschränkt, sind die beiden anderen Fragen offen gestellt: Hier sind die Gruppen frei, alles aufzuzählen, was sie vom anderen Geschlecht wissen oder worüber sie informieren wollen.

Die Besprechung der gemeinsamen Antworten dient als Vorbereitung für den eigentlichen Geschlechterdialog.

Schritt 2: Der Geschlechterdialog

gegenseitige Wertschätzung

Die Gruppen kommen im Plenum zusammen und sitzen sich gegenüber (wie 2 Halbkreise). Eine der beiden beginnt mit der Beantwortung der ersten Frage. Es wird nicht darüber diskutiert, es dürfen ausschließlich Verständnisfragen von der anderen Seite gestellt werden. Nach der Benennung der 3 Stärken folgt die andere Seite mit ihren Antworten. Dieser Teil ist geprägt von Wertschätzung, manchmal auch von Überraschungen, und bildet eine meist sehr feine Einstimmung. Die Einschränkung auf 3 Stärken erzeugt ein ausgewogenes Verhältnis an gegenseitiger Würdigung.

Bei der Beantwortung der zweiten Frage wechseln sich die beiden Gruppen gegenseitig ab. Hier werden ja Fragen an das andere Geschlecht gestellt, die dann auch sofort beantwortet werden können. Je nach Menge an Fragen und Ausführlichkeit der Antworten kann dieser Teil des Dialogs sehr ausführlich werden. Spannend ist er in jedem Fall!

Den Abschluss bilden die Dinge, die sich die beiden Gruppen noch gegenseitig sagen möchten. Auch hier wird nicht diskutiert, hier werden höchstens Verständnisfragen gestellt.

Schritt 3: Interessierende Fragen herausarbeiten

In einer gemeinsamen Diskussion formulieren Frauen und Männer Themen, die sie gerne weiter bearbeiten möchten. Die entsprechenden Fragen und Themen werden gesammelt und in geeigneter Form wieder in einen Geschlechterdialog eingebracht.

Stellen Sie sich vor,

auch
Väter haben
Aufstiegs-
chancen.

Umdenken öffnet Horizonte!

Büro für die Gleichstellung von Frau und Mann
der Stadt Zürich

Kampagne der Fachstelle für
Gleichstellung, Stadt Zürich

Beispiel

Als Ergebnis aus einer Runde Geschlechterdialog resultierten 3 Fragestellungen:

- Was ist am Konfliktlösungsvorgehen von Frauen und Männern gleich
  bzw. unterschiedlich?
- Wie gehen Frauen und Männer mit Emotionalität auf der professio-
  nellen Ebene um?
- Wie können wir vom jeweils anderen Geschlecht lernen: »Eine
  Scheibe abschneiden«?

▼

22

In einer weiteren Runde Geschlechterdialog wird eines der 3 Themen bearbeitet. Als zentrale Methode wurde das »Dialogverfahren« eingesetzt. Inhaltliches Ergebnis war, dass die Frage »Wie entstehen Geschlechterstereotypien und wie können wir mit ihnen produktiv umgehen?« aufgenommen wird. Zudem wurde der Wunsch deutlich, mehr über Konfliktlösungsstrategien zu erfahren.

Dieses Beispiel zeigt, dass der Geschlechterdialog flexibel an die jeweilige Kultur angepasst werden soll, damit er als konstruktiv, interessant und nützlich empfunden wird – von Männern wie von Frauen.

Genderthema immer wieder aufgreifen

Der Geschlechterdialog schärft das Bewusstsein für Gemeinsamkeiten und Unterschiede ohne diese zu bewerten und stärkt das Wissen um die Verantwortung jedes einzelnen Teammitglieds für die Gestaltung des Geschlechterverhältnisses. Er bringt Vertrautes und Überraschendes ans Licht und sicherlich Bewegung in die Beziehungen zwischen Männern und Frauen – eine Bewegung, die in den Arbeitsalltag hineinwirkt und auch dort immer wieder aufgegriffen (z. B. in Teambesprechungen) oder auch wiederholt werden kann.

GEM Audit

23

Organisationsentwicklung mit Fokus Gleichstellung

Das GEM Audit versteht sich als ein Organisationsentwicklungsprozess mit eigens dafür entwickelten Instrumenten, der das Geschlechterverhältnis in einem Unternehmen gezielt gestaltet und die ungleiche Teilhabe von Männern und Frauen an Verantwortung, Macht und Einfluss verändert.

Aufbau des GEM Audits
- Auftragsklärung,
- ausführlicher **Gleichstellungsbefund,**
- **Definition von Zielen bzw. Handlungsschwerpunkten,**
- **Entwicklung und Planung** von Maßnahmen und Strategien zur Verbesserung der Gleichstellung in Form eines unternehmensinternen Projekts,
- **Abschluss.**

Die 8 Handlungsfelder (▶ Kap. 4) dienen dabei für den Prozess als inhaltliche Basis.

23.1 Der Ablauf

23.1.1 Die Auftragsklärung

Rahmenbedingungen abstimmen

Mit den Auftraggeber/innen, den internen Projektleiter/innen sowie anderen in diesem Zusammenhang wichtigen Personen (z. B. Personalverantwortliche, Betriebsrät/innen usw.) stimmen die externen Berater/innen die Rahmenbedingungen für das Projekt ab.

Folgende Fragen werden dabei geklärt:
- Wer wird in die Diagnose eingebunden? (Es werden möglichst aus allen Bereichen und Hierarchiestufen Informationen gesammelt.)
- Auf welche Bereiche des Unternehmens soll sich das Projekt erstrecken?
- Welche internen Personalressourcen stehen zur Verfügung?
- Wer sollte im GEM Team – der Steuerungsgruppe – mitarbeiten?
- Wie wird der Betriebsrat bzw. die Personalvertretung eingebunden?
- Die grundsätzlichen Erwartungen an das Projekt werden von den Auftraggeber/innen definiert. Welche Ziele verfolgen sie mit dem Audit? In welchen Bereichen sehen sie aus heutiger Sicht Handlungsbedarf, was sollte auf keinen Fall passieren?

Die zentrale Rolle der externen Beratung

Verbindung von Prozess- und Fachberatung

Ihre zentrale Rolle ist in diesem ersten Schritt wie in allen weiteren eine zweifache, die Prozess- und Fachberatung verbindet:
- Die externen Berater/innen sorgen für die systematische Projektstruktur und die Moderation und Beratung der einzelnen Schritte.
- Sie bringen ihr Know-how zur Umsetzung von Gleichstellung in allen Phasen und Schritten ein.

Erste Erkenntnisse bereits nach der Auftragsklärung

Was uns nach dem 1. Beratungsgespräch beschäftigt hat ...

Mangelhafte Personaldatenbank

Wir waren nicht in der Lage auf Knopfdruck den prozentuellen Anteil an Frauen unter den Mitarbeiter/innen oder Führungskräften usw. abzufragen.

2/3 der Mitarbeiter/innen sind Frauen,
2/3 der Führungskräfte sind Männer

Kaum Förderung für Nachwuchsführungskräfte

Initiativen zur Förderung von Nachwuchsführungskräften (Förder-AC usw.) liegen zwar in der Schublade, konkrete Umsetzungsschritte fehlen zur Zeit noch.

Schlechte Betreuung in der Babypause

Die Betreuung der Kolleg/innen im Kinderkarenz, sowie die Vorbereitungsmöglichkeiten beim Wiedereinstieg beurteilten wir als nicht zufriedenstellend.

Mangelhafte Sensibilisierung zum Thema Chancengleichheit bei den MA

■ **Abb. 23.1.** Erste Erkenntnisse nach der Auftragsklärung (© pro mente Oberösterreich)

Schon in diesem ersten Schritt können wichtige Erkenntnisse für das Unternehmen entstehen. ■ Abb. 23.1 zeigt, wie der zuständige Personalentwickler von pro mente Oberösterreich, einem Non- Profit Unternehmen mit ca. 1000 Mitarbeiter/innen, die ersten Erkenntnisse zusammengefasst hat.

23.1.2 Der Gleichstellungsbefund

Status Quo untersuchen

Der Gleichstellungsbefund soll ein möglichst breites Bild über den Stand der Gleichstellung im Unternehmen erstellen. Dazu werden möglichst Mitarbeiter/innen aus allen Bereichen und aus allen Hierarchieebene befragt, sowohl Frauen als auch Männer (ungefähr entsprechend ihrem Verhältnis in der »Grundpopulation« des Unternehmens).

Mit unterschiedlichen Instrumenten werden Daten zur aktuellen Situation gesammelt:

Mitarbeiter/innenbefragung

In einer Online-Befragung werden die Mitarbeiter/innen des Unternehmens zum Stand der Gleichstellung befragt. Der dazu entwickelte Fragebogen enthält sowohl quantitative (Einschätzung zur Umsetzung von Gleichstellung) als auch qualitative Fragen zu Anregungen und Vorschlägen für den konkreten Handlungsbedarf im Unternehmen.

Einschätzung der Mitarbeiter/innen

Beispiel

Konkrete Fragen aus der Mitarbeiter/innenbefragung

- Wie wird die Transparenz der Personal-Recruiting-Verfahren im Unternehmen eingeschätzt?
- Haben Frauen einen gleichberechtigten Zugang zu Weiterbildungsmaßnahmen und Karrierewegen?
- Werden Produkte und Leistungen gleichstellungsorientiert entwickelt?
- Sind Beruf und Privatleben gut miteinander vereinbar? Werden Väter speziell unterstützt?
- Wird partnerschaftliche Zusammenarbeit gefördert?
- Sind Equality Standards im Betrieb etabliert?
- Gibt es bereits institutionalisierte Strukturen zur Förderung der Gleichstellung?
- Wird eine gleichstellungsorientierte Unternehmenskultur gelebt?
- Was wird unter Gleichstellung verstanden? Wo wird konkreter Handlungsbedarf gesehen?

Zu den quantitativen Fragen gibt es 4 Antwortkategorien:
- ist zurzeit vollständig gegeben,
- ist zurzeit großteils gegeben,
- ist zurzeit teilweise gegeben,
- ist zurzeit gar nicht gegeben.

---

geschlechterbezogene Auswertung der Befragung

Die anonymisierte Erfassung der persönlichen Daten ermöglicht eine geschlechterbezogene Auswertung: Gibt es Unterschiede in der Einschätzung zwischen Frauen und Männern, zwischen Vorgesetzten und Mitarbeiter/innen, zwischen Menschen verschiedenen Alters, verschiedener Bildung oder verschiedener Lebensformen?

Equality Checkliste

Die Equality Checkliste ist ein sehr umfangreiches und detailliertes Instrument, das von der Personalabteilung ausgefüllt wird. Sie erhebt die relevanten Daten zur Beschäftigungssituation, das Geschlechterverhältnis in den verschiedenen Hierarchiestufen wie auch bisherige Maßnahmen in Richtung Gleichstellung. Die Checkliste erfasst sämtliche Daten für das gesamte Unternehmen und kann, bei Bedarf und sinnvoller Differenzierung, auch auf die einzelnen Teilbereiche bezogen werden. Dies ermöglicht den Vergleich der Gleichstellungsperformance innerhalb des Betriebs.

Qualitative Interviews

Die externe Beratung führt qualitative Interviews mit einer Auswahl an Mitarbeiter/innen (möglichst alle relevanten Bereiche und Hierarchien). Diese ergänzen und vertiefen die erhobenen Daten. Zitate aus den Interviews bereichern und erläutern die Fragebogenauswertungen sowie die Ergebnisse der Checkliste.

Gleichstellungsbefund

Alle Ergebnisse der verschiedenen Diagnoseschritte werden von den Berater/innen ausgewertet und zusammengefasst. Sie präsentieren diese in einem Kick off Meeting, das den Abschluss des Gleichstellungsbefunds und den Start der konkreten Projektarbeit bildet.

wichtiger Meilenstein: die Ergebnisse werden in einem Kick-off Meeting präsentiert …

> » Aktives und erfolgreiches Gleichstellungsmanagement ermöglicht uns, unserer Geschäftsphilosophie nachzuleben und uns in unserem Marktumfeld klar und erkennbar zu positionieren. Für die Alternative Bank ABS ist Gleichstellung auch ein Wettbewerbsvorteil. **«**
> Claudia Nielsen, Verwaltungsratspräsidentin Alternative Bank Schweiz ABS und freischaffende Ökonomin

23.1.3 Definition von Zielen und Handlungsschwerpunkten

Kick-off als wichtiger Meilenstein

Der Gleichstellungsbefund wird in einer Kick-off-Veranstaltung von der externen Beratung präsentiert. Eingeladen sind Vertreter/innen aus allen Bereichen und Hierarchien, v. a. auch die Auftraggeber/innen, Führungskräfte und weitere zentrale Akteur/innen des Unternehmens. Idealerweise ist die Kick-off-Veranstaltung eine Großveranstaltung, zu der auch interessierte Mitarbeiter/innen eingeladen werden.

Das Kick-off beinhaltet 3 wesentliche Schritte:

- die Präsentation und Diskussion des Gleichstellungsbefunds,
- die Festlegung der Ziele und Handlungsschwerpunkte und
- die Konstituierung der Projektstruktur und der Auftrag an das GEM Team als Steuerungsgruppe.

… diskutiert und Handlungsschwerpunkte festgelegt

Präsentation und Diskussion des Gleichstellungsbefunds

Die Ergebnisse des Gleichstellungsbefunds werden ausführlich dargestellt. Die Teilnehmer/innen diskutieren die Resultate und Interpretation der Daten. Bei der Online-Befragung unterscheiden sich die Einschätzungen der Mitarbeiter und Mitarbeiterinnen meist und zum Teil deutlich. Dies gibt besonderen Stoff für die Auseinandersetzung und die Hypothesenbildung.

23

Beispiel

Zitate von den Mitarbeiter/innen aus der Diagnose

»(...) grundsätzlich offen für Frauen und Männer, aber gilt das auch für Führungspositionen?«
»Männer wird der Aufbau mehr zugetraut.«
»Frauen kommen nicht in Führungspositionen, weil Männer eher Männer fördern und vergleichbare Leistungen von Frauen weniger anerkannt werden.«
»Frauen verzichten auf Karriere, weil Sie Familie haben oder haben wollen.«

Festlegung der Ziele und Handlungsschwerpunkte

intensive Auseinandersetzung

Jetzt geht es an die Umsetzung: Was bedeuten diese Ergebnisse? Wie passen sie zu den jeweils eigenen Erfahrungen? Welche Ergebnisse sind besonders wichtig? Welche Gleichstellungsziele ergeben sich daraus und wo sollen Handlungsscherpunkte gesetzt werden?

In einem moderierten Prozess werden Thesen und Ergänzungen zu den Ergebnissen sowie Vorschläge für Ziele und Handlungsscherpunkte erarbeitet. Es entsteht eine sehr intensive Auseinandersetzung sowohl mit den Ergebnissen als auch mit dem Thema insgesamt.

23.1.4 Planung von Maßnahmen und Strategien

Konstituierung der Projektstruktur

klarer Auftrag an GEM Team

Die Konstituierung des GEM Teams als Steuerungsgruppe für das folgende Projekt und der dementsprechende Auftrag an das Team bilden den Abschluss der Kick-off-Veranstaltung. Mit den Ergebnissen aus dem Kick-off wird das GEM Team in die weitere Projektarbeit entsendet. Es hat den Auftrag, als Steuerungsgruppe die Koordination, Projektsteuerung und Abstimmung mit den Entscheidungsträger/innen zu führen und die Entwicklung und Planung von konkreten Maßnahmen und Strategien für die Umsetzung von Gleichstellung in den festgelegten Themenbereichen voranzutreiben.

Planung von Maßnahmen und Strategien

Die Entwicklung und Planung kann in Arbeitsgruppen erfolgen (■ Abb. 23.2.) oder im GEM Team erbracht werden. In jedem Fall werden konkrete Vorschläge für die Unternehmensleitung erarbeitet, die benötigten Ressourcen geschätzt und zu erwartende Unterstützung bzw. Widerstände bei der Umsetzung berücksichtigt.

Eine institutionalisierte Abstimmung mit den Entscheidungsträger/innen stellt sicher, dass die Interessen der Unternehmensleitung in allen Planungsschritten gewahrt bleiben. Ein **Sounding-board** vor der eigentlichen Entscheidung für die Realisierung ermöglicht, die Resonanz des Projekts im Unternehmen zu erheben und die Vorschläge für die Umset-

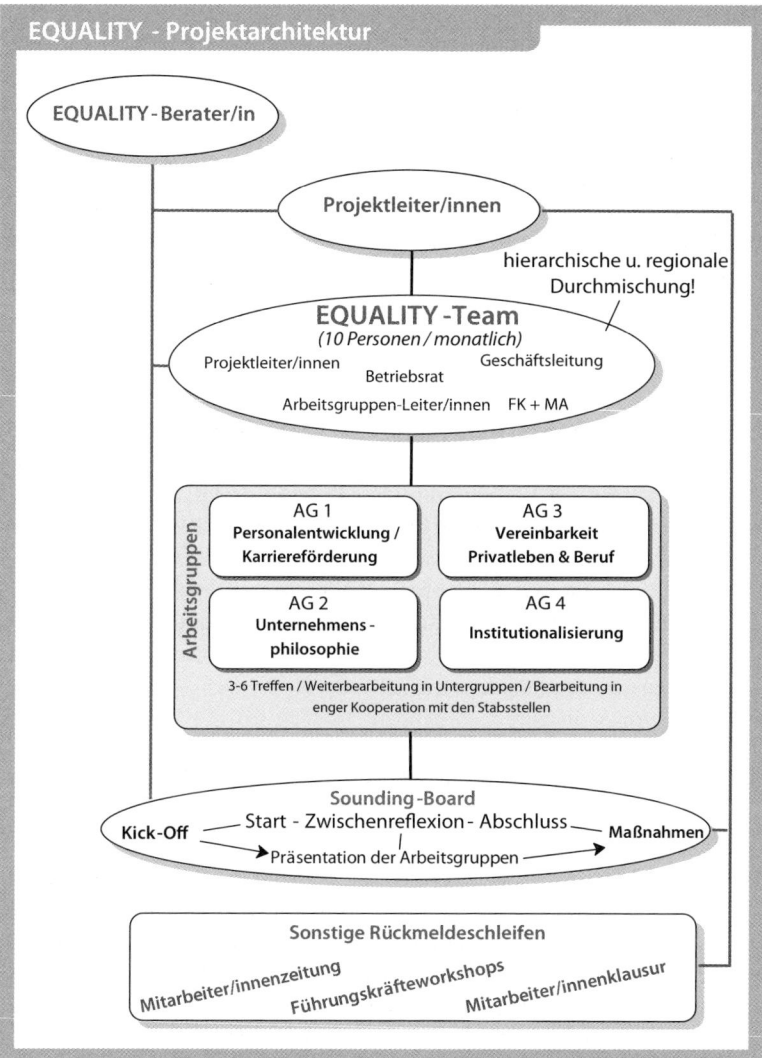

mögliche Projektstruktur

☐ **Abb. 23.2.** Beispiel für eine mögliche Projektstruktur (© pro mente Oberösterreich)

zung zu diskutieren. Anregungen und Ergebnisse dieser Diskussion werden in die endgülitge Konzeption einbezogen. Die Detailkonzepte werden den Entscheidungsträger/innen vorgelegt und zur Entscheidung geführt.

23.1.5 Projektabschluss

Im **Close down** werden die endgültigen Ergebnisse, die beschlossenen Maßnahmen und Strategien zur verbesserten Umsetzung der Gleichstellung im Unternehmen präsentiert und das Audit zu einem festlichen internen Abschluss geführt. Ein Rückblick auf den Prozess, auf Highlights und Tiefschläge, und eine ausführliche Diskussion der Ergebnisse stehen im Mittelpunkt. Die Arbeit und die Ergebnisse des GEM Teams werden gewürdigt, gemeinsam mit den Entscheidungsträger/innen wird ein Ausblick auf die kommenden Herausforderungen für die Realisierung der beschlossenen Maßnahmen und Strategien gegeben. Das Commitment der Unternehmensleitung wird sichtbar gemacht.

ausführliche Würdigung der Arbeit und Ergebnisse

Mit dem Close down wird das Audit abgeschlossen und endet auch der Auftrag an die externe Beratung für die Begleitung und Beratung des Prozesses.

23.2 Der Nutzen

Die Frage nach dem Nutzen stellt sich aus Unternehmenssicht immer, wenn es darum geht, grundlegende Prozesse im Unternehmen zu verändern und neu zu gestalten. Wir beantworten diese Frage wie folgt:

Gleichstellung zahlt sich aus!

- Das Erwerbspersonenpotenzial verringert sich, die Ressource an potenziellen Fachkräften wird knapper, die Erwerbsbeteiligung von Frauen steigt. Unternehmen, die mittelfristig ihre Innovationskraft und Anpassungsfähigkeit an die wirtschaftlichen Entwicklungen erhalten wollen, können es sich schlicht nicht mehr leisten, auf das Potenzial bestens qualifizierter Frauen zu verzichten.
- Investitionen in gute Rahmenbedingungen für die Vereinbarkeit von Privatleben, Familie und Beruf rechnen sich, wenn Eltern weniger Abwesenheitszeiten aufweisen und – entlastet – sich für das Unternehmen engagieren können. Ihre erhöhte Motivation und Identifikation mit dem Unternehmen bringen sie direkt in den Arbeitsprozess ein.
- Gut qualifizierte Frauen – und immer mehr auch die Männer – erwarten sich von ihrer Arbeitgeberin bzw. ihrem Arbeitgeber interessante Angebote, um ihre private Verantwortung z. B. für Kinder mit einer engagierten beruflichen Karriere zu verbinden. Unternehmen, die Gleichstellung umsetzen, bieten hier attraktive Vorteile am Arbeitsmarkt gegenüber den Mitbewerber/innen.
- Integration von Gleichstellung auf allen Ebenen bedeutet eine eindeutig bessere Differenzierung und Orientierung auf die Kundinnen und Kunden in der Gestaltung der Produkte und Leistungen. Dies verspricht auch auf den Absatzmärkten Wettbewerbsvorteile.

Die Argumente zeigen: Gleichstellung ist nicht nur ein moralisch-demokratisches Gebot der Stunde. Gleichstellung zahlt sich aus, für alle Beteiligten.

23.3 Kritische Erfolgsfaktoren

Das Audit wurde in einem österreichischen Pilotprojekt an 6 Unternehmen unterschiedlicher Größe und Branchen durch Cäcilia Innreiter-Moser (Institut für Organisation; Johannes Kepler Universität Linz) auf seine Veränderungswirkung hin evaluiert.

Zentrale Fragestellungen der Evaluation waren:

- Welche Maßnahmen bzw. Vorhaben aus dem Audit sind umgesetzt worden?
- Was sind hemmende bzw. förderliche Faktoren für die Realisierung der Maßnahmen?
- Hat sich etwas verändert durch das Audit? Woran sind Veränderungen erkennbar?
- Wie wird die Weiterentwicklung im Unternehmen zum Thema »Gleichstellung« eingeschätzt?

Die Evaluation brachte folgende Ergebnisse als **die zentralen erfolgskritischen Faktoren einer nachhaltigen Verbesserung der Gleichstellung** in einem Unternehmen:

Eine nachhaltige Verbesserung der Gleichstellung …

Kritische Erfolgsfaktoren für eine nachhaltige Verbesserung der Gleichstellung

Kritische Erfolgsfaktoren sind

- das **Commitment der Unternehmensleitung** zum Ziel der Gleichstellung, für die Mitarbeiter und Mitarbeiterinnen eindeutig und sichtbar;
- eine **nachhaltige Institutionalisierung** und Verankerung der Gleichstellung in Form von Betriebsvereinbarungen, veränderten Strukturen, Controllinginstanzen (z. B. Equality Manager/in) und Controllinginstrumenten;
- die **Ausstattung** einer solchen internen Instanz **mit entsprechenden Ressourcen und Kompetenzen;**
- das **mittlere Management als eigene Zielgruppe** des internen Empowerment und als »Schlüsselfiguren« zu diesem Thema: Es bedarf einer deutlichen Involvierung in den Audit-Prozess, Qualifizierung der Führungskräfte mit Know-how und Umsetzungskompetenzen und professionelle Unterstützung bei der Implementierung im eigenen Bereich;
- die **Anpassung des Veränderungsprozesses** an Tempo und Rahmenbedingungen des Unternehmens: Die Implementierung muss **mit** der Organisation erfolgen; Projekte betreffend Gleichstellung stellen in ihrer Tragweite gleichzeitig Instrumente der Organisations- und Personalentwicklung dar, die einen umfassenden Lernprozess für alle Beteiligten verlangen;
- eine klare und wiederkehrende interne **Informations- und Kommunikationspolitik** während und nach dem Veränderungsprozess zur nachhaltigen Implementierung von Gleichstellung.

… ist von wenigen zentralen Faktoren abhängig

Anhang

Glossar

Dieses Glossar beschreibt eine Auswahl der benützten Begriffe in einer umgangssprachlichen Form. Dies soll Sie dabei unterstützen, einen leichten Zugang zum Thema zu finden.

Akteur/innen, relevante
Das Geschlechterverhältnis wird immer von Menschen – Frauen und Männern – hergestellt. Deshalb sind alle Akteur/innen. Je bewusster sie agieren und je mehr Einfluss sie haben, desto relevanter werden sie.

Bewusstseinsbildung
Die Genderfrage in ihrer vollen Tragweite ist nicht allen Personen klar und bewusst. Die Steigerung dieses Bewusstseins – die Bewusstseinsbildung – ist der Einstieg ins Erwerben von Gender Kompetenz. Bewusstseinsbildung ist eine solide Grundlage für ein geschlechtergerechtes Verhalten und das verantwortungsvolle Steuern der Genderfrage.

Controlling
Der Begriff heißt »steuern« und »kontrollieren«. Im betrieblichen Umfeld wird damit eine Zusammenstellung von Indikatoren und Messinstrumenten bezeichnet, die es erlauben, Ziele zu setzen und die Zielerreichung zu messen, d. h. ein Unternehmen zu steuern.

Diversity-Konzept
Das Diversity-Konzept ist ein US-amerikanisches Managementkonzept, das den Fokus darauf legt, v. a. Führungsgremien nichtdiskriminierend zusammenzusetzen. Ausgangskategorie ist dabei die Frage der Hautfarbe bzw. der Herkunft.

Doppelstrategie
Zwei unterschiedliche Maßnahmenbündel werden in einer Strategie zur Erreichung von Zielen eingesetzt. Beide dienen gleichermaßen dem Ziel und werden – situationsbezogen – ausgewählt. Sie dürfen nicht gegeneinander ausgespielt werden.

Entscheidungen
Das Geschlechterverhältnis wird immer (wieder) gestaltet. Damit sich das Geschlechterverhältnis in Richtung Gleichstellung entwickelt, braucht es Entscheidungen. Alle ordentlichen Entscheidungen sollen deshalb adäquat und gut informiert getroffen werden.

Equality Standards

Equality Standards beschreiben grundsätzliche Themen bzw. Fragen, die in allen Bereichen zu berücksichtigen sind, wenn Gender Mainstreaming umgesetzt werden soll. Das Maß der Einhaltung der Equality Standards ist ein erster Gradmesser für die Umsetzung der Gleichstellungsziele.

Frauenförderpläne

Basierend auf der Analyse der Stellung von Frauen und Männern in einem bestimmten Thema, wird bei Frauen Aufholbedarf festgestellt. Zur Beseitigung dieser Ungleichheit werden spezifische Maßnahmen entworfen und in einem Frauenförderplan konkretisiert. Frauenförderpläne sind als gesetzliche Vorgabe oder Empfehlung im Erwerbsbereich bekannt.

Führung

Führung bietet die Möglichkeit, unternehmerisch zu gestalten. Damit verbunden ist auch die Verantwortung für die Ergebnisse, u. a. auch in Bezug auf die Gleichstellung von Frauen und Männern.

Gender

Dieser englische Begriff steht für Geschlecht im sozialen, gesellschaftlichen, kulturell geprägten Sinn (im biologischen Sinn: engl. »sex«). Frauen und Männer als »Gender« verstanden, bilden nicht jeweils eine homogene Gruppe, sondern erhalten – je nach Lebenssituation, sozialen Gegebenheiten usw. – ein plastisches Profil.

Gender Analyse

Gender Analyse dient der genauen Beschreibung des Geschlechterverhältnisses einer bestimmten Zielgruppe in einer konkreten Situation. Für die Analyse werden verschiedene – quantitative und qualitative – Elemente bestimmt, die eine Aussage zulassen, in welchem Verhältnis die vorgefundene Situation zu einem Zustand erreichter Gleichstellung steht.

Gender Expertise

Hierbei handelt es sich um Know-how über die historische Entwicklung des Geschlechterverhältnisses sowie die aktuellen Instrumente, eine konkrete Situation zu analysieren, Gleichstellungsziele zu formulieren und allenfalls den Umsetzungsprozess zu entwickeln bzw. zu begleiten.

Gender Equality Management

Gender Equality Management versteht sich als die Unternehmens- und Personalführungspraxis, die das Ziel der Gleichstellung im Sinn des Gender Mainstreamings integriert und umsetzt.

Gender Mainstreaming

Die aktuelle Strategie, mit der die Gleichstellung von Frau und Mann in allen Bereichen und auf allen Ebenen angestrebt werden soll, wird als Gender Mainstreaming bezeichnet.

Geschlechterverhältnis

Das Geschlechterverhältnis ist die Beschreibung einer Situation, in der Frauen und Männer agieren, orientiert an der Frage, wo Unterschiede sind und wie allfällige Unterschiede gewertet werden.

Geschlechterstereotype

Dieser Begriff bezeichnet das Verhalten von Frauen und Männern, Bilder von Frauen und Männern, die mit über 50%iger Wahrscheinlichkeit anzutreffen sind. Diese Aussage betrifft immer Frauen und Männer in einer bestimmten Region und zu einem bestimmten Zeitpunkt. Stereotype verändern sich und sind nicht identisch mit naturgegebenen Zuständen.

Geschlechtsbezogen (»sex-specific«)

So werden Aussagen oder Zahlen genannt, die in einer bestimmten Situation auf ein Sample von Frauen oder Männern bezogen werden.

Gleichstellung

Gleichstellung ist das globale Ziel, das ein Geschlechterverhältnis als fair, gerecht, erfreulich beschreibt. Mit »Verschönerung des Geschlechterverhältnisses« meinen wir alle Maßnahmen, die zu dieser Gleichstellung führen.

Gleichstellungsziele

Es werden verschiedene Ebenen angesprochen, die für die Gleichstellung von Bedeutung sind: Verteilung von Gütern und Lasten; Beteiligung an Verantwortung und Gestaltung; Abbau von geschlechterstereotypen Rollenbildern und Strukturen.

Grundwert

Gleichstellung von Frauen und Männern ist ein Grundwert, der auf dem Bedürfnis nach Gerechtigkeit aufbaut. Das Gerechtigkeitsempfinden hat persönliche und gesellschaftliche Komponenten, die beide miteinbezogen werden müssen.

Handlungen

Das Geschlechterverhältnis kann in einem konkreten Zeitpunkt als Momentaufnahme beschrieben werden, es ist aber immer im Fluss und wird von Frauen und Männern durch ihre Handlungen – mehr oder weniger bewusst – aufrechterhalten, entwickelt und verändert.

Haltungen

Diese spielen in der Genderfrage eine wesentliche Rolle – einerseits in den persönlichen Einstellungen der Akteurinnen und Akteure und andererseits in den Haltungen, die das Betriebsklima und die Betriebsphilosophie prägen.

Human-Ressourcen

Die Mitarbeiterinnen und Mitarbeiter eines Unternehmens sind die menschlichen Kräfte, die sich zur Erreichung der Unternehmensziele einsetzen. Zusätzlich zu den Human-Ressourcen werden auch finanzielle und sachliche Ressourcen eingesetzt.

Institutionalisierung

Die Institutionalisierung der Geschlechterfrage ist dann erreicht, wenn innerhalb eines Unternehmens festgehalten ist, wer zuständig ist, die nötigen Daten zu aktualisieren und zu berichten, wann und wo Entscheidungen über Schwerpunkte in der Geschlechterfrage gesetzt werden und wem zu welchem Zeitpunkt über das Erreichen von Zielen berichtet wird.

Mainstreaming-Prinzip

Ein Thema X wird in den Hauptstrom bzw. in eine Hauptaktivität hinein gewoben und als Selbstverständlichkeit künftig mitbearbeitet. Das Thema X wird als Querschnittaufgabe verstanden.

Maßnahmen

Ist ein Ziel definiert, wird entwickelt, was zu tun ist, damit dieses Ziel erreicht werden kann. Diese einzelnen Aktivitäten oder Schritte nennen wir Maßnahmen.

Produkte und (Dienst-)Leistungen

Hierbei handelt es sich um einen allgemeinen Oberbegriff, der betriebswirtschaftlich beschreibt, was produziert und angeboten wird. Dies gilt sowohl für Fabrikationsbetriebe als auch für Verwaltungen, Kleinstgewerbe, Non-Profit-Organisationen und international tätige Konzerne.

Projekte

Projekte unterscheiden sich von den laufenden Aufgaben, die in der täglichen Arbeit erledigt werden, dadurch, dass sie innerhalb eines bezeichneten Zeitraums ein bestimmtes Ziel erreichen sollen. Für ein Projekt wird oft ein spezielles Team zusammengestellt. Anschließend wird diese Projektstruktur meist wieder aufgehoben.

Prozess

Gender Mainstreaming wird als permanenter Prozess verstanden; dies im Unterschied zur Vorstellung, das Ziel könne mit einer Einzelmaßnahme oder einer einmaligen Kampagne erreicht werden.

Rahmenbedingungen

Einen erfolgreichen Gender Mainstreaming Prozess stützen verschiedene Elemente, von der Überzeugung der Spitze über personelle, inhaltliche, finanzielle Ressourcen bis zu organisatorischen Voraussetzungen.

Ressourcen

Ressourcen nennen wir die Quellen, die gefragt, vorhanden oder nötig sind, um eine bestimmte Situation gut zu meistern. Wissen, Beziehungen, Positionen, Mittel, Zeit usw. sind Ressourcen. Dass Frauen und Männer unterschiedlich über diese Ressourcen verfügen, ist eine Genderfrage.

Steuerung (Controlling)

Dies bedeutet im Geschlechterverhältnis, Situationen zu analysieren, Gleichstellungsziele zu formulieren und mit einzelnen Maßnahmen oder Projekten bewusst in Richtung Gleichstellung zu lenken. Damit wird das Geschlechterverhältnis beobachtet, diskutiert und gesteuert.

Strategie

Strategie bezeichnet den Weg, der in einer bestimmten historischen Situation als der erfolgversprechendste erscheint, um ein bestimmtes Ziel zu erreichen.

Teilhabe

Die Teilhabe an Gütern und Lasten ist eine Orientierungsgröße, die Aufschluss über den Stand der Gleichstellung von Frauen und Männern geben kann.

Teilnahme

Die Teilnahme der Frauen und Männern an Gestaltung und Entscheidung ist ein Element, das für das Erreichen der Geschlechtergleichstellung beobachtet werden muss.

Ungerechtigkeit

Ungerechtigkeit steht dem menschlichen Grundbedürfnis nach Gerechtigkeit entgegen. Wird eine ganze soziale Kategorie oder ein bestimmter Teil einer Gesellschaft benachteiligt oder diskriminiert, ist dies ungerecht und ungerechtfertigt. Die Herstellung von Gleichstellung ist deshalb ein Schritt in Richtung Gerechtigkeit.

Ungleichheiten

Ungleichheiten sind unendlich häufig, kommen in allen Lebenslagen vor und können Ausdruck von Vielfalt sein. Ungleichheiten zwischen Frauen und Männern sind Anlass zu überprüfen, ob die jeweilige Ungleichheit auch eine Ungerechtigkeit birgt; die Letztere ist zu beseitigen.

Unternehmenskultur

Unternehmenskultur besteht aus einer gelebten Zusammenstellung von Werten, Haltungen und Verhaltensweisen, die im optimalen Fall auch der Unternehmensphilosophie entsprechen.

Verantwortung

Jede Person entscheidet, wie sie sich im Geschlechterverhältnis bewegt, und ist dafür verantwortlich. Das Ausmaß der Verantwortung für das Geschlechterverhältnis insgesamt orientiert sich in einem Betrieb an der Verantwortlichkeit für andere Fragen, z. B. Budget-, Sektor-, Inhaltsverantwortung.

Verschönerung des Geschlechterverhältnisses

So bezeichnen wir alles, was in einer bestimmten Situation in Richtung Gleichstellung weist. Verschönern wird nicht im kosmetischen, sondern im ästhetischen Sinne verstanden: gerechter ist schöner.

Zielgruppe

Gleichstellung für Frauen und Männer ist für alle Menschen wichtig. Je nach Situation wird nicht für die gesamte Menschheit, sondern für eine eingrenzbare Zielgruppe überlegt und mit ihr gehandelt.

4R Gender Analyse

Dies ist ein Analyseinstrument, das mit den Elementen Repräsentation, Ressourcen, Realitäten und Rechte bzw. Regelungen das Geschlechterverhältnis für eine bestimmte Zielgruppe in einer konkreten Situation beschreiben kann.

Literatur und Links

Literatur

Commonwealth Secretariat (1999) Gender management system handbook. Commonwealth Secretariat, London

Duncan O, Duncan B (1955) A methodological analysis of segregation indexes. In: American Sociological Review, Vol 20, S 200–217

Degen B (2007) Das Allgemeine Gleichbehandlungsgesetzt (AGG) – Tanzschritte auf dem Weg zur Gerechtigkeit. Aus: DIE STREIT 1/07

Europäische Kommission (2003) She figures. Europäische Kommission, Brüssel

Europäische Kommission (2006) She figures. Europäische Kommission, Brüssel

Europäische Kommission (2007) Bericht zur Gleichstellung von Frauen und Männern. Europäische Kommission, Brüssel

Fuchs J, Dörfler K (2005) Projektion des Erwerbspersonenpotenzials bis 2050, IAB Forschungsbericht Nr 25

Hinz T, Schübel T (2001) Geschlechtersegregation in deutschen Betrieben. Sonderdruck aus: Mitteilungen aus der Arbeitsmarkt- und Berufsforschung, 34. Jg

Krell G (Hrsg) (1998) Chancengleichheit durch Personalpolitik (2. Aufl).Gabler, Wiesbaden

Macdonald M et al. (1997) Gender and organizational change – bridging the gab between policy and practice. Royal Tropical Institute, Amsterdam

Rosenberg MB (1999) Nonviolent communication: a language of compassion. PuddleDancer Press, Del Mar, CA

Schüssler I (2002) Gründe für das Abwehrverhalten gegenüber geschlechtsdifferenzierenden Bildungsinhalten und Konsequenzen für die Bildungs- und Gleichstellungspraxis. In: Hermes, E./ Hirschen, A./ Meißner, I (Hrsg.): Gender und Interkulturalität. Ausgewählte Beiträge der 3. Fachtagung Frauen-/Gender-Forschung in Rheinland-Pfalz. Tübingen 2002, S. 223-233

Spangenberg U (2007) Umsetzung der Gleichbehandlungsrichtlinien der EU. Tabelle aus Vortrag bei Gender Mainstreaming Experts International – GMEI

Empfohlene Links

http://www.genderkompetenz.info/
http://www.gem.or.at/de/index.htm
http://www.stadt-zuerich.ch/internet/bfg/home/gender_mainstreaming.html

Quellenverzeichnis

Abbildungen:

Seite	Abb.	Quelle
21	–	Fachstelle für Gleichstellung, Stadt Zürich
76	–	Fachstelle für Gleichstellung, Stadt Zürich
77	–	Fachstelle für Gleichstellung, Stadt Zürich
89	6.1	Commonwealth Secretariat, 1999
110	7.1	Fuchs J, Dörfler K (2005) Projektion des Erwerbspersonenpotenzials bis 2050, IAB Forschungsbericht Nr 25; Institut für Arbeitsmarkt- und Berufsforschung (IAB) der Bundesagentur für Arbeit (BA), Nürnberg
163	–	Fachstelle für Gleichstellung, Stadt Zürich
201	–	Fachstelle für Gleichstellung, Stadt Zürich
251	–	Fachstelle für Gleichstellung, Stadt Zürich
255	–	pro mente, Oberösterreich
259	–	pro mente, Oberösterreich

Tabellen:

Seite	Tab.	Quelle
47	3.1	Spangenberg U (2007) Umsetzung der Gleichbehandlungsrichtlinien der EU. Tabelle aus Vortrag bei Gender Mainstreaming Experts International – GMEI
161	14.1	Macdonald M et al. (1997) Gender and organizational change – bridging the gab between policy and practice. Royal Tropical Institute, Amsterdam

Cartoons:

Claudia Styrsky, München; sty@gmx.de

Über die Autorinnen

Zita Küng

Lic.iur. Zita Küng studierte an der Universität Zürich Jura, nachdem sie sich als Pädagogin und Sängerin ausgebildet hatte. Sie baute das Gleichstellungsbüro der Stadt Zürich auf, gründete 1999 EQuality – die Agentur für Gender Mainstreaming – und ist seit 2004 Geschäftsführerin der GeM-EWIV (Europäische Wirtschafts- und Interessenvereinigung).

Sie berät Betriebe und Verwaltungen bei der Implementierung der aktuellen Gleichstellungsstrategie und entwickelt dafür selbst geeignete Instrumente. Sie verfügt über langjährige Trainings- und Coach-Erfahrung und hat Seminare zu den Themen Networking, Kommunikation und Strategien entwickelt, die sie mit Erfolg durchführt. Sie ist europaweit tätig und mit den Gender Mainstreaming Experts International GMEI vernetzt.

Im Springer-Verlag bereits erschienen:
Küng Z (2005) Was wird hier eigentlich gespielt? Strategien im professionellen Umfeld verstehen und entwickeln.
www.gendermainstreaming.com

Doris Doblhofer

Mag.a Doris Doblhofer ist Geschäftsführerin der GeM-EWIV und Mitglied des Netzwerks der Gender Mainstreaming Experts International (GMEI).

Ihre Tätigkeitsschwerpunkte sind die Durchführung von Gleichstellungsdiagnosen und GEM Audits, die Entwicklung von maßgeschneiderten Projekten und Instrumenten zur Umsetzung von Gender Equality Management in der Praxis, Führungskräfteweiterbildung, systemische Organisationsberatung, Begleitung von Veränderungs- und Entwicklungsprozessen sowie Coaching von Einzelpersonen und Teams.

Bisherige Publikationen:
Frau unten. Mann oben. In: Lobnig, Schwendenwein, Zvacek: Beratung in der Veränderung. Gabler, 2003.
Audit Equality Management, in: Gertraude Krell (Hrsg.), Chancengleichheit durch Personalpolitik. Gabler, 2001.
www.dorisdoblhofer.at

Stichwortverzeichnis